Beck-Wirtschaftsberater

Controlling

dtv

Beck-Wirtschaftsberater

Controlling

Das Basiswissen für die Praxis

Von Dr. Volker Schultz

2., vollständig überarbeitete Auflage

Deutscher Taschenbuch Verlag

www.dtv.de
www.beck.de

Originalausgabe

Deutscher Taschenbuch Verlag GmbH & Co. KG,
Tumblingerstraße 21, 80337 München
© 2015. Redaktionelle Verantwortung: Verlag C.H. Beck oHG
Druck und Bindung: Druckerei C.H. Beck, Nördlingen
(Adresse der Druckerei: Wilhelmstraße 9, 80801 München)
Satz: ottomedien, Darmstadt
Umschlaggestaltung: Agentur 42, Bodenheim,
unter Verwendung eines Fotos von © Rido, Fotolia
Grafik: Dr. J. Schäffer, München
ISBN 978-3-423-50943-5 (dtv)
ISBN 978-3-406-67022-0 (C. H. Beck)

Vorwort

Aus unternehmerischer Sicht zählt Controlling zu den wichtigsten betriebswirtschaftlichen Funktionsbereichen. Mit zunehmender Führungsverantwortung steigt auch für „Nicht-Betriebswirte" die Notwendigkeit von Controllingkenntnissen. Doch viele der traditionellen Controlling-Lehrbücher besitzen einen theoretisch-konzeptionellen Schwerpunkt.

Im Gegensatz dazu wird im vorliegenden Buch ein **praxisorientierter Ansatz** gewählt: Nach einer kurzen Einführung in die Aufgabenfelder und die historische Entwicklung des Controllings werden diejenigen Verfahren, Methoden und Instrumente vorgestellt, die zum Handwerkszeug eines Controllers gehören. Von der Informationsversorgung über operative Planungs- und Kontrollinstrumente bis hin zu Analyse- und Prognosemethoden werden die relevanten Verfahren **prägnant** erläutert und an Hand von **Beispielen** verdeutlicht.

Zielgruppen dieses Buches sind

- **Lernende** (Studenten, Seminar- oder Lehrgangsteilnehmer), denen das Buch als vorlesungs- oder lehrgangsbegleitende Lektüre helfen kann,
- **Nicht-Kaufleute,** die einen Einblick in die Gedankenwelt des Controllings gewinnen möchten, sowie
- **Praktiker,** die mit Controllinginstrumenten konfrontiert werden und sich deshalb schnell entsprechendes Wissen aneignen wollen.

Die einzelnen Kapitel sind so aufgebaut, dass sie **unabhängig voneinander** durchgearbeitet werden können. Durch viele Abbildungen und eine übersichtliche Strukturierung ermöglicht das Buch einen schnellen Einstieg und einen guten Einblick in die verschiedenen Themenbereiche. Das umfangreiche Register lässt das Buch zu einem **Nachschlagewerk** und Handbuch für Studium und Praxis werden, mit dem sich auftauchende Fachbegriffe oder Fragestellungen rasch klären lassen.

Für die Neuauflage wurde der gesamte Text kritisch durchgesehen und dabei alle relevanten Änderungen eingearbeitet, so dass das Buch **auf aktuellem Stand** ist. Erweiterungen erfolgten vor allem im Kapitel 2.6 (Berichtswesen) und im Kapitel 6 (Prognoseverfahren).

Ergänzend sei auf die beiden anderen Bände meiner in der Reihe „Beck-Wirtschaftsberater im dtv" erschienen Basiswissen-Trilogie hingewiesen, die ebenfalls für die genannten Zielgruppen hilfreich sind: Das **„Basiswissen Betriebswirtschaft"** gibt einen Überblick über die gesamte Betriebswirtschaft, während das **„Basiswissen Rechnungswesen"** die Bereiche Buchführung, Bilanzierung und Kostenrechnung vertieft.

Für Hinweise und Anregungen zu diesem Buch bin ich dankbar. Speziell dafür steht die E-Mail-Adresse **bw.controlling@gmx.de** zur Verfügung.

Darmstadt, im September 2014 *Dr. Volker Schultz*

Inhaltsübersicht

Vorwort	V
Inhaltsverzeichnis	IX
Abbildungsverzeichnis	XV
Abkürzungsverzeichnis	XIX

1. Kapitel
Einleitung 1

2. Kapitel
Instrumente zur Informationsversorgung 31

3. Kapitel
Operative Planungs- und Kontroll-Instrumente 107

4. Kapitel
Instrumente zur unternehmensinternen Analyse 171

5. Kapitel
Instrumente zur Analyse von Rahmenbedingungen 217

6. Kapitel
Prognose-Instrumente 239

Literaturverzeichnis	265
Sachverzeichnis	269

Inhaltsverzeichnis

Vorwort V
Inhaltsübersicht VII
Abbildungsverzeichnis XV
Abkürzungsverzeichnis XIX

1. Kapitel
Einleitung 1

1.1 Was ist Controlling? 1

1.2 Aufgabenfelder des Controllings 3
1.2.1 Informationsversorgung 3
1.2.2 Planung 5
1.2.3 Kontrolle 11
1.2.4 Koordination 13

1.3 Historische Entwicklung des Controllings 15
1.3.1 Entstehung des Begriffs „Controlling" 15
1.3.2 Controlling in den USA 15
1.3.3 Controlling in Deutschland 17

1.4 Ebenen des Controllings 21

1.5 Einsatzbereiche des Controllings 24

1.6 Überblick über das Instrumentarium des Controllings ... 25

2. Kapitel
Instrumente zur Informationsversorgung 31

2.1 Ermittlung des Informationsbedarfs 31

2.2 Buchführung und Jahresabschluss 35
2.2.1 Aufgaben der Buchführung 35
2.2.2 Jahresabschluss des Einzelunternehmens 36
    2.2.2.1 Bilanz 37
    2.2.2.2 Gewinn- und Verlustrechnung 40

	2.2.2.3 Lagebericht	42
	2.2.2.4 Value Reporting	43
2.2.3	Jahresabschluss von Konzernen	44
2.2.4	Jahresabschluss unter Controllingaspekten	46

2.3 Kostenrechnung als Informationsinstrument 47
- 2.3.1 Kostenbegriff 49
- 2.3.2 Kostenartenrechnung 53
- 2.3.3 Kostenstellenrechnung 55
- 2.3.4 Kostenträgerrechnung... 58

2.4 Erlösrechnung 60

2.5 Kennzahlen und Kennzahlensysteme 62
- 2.5.1 Jahresabschlusskennzahlen 64
  - 2.5.1.1 Absolute Jahresabschlusskennzahlen 65
  - 2.5.1.2 Vermögensstrukturkennzahlen (Struktur der Aktiva) 67
  - 2.5.1.3 Kapitalstrukturkennzahlen (Struktur der Passiva) 68
  - 2.5.1.4 Rentabilitätskennzahlen 72
  - 2.5.1.5 Horizontale Bilanzstrukturkennzahlen 73
  - 2.5.1.6 Liquiditätskennzahlen 74
  - 2.5.1.7 Wertorientierte Kennzahlen 75
- 2.5.2 Personalwirtschaftliche Kennzahlen 77
- 2.5.3 Einkaufs- und Materialwirtschaftskennzahlen 79
- 2.5.4 Produktionskennzahlen 80
- 2.5.5 Marketingkennzahlen 82
- 2.5.6 Qualitätskennzahlen 85
- 2.5.7 Kennzahlensysteme 85
  - 2.5.7.1 DuPont-Kennzahlensystem 86
  - 2.5.7.2 ZVEI-Kennzahlensystem 87
  - 2.5.7.3 ROCE-Kennzahlensystem 88
  - 2.5.7.4 RL-Kennzahlensystem 88
  - 2.5.7.5 Balanced Scorecard 89

2.6 Berichtswesen 94
- 2.6.1 Berichtszwecke 95
- 2.6.2 Berichtsarten 95

2.6.3 Gestaltungsempfehlungen 96
2.6.4 Darstellungsformen 98
2.6.5 Berichtssysteme 101
2.6.6 Data Warehouse 103
2.6.7 Geschäfts- oder Businessplan 104

3. Kapitel
Operative Planungs- und Kontroll-Instrumente 107

3.1 Sollgrößenbestimmung 108
3.1.1 Schätzung 108
3.1.2 Berechnung 110
3.1.3 Kalkulation... 111
    3.1.3.1 Zuschlagskalkulation 113
    3.1.3.2 Maschinenstundensatzkalkulation 114
    3.1.3.3 Divisionskalkulation 115
    3.1.3.4 Prozesskostenrechnung............................. 116
    3.1.3.5 Zielkostenrechnung (Target Costing) 118
3.1.4 Preisbestimmung... 120
    3.1.4.1 Marktpreise 121
    3.1.4.2 Kostenpreise 121
    3.1.4.3 Verrechnungspreise 122

3.2 Plankostenrechnung 124
3.2.1 Flexible Plankostenrechnung auf Vollkostenbasis 125
3.2.2 Flexible Plankostenrechnung auf Teilkostenbasis
    (Grenzplankostenrechnung) 127
3.2.3 Break-Even-Analyse.. 129

3.3 Deckungsbeitragsrechnung 131
3.3.1 Einstufige Deckungsbeitragsrechnung 132
3.3.2 Mehrstufige Deckungsbeitragsrechnung 133
3.3.3 Preisuntergrenzenbestimmung und Produktionsplanung
    mit Deckungsbeiträgen 136

3.4 Investitionsrechnung 138
3.4.1 Statische Investitionsrechnungsverfahren 139
    3.4.1.1 Kostenvergleichsrechnung 140
    3.4.1.2 Gewinnvergleichsrechnung 142

       3.4.1.3 Rentabilitätsrechnung 143
       3.4.1.4 Amortisationsrechnung 143
  3.4.2 Dynamische Investitionsrechnungsverfahren 144
       3.4.2.1 Kapitalwertmethode 145
       3.4.2.2 Interne Zinssatz-Methode 147
       3.4.2.3 Annuitätenmethode 147

3.5 Budgetierung 148
  3.5.1 Klassische Budgetierungsverfahren 149
       3.5.1.1 Fortschreibungsbudgetierung 150
       3.5.1.2 Hierarchische Budgetierung 150
       3.5.1.3 Bottom-up-Budgetierung 151
       3.5.1.4 Budgetierung im Gegenstromverfahren 152
  3.5.2 Better Budgeting 152
       3.5.2.1 Outputorientierte Budgetierung 153
       3.5.2.2 Zero-Base-Budgeting 154
       3.5.2.3 Prozessorientierte Budgetierung
              (Activity-Based-Budgeting) 155
       3.5.2.4 Rollierende Vorschau (Rolling Forcasts) 157
  3.5.3 Beyond Budgeting 158

3.6 Operative Kontrollinstrumente 159
  3.6.1 Ex-Post-Kontrolle 161
  3.6.2 Ergebniskontrolle 161
  3.6.3 Fortschrittskontrolle 162
  3.6.4 Abweichungsanalyse 163
  3.6.5 Stichprobenanalyse 166
  3.6.6 Profitcenter-Konzept 167

4. Kapitel
Instrumente zur unternehmensinternen Analyse 171

4.1 Produktlebenszykluskonzept 171
  4.1.1 Produktlebenszyklusanalyse 174
  4.1.2 Produktlebenszykluskostenrechnung
       (Life-Cycle-Costing) 175

4.2 Erfahrungskurvenkonzept 176

4.3 Marktorientierte Analysen ... 178
4.3.1 Strategische Geschäftseinheiten (SGE) ... 179
4.3.2 Produkt-Markt-Analyse ... 182
4.3.3 Wettbewerbsstrategien ... 184
4.3.4 Portfolio-Analysen ... 186
    4.3.4.1 Marktwachstums-Marktanteils-Portfolio ... 187
    4.3.4.2 Marktattraktivitäts-Wettbewerbspositions-Portfolio ... 193
    4.3.4.3 Markt-Produktlebenszyklus-Portfolio ... 196
    4.3.4.4 Technologie-Portfolio ... 198
    4.3.4.5 Weitere Portfolio-Ansätze ... 202

4.4 Wertorientierte Analysen ... 203
4.4.1 Wertanalyse ... 203
4.4.2 Gemeinkostenwertanalyse ... 205
4.4.3 Wertschöpfungsketten-Analyse ... 206
4.4.4 Nutzwertanalyse ... 211
4.4.5 ABC-Analyse ... 214

5. Kapitel
Instrumente zur Analyse von Rahmenbedingungen ... 217

5.1 Umfeldanalysen ... 217
5.1.1 PEST-Analyse ... 218
5.1.2 Branchenstrukturanalyse ... 219
5.1.3 Konkurrenzanalyse ... 222
5.1.4 Umfeldanalyse mit dem EAP-Modell ... 223

5.2 Erfolgsfaktorenanalyse ... 226

5.3 Stärken-Schwächen-Analysen ... 228
5.3.1 SOFT-Analyse ... 228
5.3.2 Potentialanalyse ... 230
5.3.3 SWOT-Analyse ... 231

5.4 Benchmarking ... 232

6. Kapitel
Prognose-Instrumente 239

6.1 Statistische Verfahren 239

6.2 Delphi-Methode 240

6.3 Diskontinuitätenbefragung 244

6.4 Gap-Analyse 245

6.5 Szenariotechnik 248

6.6 Früherkennungssysteme 254
6.6.1 Früherkennungssysteme der ersten Generation 254
6.6.2 Früherkennungssysteme der zweiten Generation 255
6.6.3 Früherkennungssysteme der dritten Generation 256

6.7 Risikomanagement 258
6.7.1 Risikoidentifikation 259
6.7.2 Risikobewertung 262
6.7.3 Risikosteuerung 263
6.7.4 Risikoüberwachung 263

Literaturverzeichnis 265
Sachverzeichnis 269

Abbildungsverzeichnis

		Seite
1-1	Schritte der Informationsversorgung	4
1-2	Schritte der Planung	6
1-3	Prinzip von Blockplanung und rollender Planung	8
1-4	Controlling-Regelkreis	13
1-5	Controlling im Führungssystem eines Unternehmens	14
1-6	Verbreitung des Controllings in deutschen Unternehmen	18
1-7	Zeitliche Entstehung von Controlling Konzeptionen in Deutschland	20
1-8	Ebenen des Controllings	21
1-9	Unterschiede zwischen operativem und strategischem Controlling	23
1-10	Einflussfaktoren auf die Ausgestaltung eines Controllingsystems	25
1-11	Überblick über das Controllinginstrumentarium	27
2-1	Informationsstand als Schnittmenge von Informationsbedarf, Informationsnachfrage und Informationsangebot	32
2-2	Grundaufbau einer Bilanz nach § 266 HGB	38
2-3	Beispiel für eine Bilanz	39
2-4	Grundaufbau der Gewinn- und Verlustrechnung	40
2-5	Beispiel für eine Gewinn- und Verlustrechnung	41
2-6	Stufen der Kostenrechnung	48
2-7	Abgrenzung von Aufwand und Kosten	49
2-8	Verschiedene Kostenperspektiven, dargestellt als „Kostenwürfel"	51
2-9	Kostenverhalten in Abhängigkeit von der Ausbringungsmenge	52
2-10	Kostenstruktur im Maschinenbau	54
2-11	Entwicklung von Eigenkapitalquote und von Rentabilitätskennzahlen bei deutschen Unternehmen	70
2-12	Entwicklung der Kapazitätsauslastung der deutschen Investitions- und Konsumgüterindustrie	83
2-13	DuPont-Kennzahlensystem	87

2-14	ROCE-Kennzahlensystem	88
2-15	Balanced Scorecard nach dem Grundmodell von Kaplan und Norton	90
2-16	Schritte zum Aufbau einer Balanced Scorecard	93
2-17	Beispiel für einen tabellarischen Bericht	99
2-18	Auswirkung der Achsenskalierung bei Diagrammdarstellungen	101
2-19	Pyramidenförmiges Berichtssystem	102
3-1	Ermittlung einer Kostenfunktion	110
3-2	Herstellkosten und Selbstkosten	112
3-3	Zusammenhang von Kostenfestlegung und Kostenentstehung in verschiedenen Unternehmensbereichen	120
3-4	Ermittlung des Verkaufspreises auf Kostenbasis	122
3-5	Flexible Plankostenrechnung auf Vollkostenbasis in Diagrammdarstellung	126
3-6	Grenzplankostenrechnung in Diagrammdarstellung	128
3-7	Break-Even-Analyse	130
3-8	Einstufige Deckungsbeitragsrechnung	132
3-9	Mehrstufige Deckungsbeitragsrechnung	135
3-10	Grundlegende Zahlen zum Beispiel zur statischen Investitionsrechnung	140
3-11	Stufen des Zero-Base-Budgeting	154
3-12	Vergleich von traditioneller und prozessorientierter Budgetermittlung	156
3-13	Rollierende Vorschau	158
3-14	Formen der Kontrolle	160
3-15	Abweichungen bei der flexiblen Plankostenrechnung auf Vollkostenbasis	165
4-1	Lebenszykluskurve für ein Produkt	173
4-2	Produktlebenszykluskurven für die ersten drei Generationen der Automarke „VW Golf"	175
4-3	Erfahrungskurven in arithmetischer und doppellogarithmischer Darstellung	177
4-4	Duale Organisationsstruktur	180
4-5	Beispiel für eine Abgrenzung von strategischen Geschäftseinheiten	181

Abbildungsverzeichnis

4-6   Produkt-Markt-Matrix nach Ansoff 182
4-7   Grundprinzip der Portfolio-Analyse 186
4-8   Marktwachstums-Marktanteils-Portfolio: Normstrategien   188
4-9   Beispiel für ein ausgewogenes Marktwachstums-Markt-
      anteils-Portfolio 190
4-10 Beispiel für ein Portfolio mit Wachstumschance und
      Liquiditätsrisiko 192
4-11 Marktattraktivitäts-Wettbewerbspositions-Portfolio:
      Normstrategiefelder und platzierte strategische Geschäfts-
      einheiten 195
4-12 Markt-Produktlebenszyklus-Portfolio: Normstrategien ... 197
4-13 Beispiel für ein Markt-Produktlebenszyklus-Portfolio 198
4-14 Technologie-Portfolio: Normstrategien 201
4-15 Wertschöpfungskette nach Porter 207
4-16 Beispiel für eine Wertschöpfungskette mit relativen
      Kostengrößen 210
4-17 Verknüpfung von Unternehmenswertschöpfungsketten
      zu einer Logistikkette 211
4-18 Beispiel zur Nutzwertanalyse 213
4-19 ABC-Analyse: A-, B- und C-Kategorie 215
5-1   Branchenstrukturmodell von Porter 221
5-2   Beispiel für eine „Impact Matrix" 225
5-3   Stärken-Schwächen-Profil 229
5-4   Potentialanalyse 230
5-5   SWOT-Matrix 232
6-1   Prinzip der Gap-Analyse 246
6-2   Beispiel für eine Gap-Analyse 248
6-3   Grundversion des Szenario-Trichters 249
6-4   Explorative und antizipative Szenarien 250
6-5   Störereignis im Szenario-Trichter 252
6-6   Generationen von Früherkennungssystemen 254
6-7   Beispiel für einen zeitlich vorlaufenden Indikator 257
6-8   Teilprozesse eines Risiko-Management-Systems 259
6-9   Risikofelder eines Unternehmens 261
6-10 Risikomatrix 262

Abkürzungsverzeichnis

A	Annuität
Abb.	Abbildung
ABB	Activity-Based-Budgeting
AG	Aktiengesellschaft
a_t	Auszahlungen für Periode t
bzw.	beziehungsweise
COCOMO	Constructive-Cost-Modell
CVA	Cash Value Added
db	Spezifischer Deckungsbeitrag
DB	Deckungsbeitrag
d. h.	das heißt
DIN	Deutsche Industrie Norm bzw. Deutsches Institut für Normierung e. V.
€	Euro (Europäische Währungseinheit)
E-…	Electronic-…
EBIT	Earnings before Interest and Taxes (= Gewinn vor Zinsen und Steuern, entspricht dem Betriebsergebnis)
EBITDA	Earning before Interest, Taxes, Depreciation and Amortization (= Gewinn vor Zinsen, Steuern und Abschreibungen)
EBT	Earnings before Taxes (= Jahresüberschuss vor Steuern)
EDV	Elektronische Datenverarbeitung
engl.	englisch
EN	Europäische Norm
EP	Economic Profit
EStG	Einkommensteuergesetz
e_t	Einzahlungen der Periode t
EU	Europäische Union
EVA	Economic Value Added
f.	folgende Seite
FEI	Financial Executive Institute

Abkürzungsverzeichnis

F+E	Forschung und Entwicklung
ff.	folgende Seiten
G	Gewinn
g	Stückgewinn
ggf.	gegebenenfalls
GK	Gemeinkosten
GmbH	Gesellschaft mit beschränkter Haftung
GuV	Gewinn- und Verlustrechnung
h	Stunde
HGB	Handelsgesetzbuch
Hrsg.	Herausgeber
i	Zinssatz in Dezimalangabe (d. h. für 5 % ist 0,05 anzugeben)
I_0	Anfangsinvestitionsbetrag
IASC	International Accounting Standards Comittee
IFRS	International Financial Reporting Standards
IGC	International Group of Controlling
IT	Informationstechnologie
IZB	Informationszentrum Benchmarking
K	Gesamtkosten
k	Stückkosten
K(x)	Kostenfunktion
K_0	Kapitalwert (auf t=0 bezogen)
Kap.	Kapitel
K_{FIX}	Fixkosten
K_{IST}	Istkosten
K_{PLAN}	Plankosten
K_{SOLL}	Sollkosten
k_{VAR}	Variable Stückkosten
K_{VER}	Verrechnete Plankosten
kWh	Kilowattstunde
m^2	Quadratmeter
m^3	Kubikmeter
ME	Mengeneinheit(en)
Mio.	Millionen
MwSt	Mehrwertsteuer

n	Nutzungdauer eines Anlagegutes
NOA	Net Operating Assets (Kapitalbasis)
NOPAT	Net Operating Profit After Taxes (Gewinn vor Zinsen)
OHG	Offene Handelsgesellschaft
p	Stückpreis
PKS	Prozesskostensatz
PKV	Plankostenverrechnungssatz
PRICE	Programmed Review of Information for Costing and Evaluation
q	Abzinsungsfaktor (Diskontierungsfaktor)
ROCE	Return on Capital Employed
ROI	Return on Investment (Gesamtkapitalrentabilität)
S.	Seite
SGE	Strategische Geschäftseinheit
SGF	Strategisches Geschäftsfeld
sog.	sogenannt
SVA	Shareholder Value Added
t	Jahr, Zeitraum
Tab.	Tabelle
u. a.	und andere(s)
USA	Vereinigte Staaten von Amerika
US-GAAP	US-Generally Accepted Accounting Principles
VDI	Verein Deutscher Ingenieure e. V.
vgl.	vergleiche
w	Wiedergewinnungsfaktor
WACC	Weighted Average Cost of Capital (= Kapitalkostensatz)
x	Menge
x_{IST}	Istmenge
x_{PLAN}	Planmenge
Z	Amortisationszeit
z. B.	zum Beispiel
Z_0	Barwert
Z_t	Betrag der im Jahr t anfallenden Zahlung

Abkürzungsverzeichnis

ZVEI .... Zentralverband der elektrotechnischen Industrie
€ .... Euro (europäische Währungseinheit)
Σ .... Summe

Formelzeichen, die sich nur auf eine bestimmte Gleichung beziehen, sind nicht in das Verzeichnis aufgenommen worden. Sie werden unmittelbar bei der jeweiligen Gleichung erläutert.

1. Kapitel

Einleitung

1.1 Was ist Controlling?

Controlling hat in den letzten Jahrzehnten in deutschen Unternehmen eine weite Verbreitung gefunden. Dennoch fehlt eine allgemein anerkannte Definition, was unter Controlling eigentlich zu verstehen ist. Eine Ursache dafür ist darin zu sehen, dass es für den Anglizismus „Controlling" kein adäquates deutsches Wort gibt. Die dadurch bestehenden Interpretationsspielräume konnte die Betriebswirtschaftslehre bislang nicht schließen: Das betriebswirtschaftliche Schrifttum bietet eine Vielfalt von Controlling-Definitionen; die Palette reicht von sehr engen Abgrenzungen, bei denen sich das Controlling auf Soll-Ist-Vergleiche beschränkt, bis hin zu umfassenden Konzeptionen, bei denen das Controlling Teile der Unternehmensführung übernimmt. Erschwerend kommt hinzu, dass in der breiten Öffentlichkeit infolge der Wortähnlichkeit von „Controlling" und „Kontrolle" ein Controller manchmal als „Kontrolleur" missverstanden wird. Es ist jedoch unstrittig, dass unter Controlling weit mehr als Kontrolle zu verstehen ist, wobei Kontrolle eine Teilaufgabe des Controllings bildet.

Ursache für die Einführung von Controllingsystemen war die zunehmende **Unübersichtlichkeit** für das Management, die durch

- wirtschaftliche Krisen,
- zunehmenden Umfang und Differenzierung der eigenen Unternehmenstätigkeit,

1. KAPITEL Einleitung

- Dynamik und Komplexität des Unternehmensumfeldes sowie eine
- gesteigerte Wettbewerbsintensität

verursacht wurde.

Durch ein übergeordnetes Führungsunterstützungssystem soll sichergestellt werden, dass die nötigen **Informationen** zur Verfügung stehen und dass **Planung, Kontrolle** und **Informationsversorgung** zum Wohle des Unternehmens aufeinander abgestimmt sind. Diese Aufgaben nimmt das Controlling wahr.

Das **Controlling** lässt sich somit als ein **System** verstehen, das das **Management** eines Unternehmens mit den erforderlichen **Instrumenten** und **Informationen** versorgt, damit dieses

- das laufende Geschäft überwachen und steuern,
- Handlungsalternativen vergleichen und
- Entscheidungen fundiert treffen kann.

Durch die Bereitstellung von Instrumenten und Informationen soll das Controlling die Durchführung von **Planungs- und Kontrollprozessen** ermöglichen, koordinieren und unterstützen. Unternehmerische Entscheidungen werden weiterhin durch die Unternehmensleitung getroffen, das Controlling dient lediglich der **Entscheidungsvorbereitung.**

Zur Verdeutlichung der Rolle eines Controllers findet sich im Schrifttum das Bild des Navigators, der dem Steuermann (d. h. dem Manager) die zur Steuerung des „Unternehmensschiffs" erforderlichen Informationen liefert (vgl. *Horváth*, Controlling, S. 743).

Die benötigten **Informationen** gewinnt das Controlling zum erheblichen Teil aus dem Rechnungswesen des Unternehmens, insbesondere aus der Kostenrechnung, deren Zahlen aufbereitet und ausgewertet werden. Darüber werden weitere, auch qualitative Informationsquellen hinzugezogen.

Das erste Kapitel dieses Buchs gibt einen Überblick über die Grundlagen des Controllings. Nachdem in den vorangegangenen Zeilen die Frage „Was ist Controlling?" beantwortet wurde, schließt sich in Kap. 1.2 eine Darstellung der vier wichtigsten Aufgabenfelder des Controllings an. Es folgt eine kurze Darstellung der historischen

Entwicklung (Kap. 1.3), die verdeutlicht, dass die Wurzeln des Controllings im Mittelalter liegen, dass das Controlling dann über den angelsächsischen Sprachraum und die USA schließlich wieder nach Deutschland gelangte, um dort eine eigenständige Entwicklung zu nehmen. Die Ebenen des Controllings werden in Kap. 1.4 und seine Einsatzbereiche in Kap. 1.5 vorgestellt.

Den Schwerpunkt dieses Buchs bilden **Controlling-Instrumente**. Darunter werden Verfahren verstanden, die im Rahmen des Controllings eingesetzt werden. Neben „originären", d. h. speziellen Verfahren, die ausschließlich Controllingzwecken dienen, zählen dazu auch Instrumente, die aus anderen Bereichen der Betriebswirtschaft stammen. Diese Instrumente sind aus dem Aufgabenfeld des Controllings nicht mehr wegzudenken und deshalb erscheint es sinnvoll, sie zusammen mit den originären Controlling-Verfahren in den Kapiteln 2 bis 6 vorzustellen. Zuvor wird in Kap. 1.6 ein Überblick über alle vorgestellten Instrumente gegeben.

1.2 Aufgabenfelder des Controllings

Aus der betriebswirtschaftlichen Literatur lassen sich folgende vier Kernaufgaben des Controllings herausarbeiten:

- Sicherstellung der Informationsversorgung
- Unterstützung der Planung
- Durchführung von Kontrollen
- Übernahme von Koordinationsaufgaben

Damit nimmt das Controlling Querschnittsaufgaben wahr, durch die die Unternehmensleitung unterstützt wird, und es schafft Transparenz.

1.2.1 Informationsversorgung

Informationen lassen sich als „zweckorientiertes Wissen" definieren, die für eine zielorientierte Unternehmensführung benötigt werden. Das Controlling hat die Versorgung der Aufgaben- und Entscheidungsträger eines Unternehmens mit betriebswirtschaftlichen Informationen sicherzustellen. Dabei sollten die Informationen zielgerichtet, komprimiert und zum richtigen Zeitpunkt an die richtige Stelle weitergeleitet werden. Wichtige Instrumente für diesen Aufgabenbereich werden im 2. Kapitel näher erläutert.

Die Informationsversorgung stellt einen Prozess dar, der sich gemäß Abb. 1–1 aus fünf Schritten zusammensetzt.

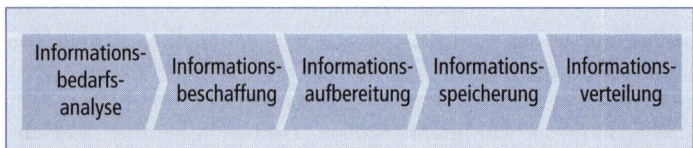

Abb. 1–1: Schritte der Informationsversorgung

In unserer „Informationsgesellschaft" besteht das Problem eines Informationsüberangebots. Viele überflüssige Informationen strömen auf die Entscheidungsträger ein und es besteht die Gefahr, dass die wirklich wichtigen Informationen übersehen oder nicht beachtet werden. Daher sind die für den jeweiligen Informationsempfänger relevanten Informationen durch Informationsbedarfsanalysen herauszuarbeiten (vgl. Kap. 2.1).

In der nächsten Phase des Informationsversorgungsprozesses sind die benötigten Informationen zu beschaffen. Dazu kann auf unternehmensinterne und externe Bezugsquellen zurückgegriffen werden. Eine wichtige interne Quelle bildet das Rechnungswesen des Unternehmens (vgl. Kap. 2.2 und 2.3), das den Kern der betrieblichen Informationswirtschaft und in vielen Unternehmen auch den Ausgangspunkt des Controllings darstellt. Daneben sind ggf. neue, noch nicht vorhandene Informationsinstrumente aufzubauen.

Bei der Informationsbeschaffung sind stets auch Kosten-Nutzen-Erwägungen einzubeziehen: Bringen aufwendig ermittelte Daten tatsächlich einen angemessenen Erkenntnisgewinn, oder lassen sich die Kosten, die für die Informationsgewinnung anfallen, nicht rechtfertigen?

Um eine bedarfsgerechte Informationsbereitstellung zu erreichen sind die vorhandenen und beschafften Informationen empfängerorientiert aufzubereiten. Dieser Aspekt betrifft den Verdichtungsgrad der Informationen, die Festlegung des Adressatenkreises und die Häufigkeit der Informationsbereitstellung (z. B. monatlich). Bei regelmäßigen Informationen erleichtert ein einheitliches „Informationsdesign" (z. B. die Aufbereitung von Daten in Grafikform oder eine gleichbleibende Berichtsgestaltung) dem Anwender die Orientierung. Informationen können automatisiert oder nur auf Anforderung bereitgestellt werden.

Durch die Informationsspeicherung wird sichergestellt, dass Informationen für einen längeren Zeitraum zur Verfügung stehen. Dadurch können Informationen mehrfach genutzt werden. Durch den Aufbau von Zeitreihen entstehen wesentlich aussagekräftigere Daten als es Einzelwerte liefern können. Die Speicherung kann traditionell in Papierform, aber auch elektronisch oder auf Mikrofilm erfolgen.

Informationen können dem Empfänger zugestellt werden; es ist aber auch möglich, dass er die Daten selbst abrufen muss. Durch die Einführung der elektronischen Datenverarbeitung haben sich in den letzten vierzig Jahren die Möglichkeiten der Informationsversorgung wesentlich verändert. Heute ist der Bereich der Informationsversorgung eng mit dem IT-Bereich verknüpft. Dadurch ist zum einen der Informationszugriff leichter möglich und es lassen sich über Datenbanken oder das Internet in Sekundenschnelle Informationen ermitteln, die früher langwierige Recherchen erfordert hätten. Zum anderen bestimmen Zahlenfriedhöfe und eine Informationsüberflutung den Alltag.

1.2.2 Planung

Planung lässt sich als „systematisches, zukunftsbezogenes Durchdenken und Festlegen von Zielen, Maßnahmen, Mitteln und Wegen zur zukünftigen Zielerreichung" definieren (so *Wild*, Unternehmungsplanung, S. 13).

Die Planung dient der Vorbereitung des Entscheidungsprozesses, indem mögliche Entwicklungen vorausbedacht und Alternativen aufgezeigt werden. Planungen sollten zielorientiert durchgeführt werden; daher hat vor Beginn der Planungen eine Zielvorgabe durch die Unternehmensleitung zu erfolgen. Werden ungeeignete Ziele vorgegeben kann dies den Planungsprozess erheblich stören.

Durch die Planung wird ein geordneter Informationsaustausch zwischen den beteiligten Unternehmensbereichen und zugleich eine Koordination bei der Durchführung von künftigen Maßnahmen sichergestellt. Wenn auf Planung verzichtet wird, ist man entweder auf intuitive Entscheidungen „aus dem Bauch heraus" oder auf Improvisation angewiesen.

Wie auch die Aufgabe der Informationsversorgung lässt sich die Planung als ein Prozess darstellen, der aus mehreren Stufen besteht (vgl. Abb. 1–2):

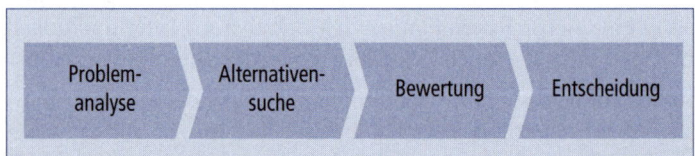

Abb. 1–2: Schritte der Planung

- **Problemanalyse:** Zunächst muss das zu lösende Problem erkannt und strukturiert dargestellt werden, damit ein Planungsprozess durchgeführt werden kann. In Form einer Problemformulierung sind der bestehende und der zu erreichende Zustand zu beschreiben und Restriktionen aufzuzeigen.

- **Alternativensuche:** Handlungsalternativen und Lösungskonzepte werden systematisch oder durch den Einsatz von Kreativitätstechniken gesucht. Anschließend sind die aufgefundenen Ideen und Lösungsansätze zu konkretisieren und auszuarbeiten. Dabei werden Auswirkungen, die eine Verwirklichung einer einzelnen Alternative für das Unternehmen besitzt, verdeutlicht.

- **Bewertung:** Die aufgefundenen Alternativen sind miteinander zu vergleichen und zu bewerten. Als Bewertungsgrundlage dienen der erzielbare Nutzen und die entstehenden Kosten. Ferner sind bestehende Zielkonflikte aufzuzeigen.

- **Entscheidung:** Unter einer Entscheidung wird die Auswahl einer bestimmten Handlungsalternative verstanden. Wenn im Rahmen

1.2 Aufgabenfelder des Controllings

der Bewertung bereits eine Rangfolge der einzelnen Alternativen ermittelt wurde, steht die optimale Alternative bereits fest. Im Entscheidungsprozess sind jedoch neben rationalen, quantitativen Kriterien auch numerisch nicht erfassbare, qualitative Größen einzubeziehen. Zudem zählen „politische" Entscheidungen zum Unternehmensalltag, also Entscheidungen, die aufgrund von Überzeugungen, nicht aufgrund von Sachkriterien gefällt werden.

Wenn eine Entscheidung getroffen wurde, ist die ausgewählte Handlungsalternative umzusetzen.

Nach dem **Zeithorizont** der Planung lassen sich die strategische, die taktische und die operative Ebene unterscheiden:

- **Strategische oder langfristige Planung:** Im Rahmen der strategischen Planung werden grundlegende Entscheidungen für die Zukunft des Unternehmens getroffen. Aus den Unternehmenszielen und den möglichen Erfolgspotentialen des Unternehmens heraus sind Strategien zu entwickeln, die den erfolgreichen Fortbestand des Unternehmens sicherstellen und zugleich eine Orientierung für die verschiedenen Unternehmensteilbereiche bieten.

  Die strategische Planung besitzt eine langfristige Ausrichtung, der beplante Zeitraum liegt mit fünf bis zehn Jahren weit in der Zukunft. Daher stehen nur ungenaue Planungsgrundlagen zur Verfügung, es muss auf grobe Schätzungen zurückgegriffen werden: Ein strategischer Planungsprozess gilt als „schlecht strukturiert".

- **Taktische oder mittelfristige Planung:** Die taktische Planung besitzt einen Planungshorizont von einem bis hin zu fünf Jahren. Sie dient der Konkretisierung der durch die strategische Planung vorgegebenen Rahmenbedingungen. Es sind die Bereitstellung der benötigten Ressourcen (Kapital, Personal, Material), aber auch die Produktionsprozesse und die künftigen Absatzwege zu planen.

- **Operative oder kurzfristige Planung:** Bei der operativen Planung ist der Detaillierungsgrad noch größer als bei der taktischen Planung. Der Planungshorizont reicht bis zu einem Jahr, wobei je nach Unternehmensausrichtung und Produktionsstruktur die operative Planung bis hin zu einer tage- oder sogar stundenweisen Planung heruntergebrochen werden kann. Insbesondere bei einer Just-in-time-Produktion, bei der auf eine unternehmenseigene Lagerhaltung weitgehend verzichtet wird, sind höchste Anforderungen an die operative Planung zu stellen.

Im betriebswirtschaftlichen Schrifttum wird teilweise auf die Abgrenzung einer taktischen Planungsebene verzichtet. Stattdessen wird die operative Planung auf einen Planungszeitraum von bis zu zwei Jahren ausgedehnt. Daran schließt sich dann unmittelbar die strategische Planung an.

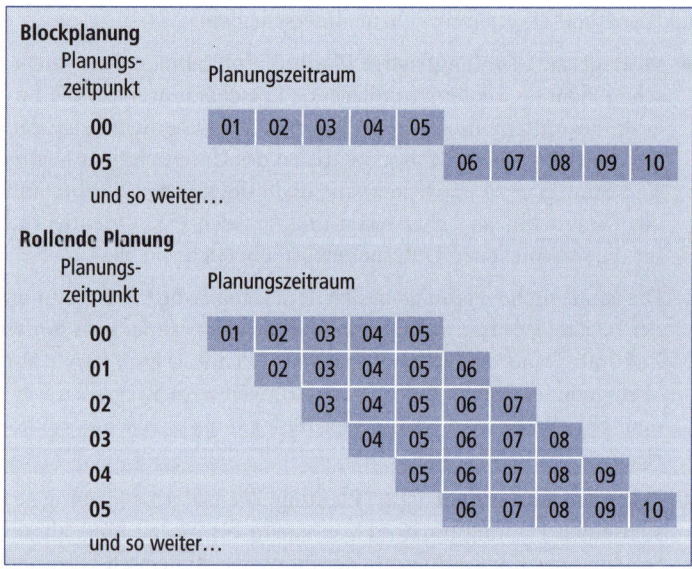

Abb. 1–3: Prinzip von Blockplanung und rollender Planung

Pläne verlieren im Zeitablauf an Aktualität. Daher müssen sie in regelmäßigen Abständen überarbeitet („revidiert") werden. Dazu ist es denkbar, dass kurz vor Beendigung eines Planungszeitraums von beispielsweise fünf Jahren eine neue Fünf-Jahres-Periode geplant wird. Diese Vorgehensweise, die auch als **Blockplanung** bezeichnet wird, besitzt den Nachteil, dass kurz- oder mittelfristige Veränderungen in den Planungsgrundlagen bis zur nächsten Planung unberücksichtigt bleiben. Dies kann durch eine **rollende** („rollierende") **Planung** vermieden werden. Wie Abb. 1–3 verdeutlicht, erfolgt bei der rollenden Planung noch während der laufenden Planperiode eine Neuplanung, indem ein neuer Zeitabschnitt (z. B. ein Jahr oder ein Monat) angefügt und auch die Planung der zuvor bereits geplanten Perioden überarbeitet wird. Dies erhöht zwar den Planungsaufwand, da häufiger geplant werden muss; die Planergebnisse stehen jedoch zeitnäher zur Verfügung und sind daher wesentlich realitätsnäher.

Bezüglich der Vorgehensweise bei der Einbeziehung untergeordneter Bereiche des Unternehmens in den Planungsprozess lassen sich Top-down-Planung, Bottom-up-Planung und die Planung im Gegenstromverfahren unterscheiden. Bei der **Top-down-Planung** erfolgt eine Vorgabe von Rahmenwerten „von oben", während auf unteren Hierarchiestufen die Planvorgaben zu detaillieren sind. Bei der **Bottom-up-Planung** werden zunächst Daten und Planwerte auf unteren Ebenen gesammelt und dann immer weiter verdichtet, bis eine Gesamtplanung für das Unternehmen vorliegt. Bei der Planung im **Gegenstromverfahren** erfolgt zunächst eine Top-Down-Vorgabe von Eckwerten und Planungsprämissen, auf deren Basis Detailplanungen dezentral auf unteren Unternehmensebenen erstellt werden können. Anschließend werden die Teilplanungen zentral zusammengefasst. Eine Optimierung der Pläne kann durch das mehrfache Durchlaufen eines solchen Planungsprozesses erreicht werden.

Die eigentliche Planung wird häufig außerhalb der Organisationseinheit „Controlling", beispielsweise in speziellen Planungsabteilungen, in Planungsstäben oder auch in Fachabteilungen durchgeführt. Das Controlling hat **sicherzustellen, dass geplant wird.** Dazu begleitet das Controlling den Planungsprozess koordinierend und unterstützend. Klassische **Controlling-Aufgaben im Rahmen der Planung** sind:

- **Gestaltung des Planungssystems:** Es sind die organisatorischen Rahmenbedingungen für die Planung zu schaffen (sog. Metaplanung oder „Planung der Planung"). Dazu zählen die Festlegung der Fristigkeit, der Detaillierung und der Präzision der Planung.

1. KAPITEL Einleitung

Das Ergebnis bilden „Planungshandbücher", in denen Planungsabläufe, Begriffe und grundlegende Regelungen zusammengestellt werden.

- **Bereitstellung von Planungsinstrumenten:** Das Controlling hat die methodische Grundlage der Planung zu schaffen. Durch die ständige Pflege und Fortentwicklung der Planungsinstrumente übernimmt das Controlling eine Serviceaufgabe für das Unternehmen, das im Schrifttum als „systembildende Funktion" des Controllings bezeichnet wird. In diesem Zusammenhang gehört auch die Schulung der Nutzer im Umgang mit den Verfahren.

- **Operationalisierung der Unternehmensziele:** Damit die Planung zielgerichtet ablaufen kann, sind die Unternehmensziele zu operationalisieren, d. h. in umsetzbare, quantifizierbare Größen umzuwandeln.

- **Mitwirkung beim Planungsprozess:** Die Mitwirkung beginnt bei der Informationsbeschaffung, indem das Controlling die Bereitstellung von entscheidungsrelevanten Informationen im erforderlichen Detaillierungsgrad sicherstellt. Es schließt sich die Aufgabe der Instrumentenbereitstellung und -pflege an. Im weiteren Planungsprozess sind das Zusammentragen und Abstimmen von Teilplanungen, das Aufdecken von Inkonsistenzen, die Durchführung von Abstimmungsrunden sowie die Erstellung eines Gesamtplans spezielle Controllingaufgaben. Die Planungsergebnisse sind auf Plausibilität, aber auch auf ihre Durchführbarkeit hin zu überprüfen. Schließlich hilft das Controlling bei der Bewertung von Entscheidungsalternativen. Dies geschieht durch eine Quantifizierung von qualitativen Größen, zumeist unter Zuhilfenahme von monetären Kriterien. Hierzu lassen sich insbesondere die in Kap. 4 und 5 dargestellten Controllinginstrumente einsetzen. Da den Controller (im Gegensatz zu Fachabteilungen) bei einer konkreten Planungsfragestellung keine persönlichen Interessen leiten, kann er sachlich und emotionslos eine rationale Entscheidungsfindung vorbereiten.

1.2.3 Kontrolle

Die **Kontrolle** baut auf der Planung auf. Im Rahmen der Kontrolle wird überprüft, ob die aufgestellten Pläne und Vorgaben eingehalten werden. Durch die Kontrolle sollen nicht nur Abweichungen, sondern auch deren Ursachen aufgedeckt werden. Die enge Verknüpfung von Planung und Kontrolle wird treffend durch den Satz „Planung ohne Kontrolle ist unsinnig, Kontrolle ohne Planung unmöglich" ausgedrückt. Planung ohne Kontrolle ist unsinnig, weil ohne eine Kontrolle nicht überprüft werden kann, ob Planungen eingehalten werden. Dadurch ist niemand motiviert, Planungsvorgaben zu beachten. Kontrolle ohne Planung ist unmöglich, weil die Vorgabe fehlt, an der sich eine Kontrolle orientieren kann.

Es lassen sich drei **Bereiche der Kontrolle** unterscheiden:

- **Prämissenkontrolle:** Bei der Prämissenkontrolle wird überprüft, ob die Entscheidungsgrundlagen, die im Rahmen der Planung erarbeitet wurden und die einer Entscheidung zu Grunde gelegen haben, noch gültig sind. Ist hier eine Veränderung eingetreten oder wurde von falschen Voraussetzungen ausgegangen, muss ggf. eine Korrektur durch die Unternehmensleitung vorgenommen werden.

- **Ergebniskontrolle:** Durch Soll-Ist-Vergleiche werden die geplanten Werte (Soll-Größen) mit den tatsächlich erreichten Ergebnissen (Ist-Größen) verglichen. Daraus lässt sich ein Zielerreichungsgrad bestimmen. Durch Abweichungsanalysen ist zu ermitteln, auf welche Ursachen die eingetretenen Abweichungen zurückzuführen sind.

  Ergänzend können die Ist-Größen auch in Bezug zu Vergangenheitswerten oder zu Werten von vergleichbaren Unternehmen gesetzt werden, um die Entwicklung und die Position des eigenen Unternehmens beurteilen zu können.

- **Prozesskontrolle:** Bei der Prozesskontrolle werden die im Unternehmen eingesetzten Verfahren (z. B. Verfahren der Beschaffung, Fertigungsverfahren) und das Verhalten der Mitarbeiter (Qualifikation, aber auch der Umgang mit Kunden) kontrolliert und kritisch hinterfragt.

1. KAPITEL Einleitung

Üblicherweise werden Kontrollen in Form von **ex-post-Kontrollen** während oder nach der Durchführung eines Vorgangs (Planrealisierung, Produktion) durch Soll-Ist-Vergleiche vorgenommen. Ergänzend dazu kann durch **ex-ante-Kontrollen** versucht werden, bereits vor der Realisierungsphase drohende Entwicklungen zu erkennen und der Unternehmensleitung mitzuteilen. Dieser Bereich wird auch als „Frühwarnung" bezeichnet.

Eine besondere Form der Kontrolle stellt die **Revision** dar, die in den Ausprägungsformen Innen- und Außenrevision durchgeführt werden kann. Bei der Revision wird die Kontrolle durch Personen vorgenommen, die nicht in die betrieblichen Abläufe eingebunden sind, die somit eine gewisse Unabhängigkeit und einen anderen Blickwinkel besitzen. Während bei der Innenrevision Mitarbeiter einer speziellen Abteilung des eigenen Unternehmens die Kontrolle durchführen, kommen bei der Außenrevision unternehmensexterne Personen (z. B. Wirtschaftsprüfer) zum Einsatz.

Das Kontrollieren gehört zum Kernaufgabenbereich eines Controllers, aber Controlling ist weit mehr als nur Kontrolle; der Controller darf nicht zu einem reinen „Kontrolleur" verkommen. Reine Soll-Ist-Vergleiche führen nicht weiter. Aus einer Kontrolle resultieren steuernde Eingriffe durch das Einleiten von Gegenmaßnahmen durch die Unternehmensleitung. Zuvor sollte jedoch eine Analyse der Abweichungen und die Ermittlung von Abweichungsursachen vorgenommen werden.

Da der Controller nicht der jeweiligen Fachabteilung angehört, also als „Externer" den ermittelten Abweichungen neutral gegenüber steht, ist ihm die Durchführung einer Abweichungsanalyse leichter möglich. Er kann als „interner Unternehmensberater" fungieren oder eine Moderatorfunktion einnehmen.

Im Idealfall sollten die Ergebnisse der Abweichungsanalyse über einen „Controlling-Regelkreises" in den Planungsprozess rückgekoppelt werden. Abb. 1–4 verdeutlicht diesen Sachverhalt.

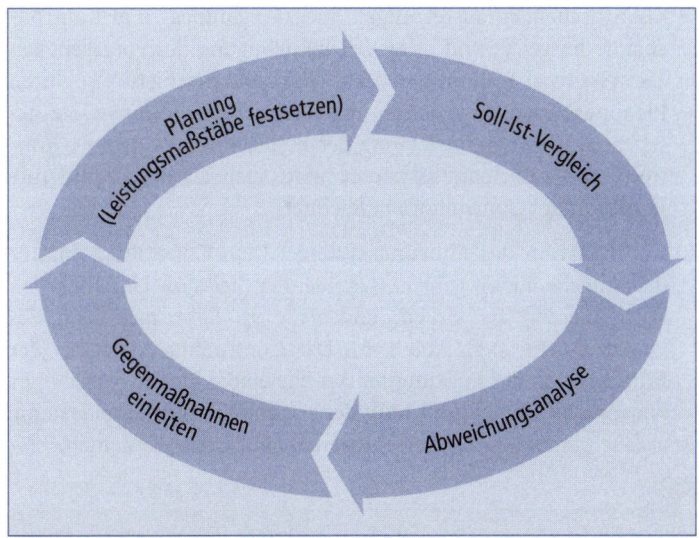

Abb. 1–4: Controlling-Regelkreis

1.2.4 Koordination

Unter Koordination wird das aufeinander Abstimmen von Aktivitäten verstanden, wobei als Orientierungspunkt ein übergeordnetes Ziel (oder ein Zielsystem) dient. Koordinationsaufgaben sind in verschiedenen Bereichen eines Unternehmens zu lösen. Das Controlling kann in folgenden Bereichen koordinierend wirken:

- **Koordination des Informationssystems:** Das Controlling bildet eine zentrale Einrichtung der Informationswirtschaft und hat die Informationsbereitstellung an den vorliegenden Informationsbedarf anzupassen.

- **Koordination von Informationsversorgung, Planung und Kontrolle:** Für die in den vorangegangenen Kapiteln dargestellten Controllingaufgaben Informationsversorgung, Planung und Kontrolle ergibt sich die Notwendigkeit einer Abstimmung, und zwar sowohl untereinander als auch innerhalb jeder einzelnen Aufgabe. Die Koordination erfolgt durch die Schaffung von organisatorischen Voraussetzungen, indem Planungs- und Kontrollabläufe festgelegt und unter Berücksichtigung des vorgegebenen Zielsystems abgestimmt werden. Dies kann beispielsweise durch Planungs- und Kontrollrichtlinien oder Planungsformulare geschehen. Die Fortentwicklung der bestehenden Planungs-, Kontroll- und Informationssysteme wird auch als **systembildende Funktion** des Controllings bezeichnet.

- **Koordination des Führungssystems:** Dem Controlling kommt die Aufgabe zu, an ganz entscheidender Stelle im Unternehmen koordinierend zu wirken, und zwar im Führungssystem des Unternehmens (vgl. Abb. 1–5). Das Controlling besitzt bei der Koordination der Führungsteilsysteme eine doppelte Aufgabe: Es koordiniert sowohl **innerhalb** der einzelnen Führungsteilsysteme als auch **zwischen** den verschiedenen Führungsteilsystemen.

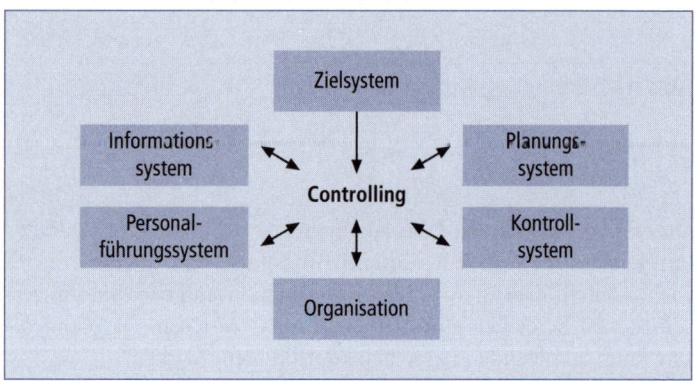

Abb. 1–5: Controlling im Führungssystem eines Unternehmens (in Anlehnung an *Küpper*, Controlling, S. 36)

Beispiele für die Koordination innerhalb einzelner Führungsteilsysteme bildet beim Informationssystem die Integration von Investitions-, Finanz- und Kostenrechnung; im Planungssystem können Teilplanungen (z. B. Investitionsplanung, Finanzplanung, Produktionsplanung oder Absatzplanung) koordiniert, strategische und operative Planung verknüpft oder verschiedene Planungsmethoden abgestimmt werden.

1.3 Historische Entwicklung des Controllings

1.3.1 Entstehung des Begriffs „Controlling"

Wenn man die im vorangegangenen Kapitel beschriebenen Aufgaben des Controllings betrachtet wird deutlich, dass Controlling keine völlig neuartige Aufgabe darstellt: Bereits in den Manufakturen der Antike, aber auch bei antiken Großprojekten (wie beispielsweise beim Bau von Verteidigungsanlagen, Tempeln oder den Pyramiden) wurden Tätigkeiten ausgeführt, die wir heute dem Controlling zuordnen würden.

Die Bezeichnung „Controlling" gab es damals allerdings noch nicht, obwohl sie sich auf lateinische Wurzeln zurückführen lässt: Sie entstand im Mittelalter aus den beiden lateinischen Worten „contra" (gegen) und „rotulus" (Schriftrolle), die im 13. Jahrhundert zu dem Wort „Contrarotulus" (Gegenrechnung) zusammengefügt wurden (vgl. *Lingnau*, Geschichte des Controllings, S. 274). Diese „Gegenrechnung" diente der Überprüfung der tatsächlichen Geld- und Güterbestände mit den darüber geführten schriftlichen Aufzeichnungen. Es handelte sich um eine Kontrolltätigkeit, die heute zum Aufgabenbereich einer Revision gehören würde. An europäischen Königshöfen, aber auch in Klöstern führte die Gegenrechnung ein „Contrarotularius" durch. Aus diesem Wort entwickelte sich im 15. Jahrhundert am englischen Königshof die Amtsbezeichnung „Controller".

1.3.2 Controlling in den USA

Über den angelsächsischen Sprachraum gelangte das Amt einschließlich seiner Bezeichnung „Controller" nach Amerika: Nur zwei Jahre nach Gründung der Vereinigten Staaten von Amerika wurde im Jahre 1778 vom US-Kongress die Stelle eines „Comptrollers" geschaffen, der die Haushaltsführung der amerikanischen Regierung überwachen und deren Ordnungsmäßigkeit sicherstellen sollte.

1. KAPITEL Einleitung

Etwa 100 Jahre später entstand die erste Controllerstelle im privatwirtschaftlichen Bereich: Im Jahre 1880 richtete das US-Transportunternehmen „Atchison, Topeka & Santa Fe Railway System" eine Controllerstelle ein, wobei der Stelleninhaber überwiegend finanzwirtschaftliche Aufgaben wahrzunehmen hatte.

Doch es dauerte bis zur Weltwirtschaftskrise in den 1920er Jahren, bis sich das Controlling als wichtiger betrieblicher Funktionsbereich etablieren konnte: Als Reaktion auf die dramatischen Unternehmenszusammenbrüche richteten damals die meisten US-Großunternehmen Controllerstellen ein. Es folgten mittlere und kleine Unternehmen. Das Controlling erlangte rasch eine große Bedeutung, so dass bereits 1931 eine eigene Interessenvertretung der Controller, das „Controller's Institut of America", entstand. Im Jahre 1962 erfolgte die Umbenennung in die noch heute gültige Bezeichnung „Financial Executive Institute" (FEI).

Dem FEI gelang es, eine in den USA allgemein anerkannte und häufig zitierte Abgrenzung des Aufgabenbereichs von Controllern aufzustellen. Demnach ist das Controlling im Bereich des „Financial Management" angesiedelt. Der Aufgabenbereich des Controllers, die sogenannte „Controllership", untergliedert das FEI in folgende **sieben Aufgabenfelder**:

- **Planung:** Durchführung der Unternehmensplanung durch die Aufstellung von Gewinn-, Absatz- und Investitionsplänen sowie von Budgets und Kostenvorgaben. Durch gezielte Planungen soll das reine Fortschreiben von Werten aus der Vergangenheit vermieden werden; zudem sind Einflüsse aus dem Unternehmensumfeld abzuschätzen und Risiken zu vermindern. Vorgabe von Richtlinien.

- **Berichterstattung und Interpretation:** Kontrolle durch den Vergleich von Plan und Wirklichkeit (Soll-Ist-Vergleich), Analyse und Interpretation von Abweichungen, Berichterstattung an das Management und die Anteilseigner. Koordinierung der Informationssysteme.

- **Bewertung und Beratung:** Bewertung der Ergebnisse, Beratung des Managements in Fragen der Zielerreichung.

- **Volkswirtschaftliche Untersuchungen:** Analyse des wirtschaftlichen Umfelds des Unternehmens. Dazu zählen wirtschaftliche, soziale und politische Einflüsse.
- **Steuerangelegenheiten:** Schaffung von Richtlinien zur Bearbeitung von Steuerangelegenheiten.
- **Berichterstattung an staatliche Stellen:** Koordinierung der Aufstellung von Berichten an staatliche Stellen.
- **Sicherung des Vermögens:** Erhalt des Unternehmensvermögens durch Kontrollen, Revision und Sicherstellung des Versicherungsschutzes.

Die ersten vier Aspekte der Aufstellung gelten auch in Deutschland als Controlling-Aufgaben. Bei den nachfolgenden Aspekten ist dies jedoch nicht der Fall: Mit „Steuerangelegenheiten" und der „Berichterstattung an staatliche Stellen" hat das Controlling in Deutschland wenig zu tun. Derartige Aufgaben werden im Regelfall vom externen Rechnungswesen wahrgenommen. In den USA ist die in Deutschland übliche Aufteilung zwischen externem und internem Rechnungswesen nicht vorhanden. Deshalb werden diese Aufgaben dem Controlling zugerechnet. Der letzte Aspekt, die „Sicherung des Vermögens", wird in Deutschland als originäre Aufgabe der Unternehmensleitung gesehen. Daraus wird deutlich: Zwischen dem Controlling in Deutschland und dem in den USA gibt es Unterschiede!

1.3.3 Controlling in Deutschland

Nach dem Zweiten Weltkrieg begann das Controlling auch in Deutschland Fuß zu fassen, zunächst in Tochterunternehmen von US-Konzernen, dann in deutschen Großunternehmen und schließlich auch in mittelständischen Unternehmen. Abb. 1–6 zeigt, dass heute das Controlling in Unternehmen aller Größenordnungen verbreitet ist; insbesondere Großunternehmen verzichten kaum auf eigene Controllingstellen.

Beschäftigtenzahl	Unternehmen mit Controllingstellen
bis 199	53,5 %
200–999	77,2 %
1.000–9.999	85,5 %
ab 10.000	95,7 %
Durchschnitt	**72,3 %**

Abb. 1–6: Verbreitung des Controllings in deutschen Unternehmen (nach *Küpper*, Controlling, S. 4)

Das aus den USA „importierte" Controlling hat sich im deutschen Sprachraum inzwischen verselbständigt. Der Begriff „Controlling" ist im US-amerikanischen Unternehmen nicht so weit verbreitet wie in Deutschland. Die Aufgaben und Fragestellungen, die in Deutschland unter der Bezeichnung „Controlling" diskutiert werden, sind im angloamerikanischen Sprachraum am ehesten der Bezeichnung **Managerial Accounting** zuzuordnen. Das Auseinanderdriften von deutschem und US-amerikanischem Controllingverständnis wurde bereits in Kap. 1.3.2 bei der Erläuterung der Controlling-Aufgaben nach der FEI-Abgrenzung deutlich, die von dem in Deutschland üblichen Controllingverständnis abweicht.

Dazu haben nicht zuletzt die Wirtschaftswissenschaften beigetragen, die sich seit den 1970er Jahren mit dem Controlling befassen und es fortentwickelt haben. Der erste betriebswirtschaftliche Lehrstuhl für Controlling an einer deutschen Universität wurde im Jahre 1972 in Darmstadt eingerichtet und nahm zum Wintersemester 1973/74 seine Tätigkeit auf. Heute bestehen in Deutschland über 70 Controlling-Lehrstühle. Doch die zunehmende Bedeutung in der Betriebswirtschaftslehre hat nicht dazu geführt, dass eine allgemein anerkannte Definition oder Konzeption gefunden werden konnte. Das liegt nicht zuletzt auch daran, dass viele Autoren sich lieber durch eine eigene Abgrenzung wissenschaftlich profilieren möchten, anstatt der Abgrenzung eines Kollegen zuzustimmen.

Die in der Betriebswirtschaftslehre diskutierten Controlling-Abgrenzungen lassen sich zumeist einem der folgenden vier **Controlling-Konzeptionsansätzen** zuordnen:

1.3 Historische Entwicklung des Controllings

- **Informationsversorgungsorientierte Konzeption:** Die Hauptaufgabe des Controllings besteht nach dieser Konzeption darin, die Informationsversorgung der Unternehmensleitung sicherzustellen, damit diese ihre Steuerungsaufgaben erfüllen kann. Zur Informationsversorgung zählt die Informationsbeschaffung, aber auch die Aufbereitung und zielgerichtete Weiterleitung von Informationen an den jeweiligen Adressaten. Damit bildet das Controlling eine zentrale Einrichtung der betrieblichen Informationswirtschaft.

- **Erfolgszielorientierte Konzeption:** Nach dieser Konzeption hat das Controlling die Ausrichtung des Unternehmens auf die durch die Unternehmensleitung vorgegebenen Ziele sicherzustellen. Um die Zielerreichung messen zu können, müssen Sollvorgaben im Rahmen der Planung aufgestellt werden, denen dann bei Kontrollvorgängen Istgrößen gegenübergestellt werden können. Ein erfolgsorientiertes Controlling basiert somit auf Planung und Kontrolle, die in Form eines Regelkreises (vgl. Abb. 1–4) miteinander verbunden sind.

  Da das wichtigste Ziel eines Unternehmens im Regelfall die Erzielung von Gewinnen darstellt, spricht man auch von einer Gewinn- oder Erfolgsorientierung des Controllings.

- **Koordinationsorientierte Konzeption:** Bei koordinationsorientierten Controlling-Konzeptionen wird die eigentliche Funktion des Controllings in der Koordination der verschiedenen Führungsteilsysteme gesehen. Das Controlling soll sicherstellen, dass Informationsversorgung, Planung, Kontrolle, Personalführung und Organisation zum Wohle des Unternehmens und unter Berücksichtigung des vorgegebenen Zielsystems aufeinander abgestimmt sind (vgl. Abb. 1–5). Neben der Aufgabe, zwischen den einzelnen „Subsystemen der Führung" zu koordinieren, wird dem Controlling die Aufgabe zugewiesen, auch innerhalb der einzelnen Subsysteme, also z. B. innerhalb des Planungssystems koordinierend zu wirken.

- **Rationalitätssicherungsorientierte Konzeption:** Bei dieser Konzeption steht die Rationalitätssicherung der Unternehmensführung im Mittelpunkt aller Controllingaktivitäten. Dabei wird davon ausgegangen, dass in jedem Unternehmen Rationalitäts-

1. KAPITEL Einleitung

defizite bestehen, die auf fehlendes Wollen oder Können der Manager zurückzuführen sind. Es ist Aufgabe des Controllings, diese Defizite zu erkennen und auszugleichen.

Abb. 1–7 zeigt, wie die vier Grundkonzeptionen nacheinander in Deutschland entstanden sind. Zugleich verdeutlicht die Abbildung, dass die jüngeren auf den älteren Konzeptionen aufbauen: So bildet die Informationsversorgungsfunktion des Controllings bei allen anderen Konzeptionsansätzen eine unverzichtbare Grundlage.

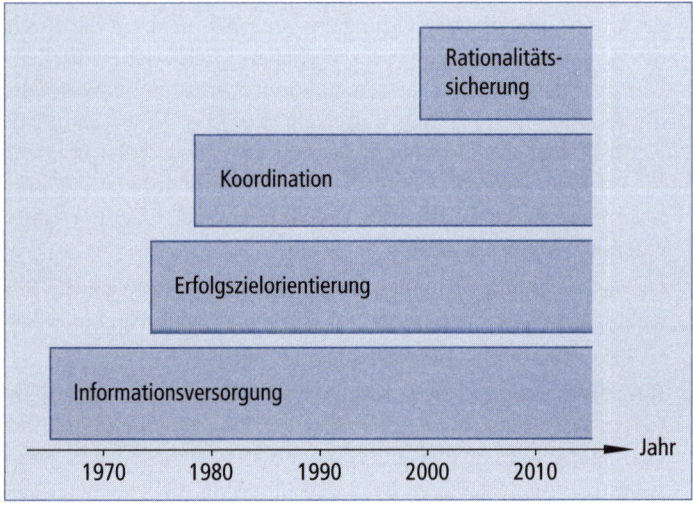

Abb. 1–7: Zeitliche Entstehung von Controlling-Konzeptionen in Deutschland

Neben diesen Konzeptionen, die in der Betriebswirtschaftslehre entwickelt wurden, erhält das Controlling in Deutschland Impulse durch den **„Internationalen Controllerverein e. V."**, der 1975 aus der Unternehmenspraxis heraus entstanden ist und der mit anderen europäischen Controllervereinigungen im Rahmen der International Group of Controlling (IGC) kooperiert. Nach dem Leitbild der IGC lassen sich folgende fünf Aufgabenbereiche für Controller abgrenzen:

- Sicherstellung von Strategie-, Ergebnis-, Finanz- und Prozess-**Transparenz** sowie Steigerung der **Wirtschaftlichkeit**

- **Koordination** von **Teilzielen** und Teilplänen sowie Organisation eines zukunftsorientierten **Berichtswesens**
- Moderation, Begleitung und Gestaltung der Managementprozesse der **Zielfindung,** der **Planung** und der **Steuerung**
- Sicherstellung der betriebswirtschaftlichen Daten- und **Informationsversorgung**
- Gestaltung und Pflege der **Controllingsysteme**

Während Manager verantwortlich für das Unternehmensergebnis sind, haben Controller die Transparenz der Ergebniserreichung und der ablaufenden Prozesse sicherzustellen sowie begleitenden betriebswirtschaftlichen Service für das Management zur zielorientierten Planung und Steuerung zu erbringen. Controlling wird als Prozess und Denkweise definiert die sich ergibt, wenn Manager und Controller als Team zusammenarbeiten.

1.4 Ebenen des Controllings

In Anlehnung an die Unterteilung der Planung nach ihrem Zeithorizont in eine operative, taktische und strategische Ebene (vgl. Kap. 1.2.2) wird auch das Controlling in Ebenen gegliedert: Es lassen sich gemäß Abbildung 1–8 nach dem Zeithorizont der vorzubereitenden Entscheidungen das strategische, das taktische und das operative Controlling unterscheiden.

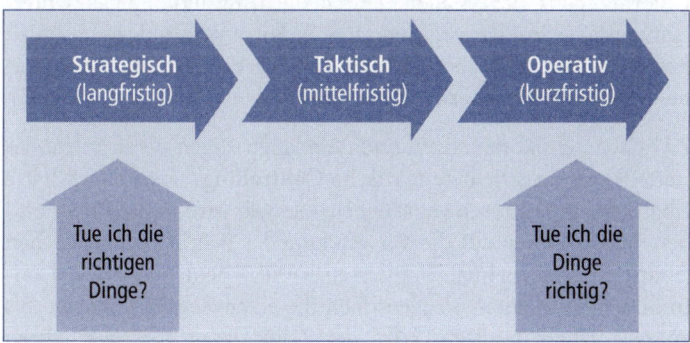

Abb. 1–8: Ebenen des Controllings

1. KAPITEL Einleitung

Das **strategische Controlling** orientiert sich an Visionen, der Unternehmensphilosophie und daraus abgeleiteten Zielvorstellungen. Es hat die Aufgabe, die Existenz des Unternehmens dauerhaft sicherzustellen sowie Voraussetzungen zur Erschließung und Realisierung neuer Erfolgspotentiale zu schaffen. Neben Informationen aus dem eigenen Unternehmen sind in größerem Umfang Informationen aus dem Umfeld des Unternehmens zu berücksichtigen. Diese Informationen dienen zur Prognose von künftigen Entwicklungen sowie zum frühzeitigen Erkennen von Chancen und Risiken, die sich durch Veränderungen in der Unternehmensumwelt (Politik, Absatzmärkte) ergeben. Es ist stets zu hinterfragen, ob sich das Unternehmen auf dem „richtigen Weg" befindet. Die Kernfrage des strategischen Controllings lautet „Tue ich die richtigen Dinge?"

Dem steht das **operative Controlling** gegenüber, dessen Kernfragestellung sich mit „Tue ich die Dinge richtig" umschreiben lässt. Das operative Controlling stellt sicher, dass die durch die Unternehmensleitung festgelegten Vorgaben zielkonform umgesetzt und dass die bestehenden Erfolgspotentiale konsequent genutzt werden. Es hat eine kurzfristige Ausrichtung und beschäftigt sich überwiegend mit dem Alltagsgeschäft, in dem Detailprobleme (z. B. einzelne Produkte oder Prozesse) und kurzfristige Aspekte betrachtet werden. Die verarbeiteten Informationen stammen überwiegend aus dem Unternehmen selbst. Das operative Controlling soll die Wirtschaftlichkeit der ablaufenden Prozesse und die Rentabilität des Unternehmens sicherstellen. Durch die Umwandlung der Unternehmensziele in Planvorgaben (z. B. in Form von Budgets) soll den Kostenstellenleitern, aber auch jedem Mitarbeiter die Kontrolle seiner Arbeitsergebnisse ermöglicht werden.

Zwischen dem kurzfristigen und dem langfristigen Bereich liegt das mittelfristig ausgerichtete **taktische Controlling.** Doch eine scharfe Abgrenzung ist nur schwer möglich. Deshalb wird in der Praxis und bei vielen Autoren auf die Verwendung des Begriffs des taktischen Controllings verzichtet. Stattdessen werden dem operativen Controlling alle Aktivitäten zugeordnet, die einen Zeithorizont von bis zu zwei Jahren besitzen. Wird der Zeithorizont von zwei Jahren überschritten, zählen diese Aktivitäten zum strategischen Controlling. So wird auch in diesem Buch verfahren und eine eigenständige Abgrenzung des „taktischen Controllings" vermieden. In Abb. 1–9 sind die wichtigsten Unterschiede zwischen operativem und strategischem Controlling zusammengestellt.

Controllingebene Vergleichskriterium	Operatives Controlling	Strategisches Controlling
Zeitlicher Horizont	Kurzfristig (max. 2 Jahre)	Langfristig (ab 2 Jahren)
Fragestellung	„Die Dinge **richtig** tun"	„Die richtigen **Dinge** tun"
Betroffene hierarchische Stufe	Alle Führungsebenen mit einem Schwerpunkt in der mittleren Führungsebene	Oberste Führungsebene
Rahmenbedingungen gesetzt durch	Festgelegte Strategien des Unternehmens	Unternehmensphilosophie, Unternehmensleitbild
Aufgabenbereich	Alltagsgeschäft	Grundlegende Entscheidungen
Schwerpunkt der Ausrichtung der Aktivitäten	Innenbereich des Unternehmens	Unternehmensumwelt
Verfolgte unternehmenspolitische Ziele	Liquiditätssicherung	Existenzsicherung durch Erschließung von Erfolgspotentialen
	Erfolgsmaximierung	Risikominimierung
Betrachtete Dimensionen	Aufwand/Ertrag	Chancen/Risiken
	Kosten/Erlös	Stärken/Schwächen
Art der Informationen	Quantitativ/monetär	Meist qualitativ
Problemcharakteristik	Gut strukturierte Probleme	Schlecht strukturierte Probleme
	häufig quantitativ lösbar	Unscharf abgegrenzt
	eingeschränktes Alternativenspektrum	Weites Alternativenspektrum
	Niedrige Unsicherheit	Hohe Unsicherheit
Umfang	Alle funktionellen Bereiche und Teilpläne	Konzentration auf einzelne Problemstellungen

Abb. 1–9: Unterschiede zwischen operativem und strategischem Controlling

Gemäß der „reinen Lehre" müssten Unternehmen zunächst ein strategisches Controlling aufbauen, das der Unternehmensleitung

Hilfestellung bei der Festlegung einer Unternehmensstrategie liefert. Das operative Controlling würde dann, unter Berücksichtigung der Beschlüsse der Unternehmensleitung, im kurzfristigen Bereich tätig.

Die Entwicklung in der Unternehmenspraxis war und ist jedoch eine andere. Nur selten wird ein Unternehmen auf der „grünen Wiese" gegründet, bei dem ein Controlling von Anfang an mit aufgebaut wird. Den Regelfall bilden Unternehmen, die bestehen und die nachträglich schrittweise ein Controllingsystem einführen. Häufig wird die Notwendigkeit, auch für strategische Fragestellung auf das Controlling zurückgreifen zu können, zunächst nicht gesehen. Insbesondere bei kleineren Unternehmen werden strategische Fragestellungen nicht durch eine eigenständige Abteilung, sondern unmittelbar durch die Unternehmensleitung bearbeitet. Deshalb liegt bei den meisten Unternehmen der Aufgabenschwerpunkt des Controllings im operativen Bereich. Das strategische Controlling hat vor allem bei größeren Unternehmen in den vergangenen Jahren an Bedeutung gewonnen.

In der Unternehmenspraxis besitzt das operative Controlling nicht nur die längere Tradition, sondern auch eine wesentlich größere Bedeutung. Diesem Sachverhalt trägt der Aufbau dieses Buches Rechnung: Es werden zunächst die grundlegenden operativen Instrumente dargestellt (2. und 3. Kapitel), bevor in den Kapiteln 4, 5 und 6 auf Verfahren aus dem Bereich des strategischen Controlling eingegangen wird.

1.5 Einsatzbereiche des Controllings

Aufgrund der Übertragung von Controlling-Aufgaben auf Unternehmensteilbereiche lassen sich verschiedene Einsatzbereiche des Controllings unterscheiden.

- Bei einer **aufgabenbezogenen Aufteilung** erfolgt die Unterscheidung aufgrund der verschiedenen betrieblichen Teilbereiche, in denen das Controlling eingesetzt wird (sog. Bereichscontrolling). So werden Beschaffungs-, F+E-, Finanz-, Personal-, Produktions-, Logistik-, Vertriebs- oder Marketing-Controlling unter-

1.5 Einsatzbereiche des Controllings

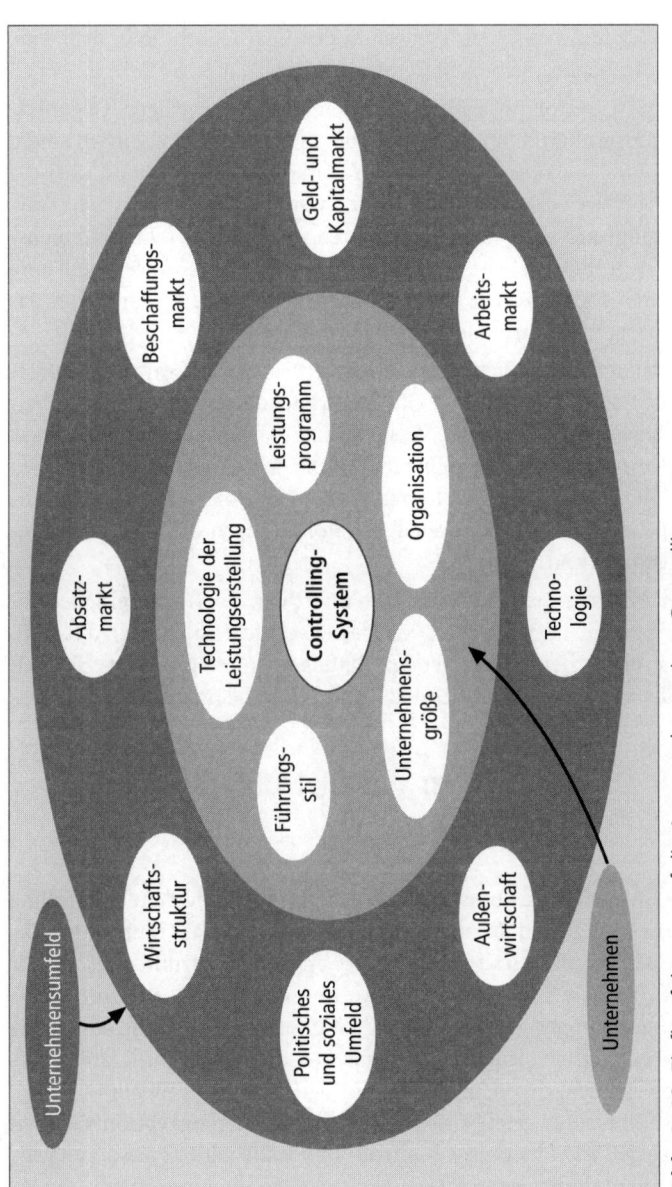

Abb. 1-10: Einflussfaktoren auf die Ausgestaltung eines Controllingsystems

schieden. Auch das Umwelt- oder Öko-Controlling stellt eine aufgabenbezogene Differenzierung dar.

- Das Controlling lässt sich auch nach der jeweiligen **Organisationseinheit** differenzieren, in der es angesiedelt ist. Neben einem zentralen Controlling kann ein Werks-, ein Beteiligungs- oder ein Projekt-Controlling eingerichtet werden. Dabei muss eine Verknüpfung der Teilbereiche durch das zentrale Unternehmens-Controlling sichergestellt werden. Dazu wird in Konzernen häufig eine übergeordnete Controllingebene installiert, durch die das Konzern-Controlling wahrgenommen wird.
- Bei unterschiedlichen Branchen fallen spezielle Controllingaufgaben an. Unter dem Aspekt des **Branchenbezugs** lassen sich beispielsweise ein Bank-, Versicherungs-, Dienstleistungs- oder ein Krankenhaus-Controlling unterscheiden. Auch im öffentlichen Dienst werden in den letzten Jahren Controllinginstrumente eingeführt, die an die speziellen Anforderungen dieses Bereichs angepasst sind.

Der Aufbau eines Controllingsystems ist von den Besonderheiten des Unternehmens, aber auch von dessen Umfeld abhängig. Abb. 1–10 zeigt die zu berücksichtigenden Einflussfaktoren, geordnet nach den beiden Sphären „Unternehmen" und „Unternehmensumfeld".

1.6 Überblick über das Instrumentarium des Controllings

In der Literatur ist umstritten, welche Instrumente dem Controlling zuzurechnen sind. Manche Autoren versuchen, das Controlling sehr eng abzugrenzen und zählen zum Controllinginstrumentarium nur Verfahren, die speziell für das Controlling entwickelt wurden. So rechnet Küpper, der eine koordinationsorientierte Controllingkonzeption vertritt, lediglich Instrumente, die eine Koordinationsaufgabe erfüllen, dem Controlling zu (vgl. *Küpper*, Controlling, S. 46). Vertreter einer erfolgsorientierten Controllingkonzeption rechnen hingegen alle Planungs-, Kontroll- und Informationsversorgungsinstrumente zum Controlling.

1.6 Überblick über das Instrumentarium des Controllings

operativ	Informationsversorgung → Kapitel 2	■ Informationsbedarfsanalyse ■ Buchführung und Jahresabschluss ■ Kostenrechnung als Informationsinstrument	■ Erlösrechnung ■ Kennzahlen und Kennzahlensysteme ■ Berichtswesen
	Operative Planung und Kontrolle → Kapitel 3	■ Sollgrößenermittlung ■ Plankostenrechnung ■ Deckungsbeitragsrechnung ■ Investitionsrechnung	■ Budgetierung ■ Operative Kontrollinstrumente
	Unternehmensinterne Analysen → Kapitel 4	■ Lebenszykluskonzept ■ Erfahrungskurvenkonzept ■ Marktorientierte Analysen	■ Wertorientierte Analysen
strategisch	Analyse von Rahmenbedingungen → Kapitel 5	■ Umfeldanalysen ■ Erfolgsfaktorenanalyse ■ Stärken-Schwächen-Analysen ■ Benchmarking	
	Prognosen → Kapitel 6	■ Statistische Verfahren ■ Delphi-Methode ■ Diskontinuitätenbefragung ■ Gap-Analyse	■ Szenario-Technik ■ Früherkennungssysteme ■ Risikomanagement

Abb. 1–11: Überblick über das Controllinginstrumentarium

1. KAPITEL Einleitung

In dem vorliegenden Buch wird ein praxisbezogener Weg gewählt: Es werden alle diejenigen Instrumente erläutert, die von Controllern **in der Praxis zur Erfüllung ihrer Controllingaufgaben eingesetzt** werden. Dazu zählen folglich auch Verfahren, die aus anderen Bereichen der Betriebswirtschaftslehre, insbesondere aus dem Bereich der Planung und Kontrolle, stammen. Zudem lassen sich viele Managementtechniken und Marketinginstrumente für Controlling-Aufgaben einsetzen.

Abb. 1–11 gibt einen Überblick über die Verfahren und deren Zuordnung zu den nachfolgenden Kapiteln dieses Buchs. Bei der Zuordnung der Verfahren wird von den Controllingaufgaben (gemäß Kap. 1.2) und den Controllingebenen (Kap. 1.4) ausgegangen. Ausgehend von den Verfahren des operativen Controllings wird der Bogen hin bis zu strategischen Prognoseinstrumenten geschlagen.

Ohne Informationen können weder das Controlling noch die übrigen Führungssysteme eines Unternehmens arbeiten. Deshalb werden Instrumente, die der **Informationsversorgung** dienen, an den Anfang gestellt (Kap. 2). Dazu zählen das externe und das interne Rechnungswesen, aber auch Kennzahlen und Kennzahlensysteme sowie das Berichtswesen.

Die operative Planung und die operative Kontrolle bilden die Kernaufgaben des Controllings. Die im dritten Kapitel vorgestellten **Planungs- und Kontrollverfahren** zählen zum Controlling-Standardinstrumentarium. Sollgrößen können geschätzt, berechnet oder kalkuliert werden. Plankosten-, Deckungsbeitrags- und Investitionsrechnung sowie die Budgetierung liefern die Vorgaben, so dass sich Kontrollen durchführen lassen.

Der **Analyse** von unternehmensinternen Bereichen (wie Produkte, Produktbereiche oder strategische Geschäftsfelder) dienen die Verfahren, die im vierten Kapitel vorgestellt werden. Je nach Zeithorizont besitzen die Verfahren eine operative oder strategische Ausrichtung. Überwiegend werden diese Verfahren jedoch für langfristige Analysen eingesetzt und daher von vielen Autoren dem strategischen Controlling zugeordnet.

Die in den Kapiteln fünf und sechs beschriebenen Verfahren zählen zum strategischen Controlling. Die **Analyse von Rahmenbedin-**

gungen dient der Bestimmung der Position des eigenen Unternehmens im Wettbewerb (Kap. 5), **Prognosen** sollen die Ungewissheit der zukünftigen Entwicklung vermindern und ermöglichen langfristige Planungen.

Literaturempfehlungen zu Kapitel 1:

Horváth & Partners: Das Controllingkonzept. 7. Auflage. München: dtv 2009.

Küpper, Hans-Ulrich, u. a.: Controlling. Konzeption, Aufgaben und Instrumente. 6. Auflage. Stuttgart: Schäffer-Poeschel 2013.

Ziegenbein, Klaus: Controlling. 10. Auflage. Ludwigshafen: Kiehl 2012.

2. Kapitel

Instrumente zur Informationsversorgung

Eine grundlegende Aufgabe des Controllings ist die Versorgung des Unternehmens mit führungsrelevanten Informationen. Ohne Informationen können weder ein Unternehmen zielgerichtet geführt noch weitergehende Controllingaufgaben ausgeführt werden. Deshalb bilden Instrumente zur Informationsversorgung die Grundlage für jedes unternehmerische Handeln und werden in diesem Buch vor allen anderen Instrumenten vorgestellt.

Die meisten Informationen, die im Controlling verarbeitet werden, stammen aus dem Rechnungswesen eines Unternehmens, dessen controllingrelevante Bereiche in den Kapiteln 2.2, 2.3 und 2.4 erläutert werden. Originäre Controllinginstrumente der Informationsversorgung sind Kennzahlen und Kennzahlensysteme (Kap. 2.5) sowie das Berichtswesen (Kap. 2.6).

2.1 Ermittlung des Informationsbedarfs

Grundvoraussetzung für die Gestaltung von Informationssystemen stellt eine vorherige Ermittlung des **Informationsbedarfs** dar. Er bildet eine objektive Größe, die sich aus dem zu lösenden Problem, d. h. den anstehenden Aufgaben und Entscheidungen, herleitet. Vom Informationsbedarf ist das subjektive **Informationsbedürfnis** des Mitarbeiters abzugrenzen, das sich aus den von dem Mitarbeiter für relevant gehaltenen Informationen ergibt. Einen dritten Bereich bildet das vorhandene Informationsangebot.

Wie Abb. 2–1 zeigt, ergibt sich der **Informationsstand** als Schnittmenge von Informationsbedarf, Informationsnachfrage und Informationsangebot (Feld (1) in Abb. 2–1). Ein Idealzustand wäre erreicht, wenn alle drei Kreise deckungsgleich wären. Doch das ist in der Praxis nie der Fall. Das Controlling hat die Aufgabe, das Feld (1) möglichst groß und demzufolge die übrigen Felder möglichst klein werden zu lassen.

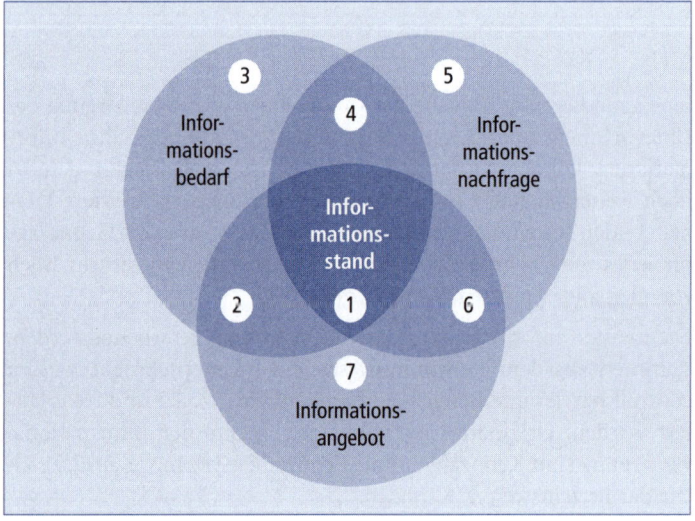

Abb. 2–1: Informationsstand als Schnittmenge von Informationsbedarf, Informationsnachfrage und Informationsangebot

Fehlende Informationen können die Durchführung der anstehenden Aufgaben ebenso behindern wie ein Überangebot an Informationen. Ein Informationsüberschuss erschwert den Überblick und kann bei den Entscheidungsträgern aufgrund von Überforderung zu sinnlosem Aktionismus führen. Außerdem werden unnötige personelle Ressourcen dadurch vergeudet, dass Arbeitszeit zur Ermittlung, Aufbereitung und Speicherung von später nicht benötigten Informationen aufgewendet wird.

2.1 Ermittlung des Informationsbedarfs

Deshalb ist zur Verbesserung des Informationsstandes eine zielgerichtete Ausweitung der Informationsnachfrage auf bislang noch nicht genutzte Bereiche des objektiven Informationsbedarfs erforderlich (Felder (2), (3) und (4) in Abb. 2–1); es geht bei all diesen Fällen um die Beseitigung eines Informationsdefizits. Bei den in Feld (2) einzuordnenden Informationen handelt es sich um Daten, die das Controlling zwar bereithält, die aber das Management nicht beachtet, weil die Informationen nicht für wichtig erachtet werden oder weil nicht bekannt ist, dass sie existieren. Einen anderen Fall stellt Feld (3) dar: Hierbei handelt es sich um innovative Informationen, die für das Management nützlich sind, die aber weder nachgefragt noch angeboten werden. Hier hat das Controlling die Aufgabe, diese Bereiche zu identifizieren und z. B. durch die Einführung neuer Instrumente ein Informationsangebot zu schaffen. Bei Feld (4) werden Informationen vom Management nachgefragt, die nicht vorhanden sind; dadurch entsteht dringender Handlungsbedarf; das Controlling muss versuchen, schnellstmöglich dieses Informationsdefizit zu beseitigen. Dieser Fall tritt ein, wenn in der betriebswirtschaftlichen Diskussion neue Instrumente oder neue Kenngrößen erörtert werden, die das unternehmenseigene Controlling noch nicht kennt.

Wenn das Management Informationen nachfragt, die es objektiv gesehen gar nicht benötigt (Feld (5)), sollte das Controlling versuchen, diese fehlgeleitete Informationsnachfrage in die richtigen Bahnen zu lenken. Dieser Fall liegt z. B. vor, wenn Vollkosteninformationen nachgefragt werden, die nur eine eingeschränkte Entscheidungsrelevanz besitzen. Stellt das Controlling derartige Informationen zur Verfügung, liegt Fall (6) vor: Es werden Informationen nachgefragt, die zwar vorhanden, aber zur Erfüllung der Aufgaben gar nicht erforderlich sind. Solche Bereiche sind zu identifizieren und zu beseitigen, um die erwähnte Informationsüberflutung der Entscheidungsträger zu vermindern.

Den letzten Fall bildet Feld (7): Das Controlling stellt Informationen zur Verfügung, die nicht nachgefragt, aber auch nicht benötigt werden. Dies ist der Bereich von „Zahlenfriedhöfen", die generiert werden, die aber so unübersichtlich sind, dass sie niemand benötigt und nachfragt.

2. KAPITEL — Instrumente zur Informationsversorgung

> **BEISPIEL zur Verdeutlichung von Abb. 2–1:** Im Rahmen einer Klausur wird ein bestimmtes Wissen abgeprüft, das man sich über vier Bücher aneignen kann (= Informationsbedarf). Von diesen Büchern sind zwei ((1), (2)) in der Bibliothek verfügbar, zwei nicht ((3), (4)). Ein Prüfling besorgt sich Buch (1) und ein weiteres Buch (6), das aber nicht relevant ist. Außerdem bemüht er sich vergeblich um die Bücher (4) und (5) (= Informationsnachfrage). Alle übrigen in der Bibliothek verfügbaren Bücher bilden das Informationsangebot (Feld (7)).
> Durch eine Informationsbedarfsermittlung (z. B. durch direkte Befragung des Prüfers) hätte der Prüfling die Bedeutung des von ihm ignorierten Buchs (2) erkannt und außerdem mit Nachdruck versucht, auf anderem Wege die Bücher (3) und (4) zu erlangen.

Zur Bestimmung des Informationsbedarfs, also der Summe aus den Feldern (1), (2), (3) und (4), werden **Informationsbedarfsanalysen** eingesetzt. Sie zeigen auf, welche Informationen in welchem Umfang für die Erfüllung der vorliegenden Planungs- und Kontrollaufgaben benötigt werden. *Küpper* (Controlling, S. 222 ff.) unterscheidet induktive und deduktive Verfahren der Informationsbedarfsermittlung.

- Die **induktive Informationsbedarfsermittlung** geht von den vorliegenden Gegebenheiten im Unternehmen aus. Es wird also vom Informationsangebot oder der Informationsnachfrage auf den Informationsbedarf geschlossen. Dazu werden die zur Verfügung stehenden Dokumente, die ablaufenden Informationsverarbeitungsprozesse bzw. die Struktur der Datenerfassung analysiert. Auch Informationen, die bei vergleichbaren, früheren Problemen benötigt wurden, lassen einen Rückschluss auf den Informationsbedarf zu. Eine weitere Möglichkeit ist eine Befragung von Informationsempfängern bzw. Entscheidungsträgern, um aus deren subjektiven Einschätzungen den Informationsbedarf zu ermitteln.

- Die **deduktive Informationsbedarfsermittlung** versucht den Informationsbedarf aus den zu lösenden Aufgaben oder aus dem Zielsystem des Unternehmens zu bestimmen.

In der Praxis werden häufig die verschiedenen Methoden kombiniert, um zu aussagekräftigen Ergebnissen zu kommen.

2.2 Buchführung und Jahresabschluss

Buchführung und Jahresabschluss zählen zum **externen Rechnungswesen**. Das externe Rechnungswesen dokumentiert alle Geschäftsvorfälle eines Unternehmens und stellt Informationen für einen externen Adressatenkreis (z. B. Anteilseigner, Banken, Finanzamt) zur Verfügung. Durch eine gesetzliche Reglementierung des externen Rechnungswesens soll die Vergleichbarkeit der ermittelten Zahlen sichergestellt und willkürliche Festlegungen verhindert werden. Damit ist das externe Rechnungswesen recht starr und unflexibel.

Trotz der unternehmensexternen Ausrichtung lassen sich die gewonnenen Informationen auch für interne Zwecke und damit für das Controlling einsetzen. Deshalb wird im Folgenden knapp auf die Buchführung und etwas ausführlicher auf den Jahresabschluss eingegangen. Weitergehende Ausführungen zu diesem Thema finden sich in *Schultz,* Basiswissen Rechnungswesen, S. 11 ff.

2.2.1 Aufgaben der Buchführung

Die **Buchführung** (engl. „Financial Accounting") hat die Aufgabe, den laufenden Geschäftsverkehr eines Unternehmens abzubilden. Jedes Unternehmen ist gesetzlich verpflichtet, im Rahmen seiner Buchführung alle Geschäftsvorfälle chronologisch, systematisch und lückenlos aufzuzeichnen. Unter **Geschäftsvorfällen** werden alle in Zahlenwerten festgehaltenen, wirtschaftlich bedeutsamen Vorgänge wie Güterbewegungen (Warenverkauf) oder Zahlungen verstanden.

Durch die chronologische Aufzeichnung aller Geschäftsvorfälle dokumentiert die Buchführung die Tätigkeit des Unternehmens und ermöglicht eine externe **Rechenschaftslegung** gegenüber Anteilseignern (Aktionäre, Gesellschafter), Arbeitnehmern, Geschäftspartnern, Kreditgebern, dem Staat (Steuerbehörden) oder der interessierten Öffentlichkeit.

Ursprünglich erfolgten die Aufzeichnungen in „Büchern" und Kladden, doch schon frühzeitig wurde versucht, die Buchführung zu automatisieren. Heute erfolgt die Buchführung nicht nur computergestützt; sie erfüllt darüber hinaus für das gesamte Unternehmen die wichtige Aufgabe, die EDV-technische Ersterfassung von Geschäftsvorfällen vorzunehmen: Viele betriebswirtschaftliche Daten werden in der Organisationseinheit „Buchführung" in das EDV-System eingegeben und sind erst dadurch für andere Anwendungen nutzbar, so z. B. auch für das Controlling. Die Buchführung nimmt somit eine **wichtige Datenerfassungsfunktion** wahr, durch die die Informationsgrundlage für viele Bereiche im Unternehmen gelegt wird.

Daneben hat die Buchführung die Aufgabe, eine **periodische Ermittlung des Erfolgs** zu ermöglichen. Durch die Gegenüberstellung von Vermögen (Aktiva) und Schulden (Passiva) bzw. von Aufwendungen und Erträgen wird der Gewinn oder Verlust für eine Abrechnungsperiode bestimmt. Der Periodenerfolg lässt sich zum einen durch einen Bestandsvergleich über die Bilanz (vgl. Kap. 2.2.2.1), zum anderen durch die Gewinn- und Verlustrechnung (vgl. Kap. 2.2.2.2) ermitteln.

In den vergangenen Jahrhunderten entwickelte sich die Buchführung zu einem umfangreichen System mit erheblichen länderspezifischen Besonderheiten. Seit 1968 wird versucht, in den Ländern der Europäischen Union die Regelungen zu harmonisieren, dennoch bestehen weiterhin nationale Besonderheiten. Für den Jahresabschluss eines deutschen Einzelunternehmens ist das deutsche Handels- und Steuerrecht maßgeblich. Die wichtigsten Regelungen stehen im Handelsgesetzbuch (HGB). Daneben werden internationale Rechnungslegungsvorschriften immer bedeutsamer. So sind für den Abschluss eines börsennotierten Konzerns internationale Rechnungslegungsvorschriften anzuwenden.

2.2.2 Jahresabschluss des Einzelunternehmens

Nach § 242 HGB hat ein Kaufmann für das Ende eines jeden Geschäftsjahres einen Jahresabschluss zu erstellen. Der Jahresabschluss hat die Aufgabe, die Buchführung abzuschließen, zu kontrollieren und zu dokumentieren, Information und Rechenschaftslegung für Unternehmensangehörige, aber auch für außenstehende Dritte (Gesellschafter, Aktionäre, Aufsichtsrat, Abschlussprüfer, die Finanzverwaltung) zu geben, sowie den Erfolg zu ermitteln.

Der Jahresabschluss setzt sich aus der Bilanz (vgl. Kap. 2.2.2.1) und der Gewinn- und Verlustrechnung (kurz: GuV, vgl. Kap. 2.2.2.2) zusammen. Bei Kapitalgesellschaften kommt nach § 264 HGB als zusätzlicher Bestandteil ein Anhang hinzu, durch den Bilanz und GuV erläutert werden. Ferner ist der Jahresabschluss bei Kapitalgesellschaften durch einen Lagebericht (vgl. Kap. 2.2.2.3) zu ergänzen.

2.2.2.1 Bilanz

Eine Bilanz ist eine auf einen bestimmten Stichtag bezogene **Gegenüberstellung von Vermögen und Kapital** eines Unternehmens. Traditionell lässt sich eine Bilanz in Form einer zweispaltigen Tabelle (**"Kontenform"**) darstellen. In der linken Spalte der Tabelle werden die als „Aktiva" bezeichneten Vermögensgegenstände, in der rechten Spalte das als „Passiva" bezeichnete Eigen- und Fremdkapital des Unternehmens aufgeführt.

Daneben enthalten beide Bilanzseiten Korrekturpositionen (**„Rechnungsabgrenzungsposten"**), durch die periodenübergreifende Erfolgsvorgänge (z. B. im Voraus gezahlte Miete) periodengerecht zugeordnet werden. In Abb. 2–2 sind die Grundpositionen einer verkürzten Bilanz in Kontenform gemäß den Anforderungen des § 266 HGB dargestellt.

Die **Aktiva** verdeutlichen die **Verwendung des Kapitals.** Sie werden durch das gesamte „aktiv" im Unternehmen arbeitende Vermögen gebildet. Die **Vermögensgegenstände** eines Unternehmens werden nach ihrer Liquidierbarkeit (d. h. Veräußerbarkeit) in Anlage- und in Umlaufvermögen unterteilt. Schwerer veräußerbar ist das **Anlagevermögen** eines Unternehmens, das dem Geschäftsbetrieb längere Zeit dienen soll. Es besteht aus Grundstücken, Gebäuden, Maschinen und Geräten sowie aus der Betriebs- und Geschäftsausstattung. Leichter liquidierbar sind die Gegenstände des **Umlaufvermögens,** wie Vorräte, Material, Forderungen gegenüber Kunden, Bankguthaben oder die Barkasse des Unternehmens.

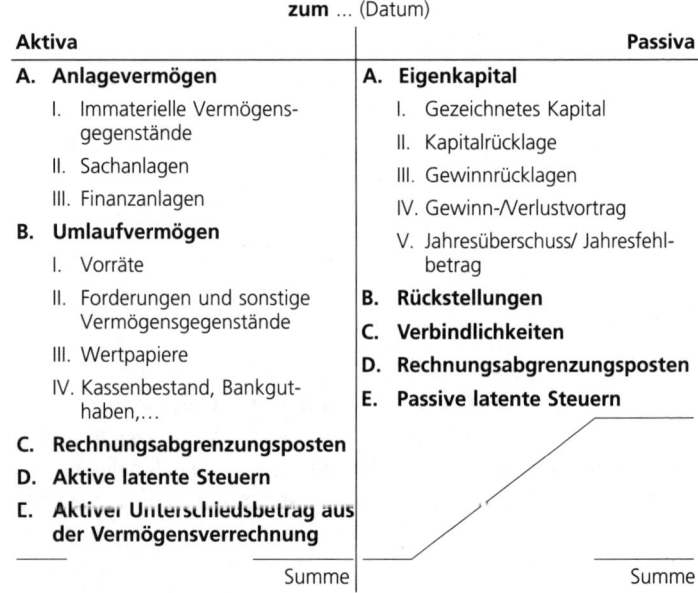

Abb. 2-2: Grundaufbau einer Bilanz nach § 266 HGB (verkürzte Version)

Die **Passiva** dokumentieren die **Herkunft** des dem Unternehmen zur Verfügung stehenden Kapitals. Es setzt sich aus Eigen- und aus Fremdkapital zusammen. Das **Fremdkapital** zeigt die Ansprüche der Gläubiger gegen das Unternehmen, also die vorhandenen Schulden (z. B. Verbindlichkeiten in Form von offenen Rechnungen oder Krediten). Der durch die Anteilseigner selbst aufgebrachte Anteil des Kapitals wird als **Eigenkapital** bezeichnet. Das Eigenkapital ist definitionsgemäß die Differenz zwischen Vermögen und Fremdkapital, also der Restbetrag, der übrig bleibt, wenn man von der Summe der Vermögensgegenstände die Schulden des Unternehmens abzieht. Infolge dieser Definition ist das Gleichgewicht zwischen den beiden Seiten der Bilanz immer gegeben, eine Bilanz ist definitionsgemäß immer ausgeglichen. Somit besitzen auch Unternehmen, denen es finanziell nicht gut geht, eine ausgeglichene Bilanz.

In Abb. 2–3 ist eine Bilanz für eine kleine Aktiengesellschaft dargestellt. Das Beispiel verdeutlicht die charakteristischen Bilanzpositionen.

Bilanz der Reiter AG, Rossdorf
zum 31.12.2014 (Angaben in Tausend €)

Aktiva		Passiva	
Immaterielle Vermögens- gegenstände	351	Gezeichnetes Kapital	1.500
Sachanlagen	1.667	Kapitalrücklage	543
Finanzanlagen	550	Gewinnrücklagen	607
		Jahresüberschuss	471
Summe Anlagevermögen	**2.568**	**Summe Eigenkapital**	**3.121**
Vorräte	1.463	**Rückstellungen**	**799**
davon Roh-, Hilfs- und Betriebsstoffe 363		davon für Pensionszahlungen 539	
Forderungen und sonstige Vermögensgegenstände	880	**Verbindlichkeiten**	**1.093**
		davon langfristige Verbindlichkeiten 430	
davon langfristige Forderungen 230		**Rechnungsabgrenzungsposten**	**30**
Zahlungsmittel	82		
Summe Umlaufvermögen	**2.425**		
Rechnungsabgrenzungsposten	**50**		
	5.043		**5.043**

Abb. 2–3: Beispiel für eine Bilanz

Die Aufstellung einer Bilanz unter Beachtung der handels- und steuerrechtlichen Bestimmungen zur Bewertung der einzelnen Bilanzpositionen wird als **„Bilanzierung"** bezeichnet. Die meisten für deutsche Unternehmen maßgeblichen Bestimmungen finden sich im Handelsgesetzbuch (§§ 238 ff. HGB). Bilanzen müssen klar und übersichtlich aufgebaut sowie vollständig sein. Vermögensgegenstände dürfen höchstens mit den Anschaffungs- oder Herstellungskosten bewertet werden, eine Berücksichtigung von Wertsteigerungen ist unzulässig. Bei der Bewertung von Gebäuden, Maschinen und Anlagen muss davon ausgegangen werden, dass das Unternehmen fortgeführt („going concern") wird. Außerdem sind alle Wertansätze nach dem **Vorsichtsprinzip** festzulegen: Vermögen und Gewinne sind eher zu niedrig, Schulden eher zu hoch anzusetzen. Es ist sicherzustellen, dass durch den Jahresabschluss ein „den tatsächlichen Verhältnissen entsprechendes Bild der Vermögens-, Ertrags- und Finanzlage" des Unternehmens vermittelt wird („**True and Fair View**").

2.2.2.2 Gewinn- und Verlustrechnung

Neben dem Aufbau der Bilanz ist im HGB auch die Gliederung der **Gewinn- und Verlustrechnung** (kurz: **GuV**) geregelt. In der GuV werden Aufwendungen und Erträge einer Periode gegenübergestellt, um so das Periodenergebnis (Gewinn oder Verlust) und die Ertragslage des Unternehmens zu ermitteln. Die grundsätzliche Struktur der GuV ist in Abb. 2–4 dargestellt.

	Betriebsertrag (Aufsummierung von Umsatzerlösen und sonstigen betrieblichen Erträgen)
−	**Betriebsaufwand** (betriebliche Aufwendungen wie Materialaufwand, Personalaufwand, Abschreibungen)
=	**Betriebsergebnis** (aufgrund von Investitionen im Unternehmen erzielt, errechnet sich aus Betriebserträgen und Betriebsaufwendungen)
+	**Finanzergebnis** (aufgrund von Investitionen außerhalb des Unternehmens, z. B. durch Finanzanlagen erzielt)
=	**Ergebnis der gewöhnlichen Geschäftstätigkeit**
+	**Außerordentliches Ergebnis** (außerhalb der üblichen Geschäftstätigkeit des Unternehmens erzielt)
−	**Steueraufwand**
=	**Jahresüberschuss** (oder Jahresfehlbetrag)

Abb. 2–4: Grundaufbau der Gewinn- und Verlustrechnung

Eine wichtige Position der GuV ist das Betriebsergebnis. Das **Betriebsergebnis** bildet den betrieblichen Leistungserstellungsprozess ab. Betriebsfremde Einflüsse bleiben ausgeklammert. Zur Ermittlung des Betriebsergebnisses werden betriebliche Erträge, die im Wesentlichen aus Umsatzerlösen bestehen, und betriebliche Aufwendungen gegenübergestellt.

Zur **Ermittlung des Betriebsergebnisses** bestehen zwei Verfahren, das Gesamtkosten- und das Umsatzkostenverfahren. Die beiden Verfahren unterscheiden sich bezüglich der Gliederung der Betriebsaufwendungen und der Behandlung von Lagerbestandsverän-

2.2 Buchführung und Jahresabschluss

Gewinn- und Verlustrechnung der Reiter AG, Rossdorf für die Zeit vom 1.1. bis 31. 12. 2014 (Angaben in Tausend €)

Umsatzerlöse	4.500	⎫
+ Bestandsveränderungen	360	⎬ Betriebsertrag 5.009
+ Aktivierte Eigenleistungen	50	
+ Sonstige betriebliche Erträge	99	⎭
− Materialaufwand	2.145	⎫
− Personalaufwand	1.962	⎬ Betriebsaufwand 4.470
− Abschreibungen	210	
− Sonstige betriebliche Aufwendungen	153	⎭
= Betriebsergebnis	**539**	
+ Erträge aus Beteiligungen	40	⎫
+ Erträge aus Wertpapieren	14	⎬ Finanzertrag 57
+ Sonstige Zinsen und ähnliche Erträge	3	⎭
− Abschreibung auf Finanzanlagen	1	⎫ Finanzaufwand 20
− Zinsen und ähnliche Aufwendungen	19	⎭
= Ergebnis der gewöhnlichen Geschäftstätigkeit	**576**	
+ Außerordentliche Erträge	65	⎫ Außerordentliches Ergebnis 25
− Außerordentliche Aufwendungen	40	⎭
− Steueraufwand	**130**	
= Jahresüberschuss	**471**	

Abb. 2–5: Beispiel für eine Gewinn- und Verlustrechnung gemäß § 275 Absatz 2 HGB

derungen. Beim **Gesamtkostenverfahren** werden die Aufwendungen nach Aufwandsarten gegliedert. Außerdem gehen die gesamten Aufwendungen, die in einer Periode angefallen sind, in die Betriebsergebnisberechnung ein, ohne Rücksicht darauf, ob die hergestellten Produkte auch verkauft wurden. Eine Synchronisation mit den Umsatzerlösen wird dadurch erreicht, indem Lagerzugänge (Bestandsmehrungen) wie zusätzliche Umsätze behandelt werden. Zugleich werden Lagerabgänge (Bestandsverminderungen) wie Umsatzminderungen behandelt. Beim **Umsatzkostenverfahren** werden den Umsatzerlösen nur die Aufwendungen gegenübergestellt, die zur Erzielung der verkauften Leistungen entstanden sind. Ferner sind die Aufwendungen nicht nach Aufwandsarten, sondern funktionell (z. B. nach Erzeugnissen) gegliedert.

In Abb. 2–5 ist als Beispiel eine Gewinn- und Verlustrechnung nach dem Gesamtkostenverfahren dargestellt.

2.2.2.3 Lagebericht

Kapitalgesellschaften haben ihren Jahresabschluss um einen Lagebericht zu ergänzen. Der Lagebericht enthält Informationen über den Geschäftsverlauf, die derzeitige Situation und die Perspektiven des Unternehmens. Es ist auf eine ausgewogene Darstellung zu achten, die ein „den tatsächlichen Verhältnissen entsprechendes Bild vermittelt" (§ 289 Absatz 1 Satz 2 HGB).

Ein Lagebericht wird üblicherweise in folgende Teilberichte untergliedert:

- **Wirtschaftsbericht (§ 289 I HGB):** Im Rahmen des Wirtschaftsberichts werden der Geschäftsverlauf (z. B. Umsatz- und Auftragsentwicklung), das Geschäftsergebnis sowie die Lage des Unternehmens dargestellt und analysiert. Bei der Lage des Unternehmens sind insbesondere Finanz-, Vermögens- und Ertragslage zu erläutern. Außerdem werden die zukünftigen Entwicklungsmöglichkeiten des Unternehmens in positiver wie in negativer Hinsicht dargestellt.

- **Nachtragsbericht (§ 289 II Nr. 1 HGB):** Er enthält Vorgänge von besonderer Bedeutung, die erst nach dem Schluss des Geschäftsjahrs eingetreten sind, die aber zum Zeitpunkt der Lageberichterstellung bekannt sind.

- **Risikobericht (§ 289 II Nr. 2 HGB):** Hier sind alle Risiken aufzuführen, denen das Unternehmen ausgesetzt ist. Dazu zählen insbesondere Preisänderungs-, Ausfall- und Liquiditätsrisiken sowie Risiken aus Zahlungsschwankungen. Daneben hat das Unternehmen sein Risikomanagementsystem (vgl. Kap. 6.7) zu erläutern.

- **Forschungs- und Entwicklungsbericht (§ 289 II Nr. 3 HGB):** Durch die Darstellung von Aktivitäten im Bereich von Forschung und Entwicklung zeigt dieser Bericht das Zukunftspotential des Unternehmens auf.

- **Zweigniederlassungsbericht (§ 289 II Nr. 4 HGB):** Enthält Erläuterungen bezüglich der Zweigniederlassungen der Gesellschaft.
- **Vergütungsbericht (§ 289 II Nr. 5 HGB):** Bei börsennotierten Aktiengesellschaften sind die Vergütungen, die an Geschäftsführungs- und Aufsichtsratsmitglieder gezahlt werden, anzugeben.
- **Umweltbericht:** Sofern Umweltbelange für das Verständnis des Geschäftsverlaufs oder der Lage des Unternehmens von Bedeutung sind, ist auf diese in einem eigenen Abschnitt einzugehen.
- **Sozialbericht:** Im Sozialbericht geht es um die Belange der Arbeitnehmer.

Der Lagebericht mit seinen Teilberichten liefert eine Vielzahl von Informationen, die über die Daten von Bilanz und Gewinn- und Verlustrechnung hinausgehen. Während die anderen Bestandteile eines Jahresabschlusses einen quantitativen Charakter besitzen, überwiegen beim Lagebericht qualitative Angaben. Damit liefert der Lagebericht auch Informationen zu strategischen Fragestellungen. Durch die Analyse der Lageberichte von Konkurrenzunternehmen kann versucht werden, Einblick in die Strategie dieser Unternehmen zu gewinnen.

2.2.2.4 Value Reporting

Der Ansatz des Value Reporting stammt aus dem Bereich der wertorientierten Betriebswirtschaftslehre, die im Zusammenhang mit dem Shareholder-Value-Konzept steht und deren Zielsetzung die Verbesserung der Bereitstellung von Informationen für den Kapitalanleger darstellt.

Das Value Reporting soll Informationsbedürfnisse des Kapitalmarktes, die durch das traditionelle externe Rechnungswesen nicht erfüllt werden können, befriedigen. Dazu werden im Rahmen des Jahresabschlusses Informationen bekanntgegeben, die über die gesetzlichen Anforderungen hinausgehen. So werden von manchen Unternehmen interne Kennzahlen oder Kennzahlensysteme (vgl. Kap. 2.5) und deren Entwicklung veröffentlicht, um die Transparenz zu erhöhen und die Ausrichtung des Unternehmens zu verdeutlichen. Hierzu können insbesondere Qualitätskennzahlen (vgl. Kap. 2.5.6) gehören, durch die sich der Qualitätsstandard oder die Kundenzufriedenheit dokumentieren lassen.

Eine Grenze findet das Value Reporting zum einen dort, wo die Kosten für die Generierung von Informationen für Externe in keiner sinnvollen Beziehung zum erzielten Nutzen stehen. Doch durch ein Value Reporting werden nicht nur die Stärken eines Unternehmens, sondern gegebenenfalls auch seine Schwächen transparent, die durchaus Konkurrenten ausnutzen können. Deshalb ergibt sich auch hier eine Grenze der Informationspolitik, die dazu führt, dass das Value Reporting von den einzelnen Unternehmen sehr unterschiedlich gehandhabt wird.

2.2.3 Jahresabschluss von Konzernen

Rechtlich selbständige Unternehmen, die von einem anderen Unternehmen, dem sogenannten „Mutterunternehmen", wirtschaftlich dominiert werden, bilden zusammen mit dem Mutterunternehmen einen **Konzern.** Da infolge der wirtschaftlichen Abhängigkeit die Aussagekraft der Einzelabschlüsse der beteiligten Unternehmen sehr begrenzt ist, hat das Mutterunternehmen für den Verbund zusätzlich einen **Konzernabschluss** aufzustellen. Dabei wird von der Fiktion ausgegangen, dass das Mutterunternehmen und alle seine Tochterunternehmen nicht nur eine wirtschaftliche, sondern auch eine rechtliche Einheit bilden (Einheitstheorie). Der Konzernabschluss entspricht also dem Jahresabschluss eines fiktiven „Großunternehmens", das alle Teilunternehmen umfassen würde. Ein Konzernabschluss besitzt die gleichen Komponenten wie ein Einzelabschluss: Konzernbilanz, Konzern-GuV, Konzernanhang und Konzernlagebericht.

Auf Besonderheiten des Konzernabschlusses wird an dieser Stelle nicht weiter eingegangen (vgl. dazu *Schultz*, Basiswissen Rechnungswesen, S. 106 ff.).

Aus Controllingsicht ist die Möglichkeit, bei Konzernabschlüssen vom deutschen Handelsrecht abweichen zu können, von besonderer Bedeutung. Konzernabschlüsse können nämlich auf Grundlage der

„International Financial Reporting Standards" (IFRS) aufgestellt werden; börsennotierte Mutterunternehmen müssen sogar die IFRS anwenden.

IFRS werden von der privaten Organisation **„International Accounting Standards Committee"** (abgekürzt: IASC) herausgegeben. **Zielsetzung** dieser Organisation ist neben der Erarbeitung von international anerkannten Rechnungslegungsstandards (in Form der IFRS), die Veröffentlichung dieser Standards und die Förderung ihrer weltweiten Anerkennung. Das IASC steht unter starkem amerikanischem Einfluss, so dass die erarbeiteten Standards weitgehend dem angloamerikanischen Rechnungslegungssystem folgen.

Im angloamerikanischen Rechnungswesen fehlt ein geschlossenes handelsrechtliches System, wie es z. B. in Deutschland durch das Handelsgesetzbuch (HGB) gegeben ist. Die vorhandenen Gesetzesvorschriften sind sehr allgemein gehalten. Detailfragen werden im Regelfall nicht durch gesetzliche Bestimmungen, sondern in Form von Einzelfallentscheidungen durch berufsständische Gremien (Börsenaufsicht, Wirtschaftsprüfer, Fachverbände) geregelt. Im Vordergrund steht nicht der Gläubigerschutz, sondern das **Investoreninteresse.** Durch den Jahresabschluss sollen entscheidungsrelevante Informationen für den Kapitalmarkt zur Verfügung gestellt werden, wobei ein den tatsächlichen Verhältnissen entsprechendes Bild der Vermögens-, Finanz- und Ertragslage (sog. Grundsatz des „True and fair View") gezeichnet werden soll. Die Steuerbemessung erfolgt aufgrund einer eigenen Rechnung, die getrennt vom Jahresabschluss aufgestellt wird.

Durch die Anwendung der IFRS sind die Abschlüsse von Unternehmen international vergleichbarer. Durch das Abstellen der Bewertungsgrundlagen auf das Investoreninteresse besitzen die Informationen eine größere Entscheidungs- und damit auch Controllingrelevanz.

2.2.4 Jahresabschluss unter Controllingaspekten

Die Aufstellung von Jahresabschlüssen folgt gesetzlichen Vorgaben und dient in erster Linie dazu, einem externen Personenkreis Informationen über das Unternehmen bereitzustellen.

Aus Controllingsicht ist vor allem die Möglichkeit interessant, über Jahresabschlüsse an Vergleichsdaten von anderen, konkurrierenden Unternehmen zu kommen. Ein Vergleich von Bilanzdaten ermöglicht die Einordnung des eigenen Unternehmens und die Beurteilung der Konkurrenz. Zudem können über den Lagebericht Informationen gewonnen werden, die einen Einblick in die Geschäftslage und die Strategie der Konkurrenzunternehmen ermöglichen.

Zur Erhaltung des Unternehmenskapitals, zur Steigerung der Gewinn- und Dividendenentwicklung, zur Minimierung der Steuerlast, aber auch zur Verbesserung des Ansehens des Unternehmens in der öffentlichen Meinung kann durch die Ausnutzung gesetzlich zulässiger Wahlrechte der Jahresabschluss bewusst gestaltet werden. Diese Gestaltung wird als **Bilanzpolitik** bezeichnet. Die Gestaltungsmöglichkeiten sind bei Personengesellschaften aufgrund großzügigerer Ansatz- und Bewertungsvorschriften umfangreicher als bei Kapitalgesellschaften.

Wenn die Angaben aus Jahresabschlüssen zu Vergleichszwecken herangezogen werden sollen, muss eine kritische Durchleuchtung der veröffentlichten Unterlagen in Form einer **Jahresabschlussanalyse** durchgeführt werden. Durch die Aufbereitung des Jahresabschlusses sollen Erkenntnisse über die wirtschaftliche Lage, die finanziellen Verhältnisse, die Ertragskraft, die Haftungssubstanz, die Liquidität und das Erfolgspotential des analysierten Unternehmens gewonnen werden.

Die Aussagen der Jahresabschlussanalyse sind begrenzt durch

- **Informationsdefizite** (Es wird ein vereinfachtes und unvollständiges Bild eines Unternehmens geliefert, da schwebende Geschäfte, Auftragsbestände, ungenutzte Kreditspielräume sowie geplante Vorhaben nicht erkennbar sind.)

- **Vergangenheitsbezug** (Bilanzdaten beziehen sich auf einen vergangenen Zeitraum. Durch den späten Zeitpunkt der Veröffentlichung des Jahresabschlusses kann die aktuelle Situation von der dargestellten stark abweichen.)
- **Beeinflussung** des Jahresabschlusses durch bilanzpolitische Gestaltungsmaßnahmen

Im Rahmen der Jahresabschlussanalyse werden der Jahresabschluss aufgearbeitet, ausgewertet und die erhaltenen Informationen zu Kennzahlen verdichtet. Kennzahlen-, Zeit- und Branchenvergleiche liefern den Maßstab zur Beurteilung der Entwicklung und des Potentials des Unternehmens. Auch eine Analyse der genutzten Wahlrechte kann sehr aufschlussreich sein.

Wesentlich für jede Jahresabschlussanalyse sind Erfolgsgrößen des Unternehmens, also das Betriebsergebnis, der Jahresüberschuss oder der daraus abgeleitete Bilanzgewinn. Daneben spielen relative Kennzahlen, also Zahlenverhältnisse, in der Jahresabschlussanalyse eine große Rolle. Die wichtigsten werden in Kapitel 2.5.1 vorgestellt.

2.3 Kostenrechnung als Informationsinstrument

Das im vorangegangenen Kapitel dargestellte externe Rechnungswesen ist vergangenheitsorientiert und an gesetzliche Vorschriften gebunden. Als Informationsgrundlage für unternehmensinterne Entscheidungsprozesse ist es nur unzureichend geeignet, so dass in den meisten Unternehmen parallel zum externen Rechnungswesen ein internes (oder innerbetriebliches) Rechnungswesen besteht, dessen wichtigsten Bestandteil die **Kostenrechnung** bildet.

Die Kostenrechnung (engl. „Cost Accounting" oder „Management Accounting") ist das wichtigste und im Regelfall auch das am besten ausgebaute Informationsinstrument des Controllings. Sie setzt sich gemäß Abb. 2–6 aus drei Teilgebieten zusammen, die aufeinander aufbauende Stufen eines Systems bilden.

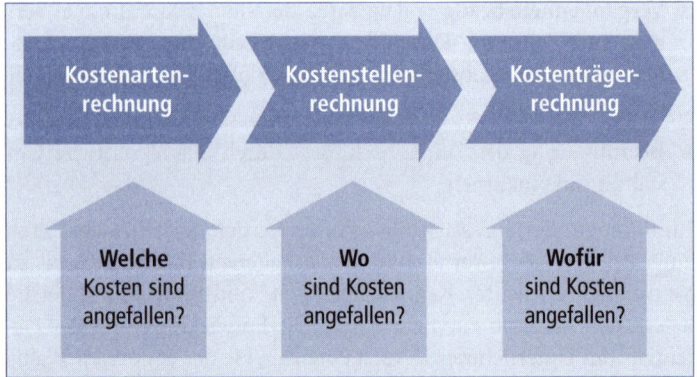

Abb. 2–6: Stufen der Kostenrechnung

Die erste Stufe trägt die Bezeichnung **Kostenartenrechnung** (Kap. 2.3.2). Sie dient der Ermittlung, Systematisierung und Erfassung der Kosten (Grundfrage: **Welche** Kosten sind angefallen?). Dabei wird auf Werte der Buchführung zurückgegriffen, die durch Sonderrechnungen zu ergänzen oder zu modifizieren sind.

Im zweiten Schritt wird geklärt, **wo** die Kosten angefallen sind. Im Rahmen der **Kostenstellenrechnung** (Kap. 2.3.3) erfolgt eine Abgrenzung von Abrechnungsbereichen („Kostenstellen"), denen die in der Kostenartenrechnung ermittelten Kosten zugeordnet werden.

Die Frage, **wofür** die Kosten angefallen sind, beantwortet die **Kostenträgerrechnung.** Sie kann in die beiden Bestandteile Kostenträgerstückrechnung und Kostenträgerzeitrechnung (Kurzfristige Erfolgsrechnung) untergliedert werden. Die **Kostenträgerstückrechnung** dient der Kalkulation der Produktpreise durch eine Ermittlung der Stückkosten der erzeugten Güter und damit einer Aufgabe, die im dritten Kapitel dieses Buchs behandelt wird (Kap. 3.1). Im Rahmen der **kurzfristigen Erfolgsrechnung** (Kap. 2.3.4) wird mit der Ermittlung des Betriebsergebnisses der Erfolg einer Periode bestimmt.

Da die Kostenrechnung nicht gesetzlich reglementiert ist, bildet ihre Ausgestaltung selbst einen Gegenstand der betrieblichen Entscheidungen. Ein Unternehmen kann selbst entscheiden, welche Kostenrechnungsinstrumente in welchem Umfang eingesetzt werden sollen. Die dafür anfallenden Kosten (Personalkosten der mit der Kostenrechnung betrauten Mitarbeiter und deren Arbeitsmittel) müssen in einem sinnvollen Verhältnis zu dem entstehenden Nutzen stehen, der unternehmensspezifisch variiert. Bei der Ausgestaltung einer Kostenrechnung spielt daher die Größe des Unternehmens, die Branchenzugehörigkeit und das Leistungsprogramm des Unternehmens eine wichtige Rolle.

2.3.1 Kostenbegriff

In der Kostenrechnung sind Kosten und Erlöse die maßgeblichen Größen. Damit unterscheidet sich die Kostenrechnung von der Buchführung, bei der Aufwendungen und Erträge gegenübergestellt werden. In den meisten Fällen entsprechen sich Aufwand und Kosten. Doch es gibt sowohl Aufwendungen, denen keine Kosten gegenüberstehen, wie auch Kosten, denen keine Aufwendungen entsprechen. Dies liegt dran, dass in der Buchführung Vermögensveränderungen, in der Kostenrechnung jedoch ausschließlich betriebsbedingte („sachzielbezogene") Güterveränderungen betrachtet werden.

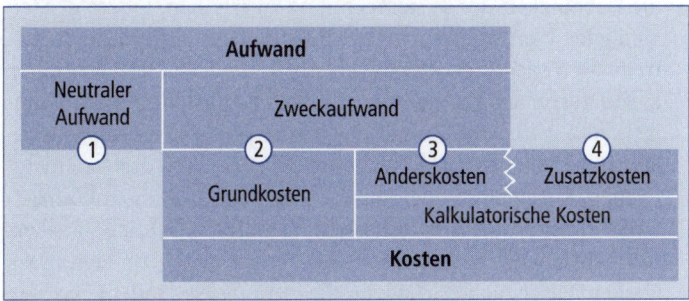

Abb. 2–7: Abgrenzung von Aufwand und Kosten

Gemäß Abb. 2–7 lassen sich bei der Abgrenzung von Aufwand und Kosten die folgenden Bereiche unterscheiden:

- Bereich (1): **Neutraler Aufwand:** Aufwendungen, die keine Kosten darstellen, werden als neutrale Aufwendungen bezeichnet. Es sind dies Aufwendungen, die

- keinen Sachzielbezug besitzen, also nicht dem eigentlichen Unternehmensziel dienen (**betriebsfremde Aufwendungen** wie z. B. Spenden an karitative Einrichtungen) oder
- einer anderen Zeitperiode zuzurechnen sind (**periodenfremde Aufwendungen**) oder
- nicht durch den gewöhnlichen Geschäftsbetrieb entstanden sind (sogenannter **„außerordentlicher Aufwand"** wie z. B. Brandschäden).

- Bereich (2): **Grundkosten** und **Zweckaufwand**: In Buchführung und Kostenrechnung werden die gleichen Beträge verrechnet. In diesen Bereich fallen die meisten Ausgaben eines Unternehmens wie die Löhne der Arbeiter, Gehälter der Angestellten oder der Verbrauch von Rohstoffen und Material.

- Bereich (3) und Bereich (4): **Kalkulatorische Kosten**: Kalkulatorischen Kosten steht entweder kein Aufwand (wie bei z. B. kalkulatorischen Wagniskosten oder bei kalkulatorischen Mieten) oder ein Aufwand in anderer Höhe (bei kalkulatorischen Abschreibungen) gegenüber. Kalkulatorische Kosten haben die Aufgabe, die Genauigkeit der Kostenrechnung zu erhöhen, indem der tatsächliche Werteverbrauch berücksichtigt und aperiodisch auftretende Verluste gleichmäßig verteilt werden. Die wichtigsten kalkulatorischen Kostenarten sind kalkulatorische Abschreibungen, kalkulatorische Zinsen, kalkulatorische Mieten und kalkulatorische Wagniskosten. Während bei den ersten drei kalkulatorischen Kostenarten die Ansätze der Buchführung modifiziert werden, haben die Wagniskosten die Aufgabe, spezielle Risiken, die nicht über Versicherungen abdeckbar sind, abzubilden. Dazu werden tatsächliche Schadensfälle periodisiert, indem aus den Werten der vergangenen Jahre ein Mittelwert als langfristiger Erfahrungswert errechnet wird.

Kosten lassen sich nach verschiedenen Kriterien **klassifizieren.** Abb. 2–8 verdeutlicht diese verschiedenen „Kostenperspektiven" in Form einer Würfeldarstellung: Den Inhalt des Würfels stellen die Gesamtkosten eines Unternehmens dar, seine Seiten zeigen die unterschiedlichen Perspektiven, aus denen sich Kosten betrachten lassen. So kann eine Unterscheidung nach der Zurechenbarkeit auf den Kostenträger, nach der Abhängigkeit von der Ausbringungsmenge oder nach der Kostenart erfolgen.

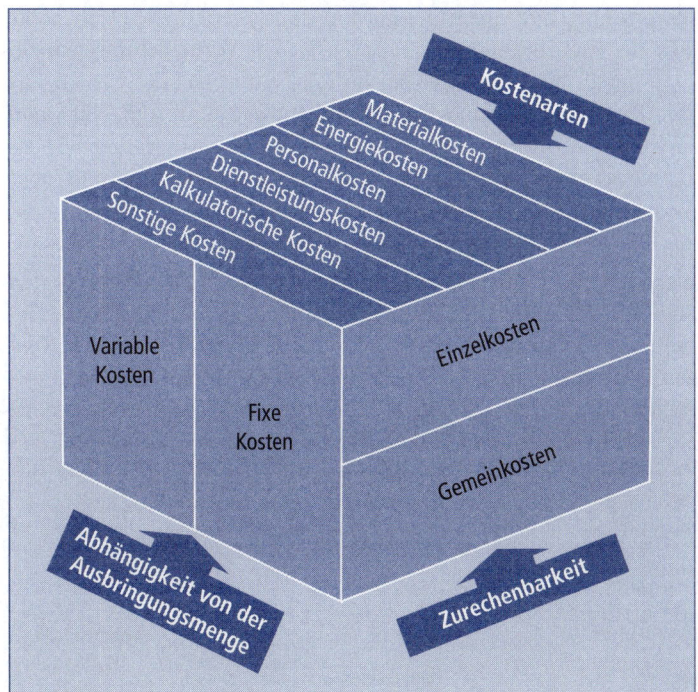

Abb. 2–8: Verschiedene Kostenperspektiven, dargestellt als „Kostenwürfel"

Bezüglich der **Zurechenbarkeit** lassen sich Einzelkosten und Gemeinkosten unterscheiden. **Einzelkosten** können direkt einer Kostenstelle bzw. einem Kostenträger (Produkt) zugerechnet werden. So bilden die Kosten für die Reifen eines Personenwagens eine Größe, die sich direkt diesem Erzeugnis zurechnen lässt. Neben Materialkosten zählen auch Akkordlöhne zu den Einzelkosten. Kosten, die in einem Unternehmen anfallen, die aber nicht einem Erzeugnis direkt zugerechnet werden können, tragen die Bezeichnung **„Gemeinkosten"**. Darunter fallen Verwaltungskosten, Gehälter, Kosten für Strom, Heizenergie und Wasser, Telefongebühren oder Betriebsstoffe für Maschinen.

Die Verteilung von Gemeinkosten erfolgt im Rahmen der Kostenstellenrechnung mit einem geeigneten Umlageverfahren. Dabei sollte sich die Zurechnung nach Möglichkeit am **Verursachungsprinzip** orientieren, nach dem nur solche Kosten zugerechnet werden, die mit der Herstellung eines Produkts direkt verknüpft sind. Nur wenn dies nicht möglich ist, sollte auf andere Verteilungsverfahren wie das **Durchschnittsprinzip** (Verteilung über Durchschnittswerte oder Verteilungsschlüssel) zurückgegriffen werden.

Ein weiteres Unterscheidungsmerkmal von Kosten ist deren Abhängigkeit von der **Ausbringungsmenge** (vgl. Abb. 2–9). **Fixe Kosten** sind von der Ausbringungsmenge unabhängig. Darunter fallen Gehälter, Zeitlöhne, Zinsen oder Versicherungsbeiträge. **Variable Kosten** ändern sich hingegen in Abhängigkeit von der Ausbringungsmenge. Je nach der Art der Veränderung lassen sich verschiedene variable Kostenarten unterscheiden.

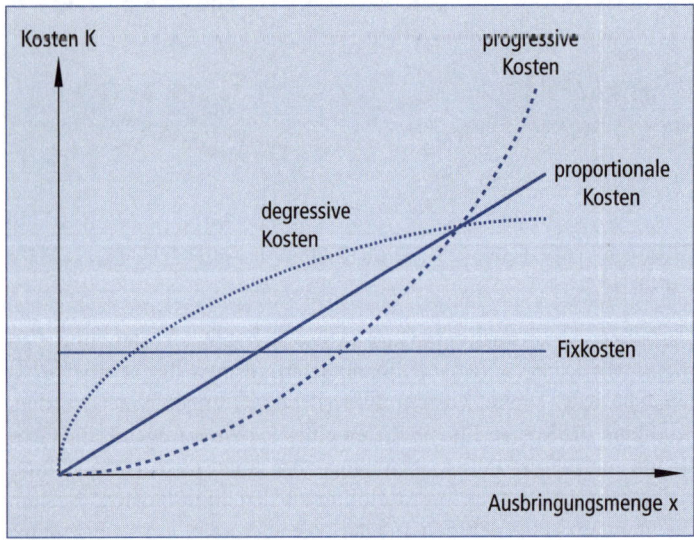

Abb. 2–9: Kostenverhalten in Abhängigkeit von der Ausbringungsmenge

Bei einem proportionalen Kostenverlauf steigen die Kosten mit zunehmender Ausbringungsmenge gleichmäßig (proportional) an. Dies ist bei Fertigungsmaterial der Fall, wenn es keinen Mengenrabatt gibt. Wie in Abb. 2–9 dargestellt, lassen sich daneben progressive (z. B. bei Überstundenzuschlägen) und degressive (z. B. durch Lerneffekte) Kostenverläufe unterscheiden.

In Deutschland ist zu beobachten, dass der Anteil der Fixkosten an den Gesamtkosten der Unternehmen in den letzten Jahrzehnten stark angestiegen ist. Dies ist bedenklich, weil dadurch der unternehmerische Entscheidungsspielraum erheblich eingeschränkt wird. Gründe für den Fixkostenanstieg sind die hohen Personalkosten, die zunehmende Bedeutung von indirekten Leistungsbereichen (z. B. Qualitätssicherung, EDV) und die Automatisierung der Produktion (hohe Abschreibungsbeträge).

Bei einer Gliederung von Kosten nach der **Kostenart** wird die Unterscheidung aufgrund der verbrauchten Produktionsfaktoren (z. B. Material-, Personal- und Dienstleistungskosten) vorgenommen. Auf diese Gliederung wird im nächsten Kapitel 2.3.2 näher eingegangen.

2.3.2 Kostenartenrechnung

Die Erfassung und Gliederung (Klassifikation) der Kosten in Kostenarten bildet die Grundaufgabe der Kostenartenrechnung. Bei der Erfassung sollten Mengenkomponente (wie viel?) und Wertkomponente (welcher Wert?) stets getrennt betrachtet werden.

Nach der Art der verbrauchten Produktionsfaktoren lassen sich folgende **Kostenarten** unterscheiden:

- Materialkosten (Roh-, Hilfs- und Betriebsstoffe, Zukaufteile, Büromaterial)
- Energiekosten
- Personalkosten (Löhne, Gehälter, Provisionen)
- Dienstleistungskosten (Dienstleistungen Dritter, z. B. Transportkosten, externe Beratung)
- Kalkulatorische Kosten (Abschreibungen, Zinsen, Wagnisse, Unternehmerlohn, Miete)

- Sonstige Kosten (wie z. B. öffentliche Abgaben in Form von Steuern und Gebühren)

Jede Kostenart stellt andere Anforderungen an die Erfassung. In den meisten Fällen kann auf Werte der Buchführung zurückgegriffen werden, die teilweise noch weiter aufzubereiten sind (z. B. Zerlegung in Einzel- und Gemeinkosten oder in variable und fixe Bestandteile).

In Abb. 2–10 ist die Struktur der Kostenarten im Bereich des Maschinenbaus dargestellt, der sich durch einen großen Materialkostenanteil auszeichnet. In anderen Branchen zeigen sich andere Aufteilungen. So ist der Dienstleistungsbereich durch eine Dominanz der Personalkosten (70 % und mehr) gekennzeichnet.

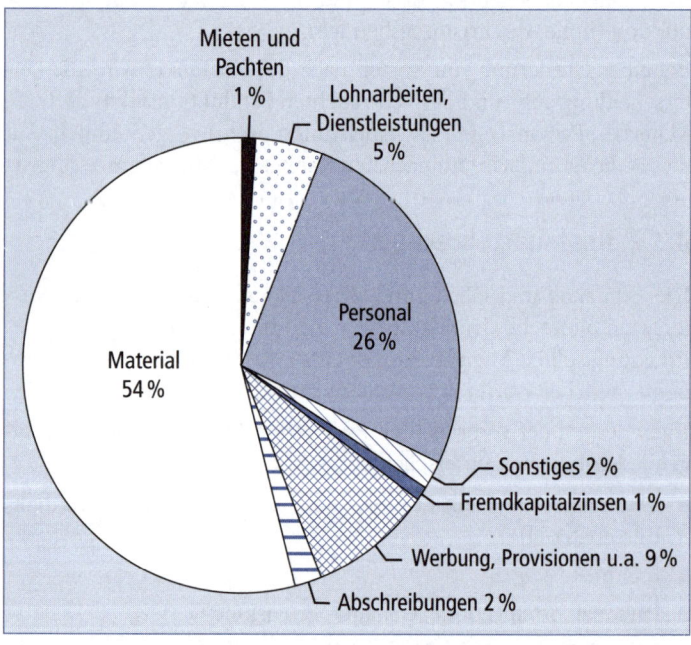

Abb. 2–10: Kostenstruktur im Maschinenbau (auf der Basis von Zahlenangaben aus: *Statistisches Bundesamt*, Fachserie 4, Reihe 4.3, S. 318)

2.3.3 Kostenstellenrechnung

Im Rahmen der Kostenstellenrechnung werden die in der Kostenartenrechnung erfassten Gemeinkosten verursachungsgerecht auf betriebliche Teilbereiche (sogenannte „Kostenstellen") verteilt. Damit wird sichtbar, **wo** in einem Unternehmen Kosten angefallen sind.

Neben der Verteilung von Gemeinkosten auf Kostenstellen ermöglicht die Kostenstellenrechnung die Verrechnung von innerbetrieblichen Leistungen und eine Wirtschaftlichkeitskontrolle der betrieblichen Prozesse. Dies geschieht durch Zeitvergleiche und durch Vergleiche zwischen tatsächlichen Kosten („Istkosten") und geplanten Kosten auf Kostenstellenebene. Zudem bilden die Zahlen der Kostenstellenrechnung die Grundlage für die Kalkulation.

Eine **Kostenstelle** lässt sich als rechnungstechnisch abgegrenzter betrieblicher Teilbereich definieren, in dem Kosten entstehen und dem Kosten zugerechnet werden können. Bevor die Kostenstellenrechnung durchgeführt werden kann, ist das gesamte Unternehmen in Kostenstellen zu untergliedern. Dabei ist darauf zu achten, dass die Kostenstellen die betrieblichen Prozesse möglichst realitätsnah abbilden. Die Abgrenzung der Kostenstellen orientiert sich in erster Linie an den betrieblichen Funktionsbereichen.

Im Gegensatz zu Einzelkosten lassen sich Gemeinkosten nicht direkt einem erzeugten Produkt oder einer erstellten Leistung zurechnen; es müssen hierzu spezielle Verfahren angewandt werden.

Bei der Verteilung von Gemeinkosten auf Kostenstellen erfolgt als erster Schritt die Primärkostenumlage und anschließend eine Verrechnung von innerbetrieblichen Leistungen im Rahmen der Sekundärkostenumlage.

Primäre Gemeinkosten stellen Kosten für unternehmens**extern** bezogene Güter und Leistungen dar. Dies sind Kosten für die Beschaffung von Anlagen und Maschinen, von Material und Zukaufteilen, aber auch Personalkosten. Die Zuordnung dieser Kosten zu einzelnen Kostenstellen erfolgt im Rahmen der **Primärkostenumlage**.

2. KAPITEL — Instrumente zur Informationsversorgung

Dabei sind direkt und nicht direkt zuordenbare Gemeinkosten zu unterscheiden. Direkt zurechenbare Kosten (z. B. Löhne, Gehälter, Abschreibungen) lassen sich problemlos der zugehörigen Kostenstelle zuordnen, da ein unmittelbarer Bezug hergestellt werden kann.

Nicht direkt zurechenbare Gemeinkosten (wie von mehreren Kostenstellen genutzte Anlagen) müssen den Kostenstellen über geeignete Verteilungsschlüssel zugeordnet werden. Wenn möglich sollte ein direkter Zusammenhang bestehen, teilweise muss jedoch auf Abschätzungen über vereinfachende Annahmen (z. B. Abschätzung des Heizenergieverbrauchs über die Raumgröße oder die Anzahl der Heizkörper) zurückgegriffen werden.

> **BEISPIEL zur Primärkostenumlage:** Ein Unternehmen bekommt für den Bezug von Fernwärme Kosten in Höhe von 18.000€ in Rechnung gestellt. Die Fernwärme wird von den drei Kostenstellen A (nutzt einen umbauten Raum von 5.000 m³), B (10.000 m³) und C (15.000 m³) verbraucht. Die Energiekosten sind auf die drei Kostenstellen zu verteilen.
> Zunächst ist ein geeigneter Verteilungsschlüssel zu wählen. Es bietet sich an, von dem durch die Abteilungen genutzten umbauten Raum auszugehen: 18.000€/30.000 m³ = 0,60€/m³
> Damit lässt sich folgende Zuordnung der Heizkosten festlegen:
> Kostenstelle A: Heizkosten = 5.000 m³ · 0,60€/m³ = 3.000€
> Kostenstelle B: Heizkosten = 10.000 m³ · 0,60€/m³ = 6.000€
> Kostenstelle C: Heizkosten = 15.000 m³ · 0,60€/m³ = 9.000€

Wenn die primären Kosten verrechnet wurden, erfolgt in einem zweiten Schritt die **Sekundärkostenumlage,** die auch als innerbetriebliche Leistungsverrechnung bezeichnet wird. Sekundärkosten sind Gemeinkosten, die durch eine Leistungserbringung **innerhalb** eines Unternehmens entstanden sind und an andere Kostenstellen weiterverrechnet werden. Die Aufgabe der Sekundärkostenumlage ist es, sämtliche Gemeinkosten, die bei unternehmensinternen Servicebereichen (z. B. Reparaturwerkstätten), bei zentralen Einrichtungen oder bei sonstigen Vorkostenstellen angefallen sind, möglichst verursachungsgerecht auf Endkostenstellen umzulegen. Zur

Durchführung der Sekundärkostenumlage können verschiedene Verfahren eingesetzt werden.

Ein weit verbreitetes Verfahren der Sekundärkostenumlage ist das **Gutschrift-Lastschrift-Verfahren.** Hierbei werden Kostenstellen, die eine Leistung von einem unternehmensinternen Servicebereich empfangen, mit einem Verrechnungspreis belastet (Lastschrift). Der Servicebereich wird um den gleichen Betrag entlastet (Gutschrift). Der Verrechnungspreis wird aufgrund von Erfahrungswerten zentral festgesetzt und bleibt für mindestens eine Periode, im Regelfall aber für mehrere Perioden unverändert. Sollten am Periodenende die Kosten des Servicebereichs nicht vollständig verrechnet worden sein, wird der verbleibende Restbetrag entweder in die nächste Periode übertragen oder in Form einer Restumlage ausgeglichen.

> **BEISPIEL zur Sekundärkostenumlage mit dem Gutschrift-Lastschrift-Verfahren:**
> Eine unternehmenseigene Reparaturwerkstatt R erbringt Dienstleistungen für die Endkostenstellen A, B und C, wobei die Werkstatt in einer Periode für Kostenstelle A 200 Stunden tätig wird, für B 450 Stunden und für C 300 Stunden. Die Gemeinkosten der Vorkostenstelle sind auf die Endkostenstellen mit dem Gutschrift-Lastschrift-Verfahren umzulegen, wobei als Verrechnungspreis ein Stundensatz von 60,–€/h festgesetzt ist.
> Damit kann folgende Umlage erfolgen:
> Lastschriften: Belastung A: 200 · 60€ = 12.000€
>   Belastung B: 450 · 60€ = 27.000€
>   Belastung C: 300 · 60€ = 18.000€
> Gutschrift: Entlastung R: 950 · 60€ = 57.000€
> Auf diese Weise wird die Service-Kostenstelle Reparaturwerkstatt um 57.000 € entlastet, während die Kostenstellen A, B und C gemäß ihrer Leistungsinanspruchnahme belastet werden.

Alternativ stehen zur Durchführung der innerbetrieblichen Leistungsverrechnung das **Blockumlageverfahren,** das **Treppenverfahren** oder das **mathematische Verfahren** zur Verfügung. Eine ausführliche Erläuterung dieser Verfahren mit Beispielen findet sich bei *Schultz,* Basiswissen Rechnungswesen, S. 153 ff.

2.3.4 Kostenträgerrechnung

Die Kostenträgerrechnung als dritte und letzte Stufe der Kostenrechnung zeigt auf, **wo** in einem Unternehmen Kosten angefallen sind. Sie gliedert sich in die beiden Teilbereiche Kostenträger**stück**rechnung und Kostenträger**zeit**rechnung, die beide wichtige Instrumente für das Controlling darstellen.

In der Kostenträger**stück**rechnung, die auch als Kalkulation bezeichnet wird, erfolgt eine Zurechnung der Kosten auf einzelne Produkte oder Dienstleistungen des Unternehmens mit dem Ziel, eine Grundlage für die Preiskalkulation zu besitzen. Da bei diesem Bereich der Kostenrechnung der Planungs- und Kontrollcharakter im Vordergrund steht, wird er im Rahmen des dritten Kapitels (Kap. 3.1) näher erläutert.

Die Kostenträger**zeit**rechnung hat die Aufgabe, die Kosten einzelnen Zeiträumen (Perioden) zuzurechnen. Sie wird auch als **kurzfristige Erfolgsrechnung** oder als Betriebsergebnisrechnung bezeichnet. Durch die Gegenüberstellung von Kosten und Erlösen wird das **Betriebsergebnis** einer Periode ermittelt. Die Kosten ergeben sich aus der Kostenrechnung, während die Erlöse im Rahmen der Erlösrechnung (vgl. Kap. 2.4) ermittelt werden.

Das Betriebsergebnis bildet die „ordentliche" Tätigkeit eines Unternehmens ab, also all das, was zum Unternehmenszweck gehört. Außerordentliche Einflüsse bleiben ebenso ausgeklammert wie unternehmens- oder periodenfremde Ereignisse.

Die kurzfristige Erfolgsrechnung dient der laufenden Überwachung der Wirtschaftlichkeit eines Unternehmens. Im Rahmen der Budgetierung (vgl. Kap. 3.5) wird die kurzfristige Erfolgsrechnung zur unterjährigen Ergebnisplanung, zur Steuerung und zu Kontrollzwecken eingesetzt. Deshalb müssen, insbesondere um auf negative Einflüsse rasch reagieren zu können, kurze **Abrechnungszeiträume** gewählt werden. In den meisten Unternehmen wird das Betriebsergebnis monatlich ermittelt.

Zur Durchführung der kurzfristigen Erfolgsrechnung stehen **zwei Verfahren** zur Verfügung, das Gesamtkostenverfahren und das

2.3 Kostenrechnung als Informationsinstrument

Umsatzkostenverfahren. Die beiden Verfahren unterscheiden sich bezüglich der Gliederungssystematik, der Behandlung von Lagerbestandsveränderungen bei unfertigen und fertigen Erzeugnissen sowie der Aktivierung von Eigenleistungen (z. B. selbsterstellte Werkzeuge und Anlagen). Beim Gesamtkostenverfahren sind die Kosten nach Kostenarten gegliedert, die aus der Kostenartenrechnung übernommen werden können. Beim Umsatzkostenverfahren liegt hingegen eine kostenträgerbezogene (d. h. produktbezogene) Kostengliederung vor. Dadurch ist ein unmittelbarer Vergleich zwischen Kosten und Erlösen auf Produktebene möglich. Aus Controllingsicht ist dies ein wesentlicher Vorteil, den das Umsatzkostenverfahren gegenüber dem Gesamtkostenverfahren besitzt.

Gesamt- und Umsatzkostenverfahren werden auch im Rahmen der Gewinn- und Verlustrechnung eingesetzt (vgl. Kap. 2.2.2.2). Dabei bestehen im formalen Aufbau und bei der prinzipiellen Vorgehensweise weder beim Gesamtkostenverfahren noch beim Umsatzkostenverfahren Unterschiede zwischen Buchführung und Kostenrechnung. Es ergeben sich jedoch unterschiedliche Ergebnisse, da bei der Gewinn- und Verlustrechnung Aufwendungen und Erträge, bei der kurzfristigen Erfolgsrechnung Kosten und Erlöse gegenübergestellt werden (zur Abgrenzung von Aufwand und Kosten vgl. Kap. 2.3.1). In der kurzfristigen Erfolgsrechnung bleiben unternehmens- oder periodenfremde sowie außerordentliche Einflüsse ausgeklammert, zudem fließen kalkulatorische Kostenarten ein. Da die kurzfristige Erfolgsrechnung als Bestandteil des internen Rechnungswesens unabhängig von handels- und steuerrechtlichen Bestimmungen ist, gewährt sie im Vergleich zur Gewinn- und Verlustrechnung einen realistischeren Einblick in die Erfolgssituation des Unternehmens.

Die kurzfristige Erfolgsrechnung erleichtert innerbetriebliche Analysen, da zufällige Ereignisse (wie Feuer oder sonstige Katastrophen) und betriebsindividuelle Besonderheiten (wie die Finanzierungsstruktur oder die unentgeltliche Überlassung von Räumlichkeiten) eliminiert werden. Ein wesentlicher Vorteil sind auch die **kürzeren Abrechnungsperioden** der kurzfristigen Erfolgsrechnung, durch die ein rasches und zeitnahes Reagieren der Unternehmensleitung ermöglicht wird.

Eine Fortentwicklung der kurzfristigen Erfolgsrechnung stellt die Deckungsbeitragsrechnung dar, die in Kap. 3.3 erläutert wird.

2.4 Erlösrechnung

Neben der Ermittlung und Aufbereitung von Kosten ist es eine wichtige betriebswirtschaftliche Aufgabe, auch die entsprechende „positive" Größe, den Erlös zu bestimmen und zuzurechnen. Früher wurden in der Betriebswirtschaftslehre „Leistungen" als der positive Gegenbegriff zu „Kosten" definiert. Heute ist es üblich dafür den Begriff „Erlös" zu verwenden, während Leistungen als die Mengenkomponente des Erlöses interpretiert werden.

Der Erlös errechnet sich aus einer Mengengröße, die als Leistung bezeichnet wird, und einem Wertansatz (z. B. dem Stückverkaufspreis eines Produkts). Es gilt die Gleichung:

Erlös = Leistung · Wertansatz

Die **Erlösrechnung** ist somit das Gegenstück zur Kostenrechnung. Während bei der Kostenrechnung der Werteverzehr bestimmt wird, dient die Erlösrechnung zur Ermittlung der Werteentstehung.

In vielen Veröffentlichungen werden die Bezeichnungen „Kosten- und Erlösrechnung" oder „Kosten- und Leistungsrechnung" angewandt, als wenn es sich um Systeme handeln würde, die gleichberechtigt nebeneinanderstehen. Doch dieser Eindruck täuscht. Während Aufgaben und Fragestellungen der Kostenrechnung im Schrifttum ausführlich behandelt werden, beschränken sich die Ausführungen zur Erlösrechnung auf wenige Bereiche. Die Erlösrechnung spielt sowohl in der Praxis als auch in der Theorie im Vergleich zur Kostenrechnung nur eine unbedeutende Rolle. Erlöse bzw. die Leistungsdaten werden häufig direkt aus der Buchführung übernommen.

Einen wichtigen Aspekt bilden **Erlösschmälerungen,** durch die erhebliche Veränderungen bei den ursprünglich verbuchten Werten eintreten können. Erlösschmälerungen entstehen, wenn ein Kunde

2.4 Erlösrechnung

einen gewährten Skonto in Anspruch nimmt, aber auch durch Rabatte, nachträgliche Bonuszahlungen oder Verkaufsprovisionen. Ferner beeinflussen Zahlungsausfälle, Wechselkursschwankungen oder Gewährleistungszahlungen die erzielten Erlöse. Alle diese Einflüsse vermindern den ursprünglich festgesetzten Verkaufspreis, so dass sich der Erlös für ein Produkt oder eine Produktgruppe nachträglich, gegebenenfalls erst mehrere Perioden später, vermindert. Dies verzerrt das Betriebsergebnis des leistenden Unternehmens.

Ein weiteres Problem einer Erlösrechnung sind bestehende Abhängigkeiten zwischen unterschiedlichen Produkten oder Produktgruppen, die durch die Kostenrechnung nicht deutlich werden.

> **BEISPIEL zu Erlösrechnung:** Ein Unternehmen fertigt Bohrmaschinen und die dazugehörigen Bohrer. Da bei den beiden Produkten völlig unterschiedliche Materialen verarbeitet werden und Fertigungsvorgänge auftreten, erfolgt in der Kostenrechnung eine getrennte Betrachtung der Produkte „Bohrmaschine" und „Bohrer". Wenn die Bohrmaschine zusammen mit den Bohrern jedoch als Set verkauft wird, entsteht aus Sicht einer Erlösrechnung eine Abhängigkeit: Die beiden Produkte sind miteinander verbunden.

Im Dienstleistungs- und im Verwaltungsbereich bereitet neben der Erfassung von Leistungen deren Bewertung erhebliche Probleme, da die Festlegung von geeigneten Wertansätzen schwierig ist. In diesem Zusammenhang sei als Beispiel auf die Diskussion bezüglich der Bewertung der Leistung von Professoren hingewiesen: Als Mengengröße könnten die Anzahl der Vorlesungsstunden, der betreuten Studenten oder der Veröffentlichungen dienen; doch wie sind diese Größen zu bewerten (d. h. in Euro umzurechnen), welchen Stellenwert besitzen sie? Auf ähnliche Weise entziehen sich große Bereiche des Verwaltungs- und Dienstleistungssektors einer Leistungserfassung, da die für Industrieunternehmen konzipierten Methoden ungeeignet sind.

Für das Controlling stellt die Erlösrechnung eine wichtige zusätzliche Informationsquelle dar. Nicht nur für die Ermittlung des Betriebsergebnisses, auch zu Leistungsvergleichen innerhalb des Unternehmens und zur Beurteilung von Maßnahmen (z. B. Rationalisierung oder Ausbau von Unternehmensbereichen) ist eine leistungsfähige Erlösrechnung hilfreich.

Zum Aufbau einer Erlösrechnung sind Produkte zu definieren und anschließend dafür geeignete Leistungsgrößen festzulegen. Dadurch werden die Bereiche nicht nur transparenter, sie können auch einer Analyse unterzogen und leichter in die Budgetierung einbezogen werden. Durch die Analyse lassen sich Leistungen, die nicht mehr benötigt werden oder die durch externe Lieferanten günstiger erbracht werden können, aufdecken.

Häufig werden Gemeinkostenbereiche in einem Unternehmen von den übrigen Abteilungen als „Wasserkopf" bezeichnet, der nur Kosten verursacht. Durch das Aufzeigen der Leistungen kann dieser Argumentation entgegengewirkt werden. Es wird deutlich, welche für das Gesamtunternehmen notwendigen (Service-) Leistungen erbracht werden, die ansonsten von Dritten eingekauft werden müssten.

2.5 Kennzahlen und Kennzahlensysteme

Kennzahlen stellen verdichtete betriebswirtschaftliche Informationen dar, die eine rasche Orientierung über einen Sachverhalt ermöglichen. Sie dienen allen Hierarchieebenen im Unternehmen zur schnellen Information und bilden eine wichtige Grundlage bei betrieblichen Entscheidungen. Durch die laufende Überwachung der Kennzahlen lassen sich Abweichungen und Veränderungen frühzeitig registrieren. Daneben erleichtern Kennzahlen Zeitvergleiche, innerbetriebliche Vergleiche (von verschiedenen Fachabteilungen) und zwischenbetriebliche Vergleiche (z. B. Branchenvergleiche).

Durch Kennzahlen lassen sich Zielvorgaben operationalisieren und die Zielerreichung kontrollieren. Kennzahlen können eine Vorgabefunktion besitzen und damit das Verhalten der Mitarbeiter steuern, wenn bestimmte Kennzahlenwerte als Vorgabegröße („Richtzahl" oder „Sollgröße") festgesetzt werden oder an das Erreichen bestimmter Kennzahlenwerte Bonuszahlungen gekoppelt sind.

2.5 Kennzahlen und Kennzahlensysteme

Es ist eine Aufgabe des Controllings, die für die Planung und die Kontrolle relevanten Kennzahlen festzusetzen und auszuwerten. Dabei ist auf die Qualität der Kennzahlen zu achten. Die **Qualität einer Kennzahl** hängt von den verarbeiteten Daten, von ihrem Aussagegehalt und von dem theoretischen Hintergrund ab. Kennzahlen mit einem fehlenden oder sogar falschen theoretischen Hintergrund können zu gefährlichen Fehlinterpretationen führen. Fehlinterpretationen sind auch möglich, wenn Kennzahlen isoliert ohne Berücksichtigung des Umfeldes oder von qualitativen Einflussgrößen betrachtet werden.

Kennzahlen lassen sich nach folgenden Gesichtspunkten klassifizieren (vgl. *Reichmann*, Controlling mit Kennzahlen, S. 25 f.):

- **Statistische Form:** Nach der statistischen Form lassen sich absolute und relative Kennzahlen unterscheiden. **Absolute Kennzahlen** treten in Form von Einzelkennzahlen (z. B. durchschnittlicher Deckungsbeitrag, Periodenumsatz), Summen (z. B. Bilanzsumme, Anzahl der Mitarbeiter) oder Differenzen auf. **Relative Kennzahlen,** die meist eine höhere Aussagekraft besitzen, stellen Zahlenverhältnisse dar, bei denen zwei oder mehrere Größen in eine Beziehung gesetzt werden (z. B. Umsatz pro Außendienstmitarbeiter, Eigenkapitalquote).

- **Zielorientierung:** Als Kennzahlen, die auf ein bestimmtes Ziel gerichtet sind, lassen sich **Erfolgskennzahlen** (Rentabilitätskennzahlen wie der Return on Investment) und **Liquiditätskennzahlen** (z. B. Liquiditätsgrade) unterscheiden (zu den genannten Kennzahlen vgl. Kap. 2.5.1.4 und 2.5.1.6).

- **Objektbereich:** Kennzahlen können sich auf das **Gesamtunternehmen** oder auf **Teilbereiche** (einzelne Sparten, Produktbereiche oder sonstige Organisationseinheiten) beziehen.

- **Handlungsbezug:** Nach dem Handlungsbezug unterscheidet man normative und deskriptive Kennzahlen. **Normative Kennzahlen** geben Handlungshinweise, während **deskriptive Kennzahlen** lediglich bestimmte Sachverhalte abbilden und einer weitergehenden Interpretation bedürfen.

Kennzahlen und Kennzahlensysteme stellen wichtige Informationsinstrumente dar, die eine schnelle Orientierung ermöglichen. Es darf aber nicht übersehen werden, dass durch Kennzahlen und Kennzahlensysteme eine Informationsverkürzung erfolgt. Daher sollten sie immer mit einer kritischen Distanz betrachtet und regelmäßig hinterfragt werden, ob sie noch Gültigkeit und ihre Aussage einen Wert besitzen. Problematisch ist es auch, wenn im Unternehmensalltag nur auf die Optimierung von vorgegebenen Kennzahlen geachtet wird, dabei aber der Blick auf die eigentlichen Ziele verloren geht.

Kennzahlen lassen sich für verschiedene betriebswirtschaftliche Bereiche erstellen. Eine wichtige Rolle spielen Zahlen, die aus dem Jahresabschluss entnommen werden können. Daneben greift das Controlling auch auf Kennzahlen aus anderen Bereichen der Betriebswirtschaft zurück (vgl. Kap. 2.5.2 ff.). Im Folgenden werden aus der Vielfalt der in Unternehmen eingesetzten Kennzahlen die wichtigsten vorgestellt und erläutert.

2.5.1 Jahresabschlusskennzahlen

Jahresabschlusskennzahlen (zu denen insbesondere die Bilanzkennzahlen zählen) ergeben sich aus den Angaben des Jahresabschlusses. Für Personen, die außerhalb des Unternehmens stehen (z. B. potentielle Kreditgeber), stellen sie häufig die einzige Möglichkeit zur Analyse des Unternehmens dar. Aussagekraft gewinnen die einzelnen Kennzahlen erst durch einen Vergleich mit Werten aus früheren Perioden oder mit anderen Unternehmen. Ein Kennzahlenvergleich zwischen den Unternehmen einer Branche oder einer Region ermöglicht eine Positionierung des eigenen Unternehmens. Aber auch für interne Zwecke sind Jahresabschlusskennzahlen hilfreich.

Um das **finanzielle Gleichgewicht** eines Unternehmens zu beurteilen, wird auf Bilanzstrukturkennzahlen zurückgegriffen. Dabei werden bestimmte Bilanzpositionen in ein Verhältnis zueinander gesetzt. Für die sich daraus ergebenden Kenngrößen liegen allgemeine Erfahrungswerte vor, die als „Finanzierungsregeln" bezeichnet werden. Die Finanzierungsregeln lassen sich in vertikale und horizontale Bilanzstrukturkennzahlen unterteilen. Diese Unterscheidung knüpft an die Struktur einer Bilanz an. Bei **vertikalen Kennzahlen** wird entweder die Vermögensstruktur (vgl. Kap. 2.5.1.2) oder die Kapitalstruktur (vgl. Kap. 2.5.1.3) der Bilanz betrachtet, also Positionen innerhalb einer Bilanzseite in ein Verhältnis gesetzt. Eine besondere Variante von Kapitalstrukturkennzahlen bilden Rentabilitätskennzahlen (vgl. Kap. 2.5.1.4).

Bei **horizontalen Kennzahlen** (vgl. Kap. 2.5.1.5) erfolgt eine Gegenüberstellung von Positionen der linken und der rechten Bilanzseite (d. h. von Aktiv- und Passivseite bzw. von Vermögen und Kapital). Das Verhältnis spezieller Vermögens- zu speziellen Kapitalpositionen beleuchten Liquiditätskennzahlen (vgl. Kap. 2.5.1.6).

> **BEISPIELE für Jahresabschlusskennzahlen:** Alle Jahresabschlusskennzahlen lassen sich aus dem Jahresabschluss eines Unternehmens gewinnen. Um dies zu verdeutlichen sind in diesem Kapitel für die einzelnen Kennzahlen Beispiele angegeben, die sich aus dem in Kap. 2.2.2 dargestellten Jahresabschluss der Reiter AG ableiten. Datengrundlage für alle Beispiele bildet die Bilanz der Reiter AG (vgl. Abb. 2–3) und deren GuV (vgl. Abb. 2–5).

2.5.1.1 Absolute Jahresabschlusskennzahlen

Alle Positionen der Bilanz und der Gewinn- und Verlustrechnung können als Kennzahlen eingesetzt werden. Um eine Informationsüberflutung zu vermeiden ist es jedoch sinnvoll, sich auf einige wesentliche Kennzahlen zu beschränken. Welche Größen für ein konkretes Unternehmen relevant sind, muss im Einzelfall entschieden werden. Im Folgenden werden die wichtigsten Kennzahlen, die in der Praxis eingesetzt werden, erläutert.

Bedeutende absolute Kennzahlen sind die **(Umsatz-)Erlöse** des Unternehmens und Erfolgsgrößen wie das **Betriebsergebnis,** der **Jahresüberschuss** oder der daraus abgeleitete **Bilanzgewinn.** Um eine objektivere Beurteilung der Ertragskraft von Unternehmen auch über Ländergrenzen hinweg vornehmen zu können, haben sich die drei folgenden Kenngrößen aus dem angloamerikanischen Raum eingebürgert:

- **EBT** („Earnings before Taxes"): Jahresüberschuss vor Steuern. Gemäß dem Schema der Gewinn- und Verlustrechnung (vgl. Abb. 2–4) enthält die Kennzahl das Ergebnis der gewöhnlichen Geschäftstätigkeit zuzüglich des außerordentlichen Ergebnisses. Damit sind ertragssteuerliche Einflüsse, die sich aufgrund verschiedener Rechtsformen, aber auch durch eine unterschiedliche nationale Steuergesetzgebung ergeben, eliminiert.

> **BEISPIEL EBT:** (Daten vgl. Abb. 2–5): Der EBT der Reiter AG beträgt (576 + 25) T€ = 601 T€.

- **EBIT** („Earnings before Interest and Taxes"): Gewinn vor Zinsen (d. h. ohne Finanzergebnis) und Steuern. Diese Kennzahl wird im deutschsprachigen Raum auch als operatives Ergebnis oder als Betriebsergebnis bezeichnet.

> **BEISPIEL EBIT:** (Daten vgl. Abb. 2–5): Der EBIT der Reiter AG entspricht dem Betriebsergebnis und beträgt 539 T€.

- **EBITDA** („Earnings before Interest, Taxes, Depreciation and Amortization"): Gewinn vor Zinsen, Steuern und Abschreibungen. Die englische Bezeichnung unterscheidet sowohl Abschreibung von Sachanlagen (Depreciation) als auch die Abschreibung von immateriellen Vermögensgegenständen (Amortization) wie z. B. den sog. Goodwill. Abschreibungen sind neben Steuern eine weitere Größe, die durch nationale Gesetzesvorgaben von Unternehmen sehr unterschiedlich gehandhabt werden. Der EBITDA ist somit für internationale Vergleiche der Ertragskraft von Unternehmen am besten geeignet.

> **BEISPIEL EBITDA:** (Daten vgl. Abb. 2–5): Der EBITDA der Reiter AG entspricht dem Betriebsergebnis ohne Abschreibungen, d. h. (539 + 210) T€ = 749 T€.

Eine Kenngröße, die Auskunft über die Finanzkraft eines Unternehmens gibt, ist der **Cashflow** (= „Kassenfluss", besser: Substanzzufluss). Er ist der Teil der Umsatzeinnahmen, der nicht kurzfristig wieder zu Ausgaben führt, sondern für die Schuldentilgung oder für Investitionen verwendbar ist („Umsatzüberschuss"). Er zeigt, welche finanziellen Mittel ein Unternehmen in einer Periode erwirtschaftet hat. Es bestehen verschiedene Formen der Abgrenzung. In der einfachsten Form errechnet sich der Cashflow aus der Summe von **Jahresüberschuss** und **Abschreibungen**. Bei anderen Abgrenzungen werden zusätzlich die Erhöhung langfristiger Rückstellungen und das außerordentliche Ergebnis berücksichtigt. Je höher der Cashflow, desto günstiger wirkt sich das auf die Beurteilung der Ertragskraft und der Liquidität des Unternehmens aus.

> **BEISPIEL Cashflow:** (Daten vgl. Abb. 2–5): Der Cashflow der Reiter AG (in der einfachsten Abgrenzung) errechnet sich aus dem Jahresüberschuss (471 T€) und den Abschreibungen (210 T€); er beträgt 681 T€.

2.5.1.2 Vermögensstrukturkennzahlen (Struktur der Aktiva)

Im Rahmen der vertikalen Finanzierungsregeln erfolgt eine Analyse der Aktiv- und der Passivseite der Bilanz. Die Aktivseite der Bilanz eines Unternehmens beleuchten **Vermögensstrukturkennzahlen** wie Anlagenintensität, Vorratsintensität oder das Investitionsverhältnis.

Die **Anlagenintensität** setzt das Anlagevermögen des Unternehmens in ein Verhältnis zum Gesamtvermögen:

$$\frac{\text{Anlagevermögen}}{\text{Gesamtvermögen}}$$

Die Interpretation der Anlagenintensität ist stark von der jeweiligen Branche abhängig. Sie sollte bei Industrieunternehmen oberhalb und bei Handelsunternehmen unterhalb von 50 Prozent liegen. Eine geringe Anlagenintensität deutet auf ein veraltetes Anlagevermögen hin, ein höherer Wert zeigt eine starke langfristige Kapitalbindung, die bei Liquiditätsengpässen problematisch werden kann.

> **BEISPIEL Anlagenintensität:** (Daten vgl. Abb. 2–3): Die Anlagenintensität der Reiter AG errechnet sich auf 2.568/5.043 = 50,9 %.

Die **Vorratsintensität** zeigt die Kapitalbindung durch die im Lager liegenden Vorräte; zur Interpretation sollten Branchenvergleiche und mehrjährige Zeitreihen vorliegen. Sie ist definiert als:

$$\frac{\text{Vorräte}}{\text{Gesamtvermögen}}$$

Es ist auch möglich, die Vorratsintensität nach einzelnen Vorratsarten aufzuteilen, wenn diese für das Unternehmen eine bedeutende Rolle spielen. Z. B. können die Roh-, Hilfs- und Betriebsstoffe, die als eigene Bilanzposition ausgewiesen sind, separat betrachtet werden:

$$\frac{\text{Roh-, Hilfs- und Betriebsstoffe}}{\text{Gesamtvermögen}}$$

> **BEISPIEL Vorratsintensität:** (Daten vgl. Abb. 2–3): Die allgemeine Vorratsintensität der Reiter AG beträgt 1.463/5.043 = 29,0 %; die auf Roh-Hilfs- und Betriebsstoffe bezogene Vorratsintensität 363/5.043 = 7,2 %.

Das **Investitionsverhältnis** setzt die beiden Blöcke der Aktivseite in ein Verhältnis:

$$\frac{\text{Umlaufvermögen}}{\text{Anlagevermögen}}$$

> **BEISPIEL Investitionsverhältnis:** (Daten vgl. Abb. 2–3): Das Investitionsverhältnis der Reiter AG beträgt 2.425/2.568 = 0,9.

Für Industrieunternehmen ist aufgrund der umfangreicheren Ausstattung mit Geräten, Maschinen oder Produktionsanlagen ein Wert unter 1,0, bei Handelsunternehmen aufgrund der größeren Warenvorräte hingegen ein Wert über 1,0 üblich.

2.5.1.3 Kapitalstrukturkennzahlen (Struktur der Passiva)

Kapitalstrukturkennzahlen geben Hinweise über die Zusammensetzung der Passivseite der Bilanz und damit über die Finanzierungs- oder Verschuldungspolitik eines Unternehmens.

2.5 Kennzahlen und Kennzahlensysteme

Die **Eigenkapitalquote** zeigt den Grad der finanziellen Abhängigkeit des Unternehmens. Sie errechnet sich aus Eigenkapital und Bilanzsumme gemäß der Formel

$$\frac{\text{Eigenkapital}}{\text{Bilanzsumme}}$$

Die Eigenkapitalquote besitzt eine große Bedeutung für die Beurteilung der Kreditwürdigkeit und der finanziellen Stabilität eines Unternehmens: Je höher die Eigenkapitalquote, desto kreditwürdiger und krisenfester ist ein Unternehmen. In Abb. 2–11 ist die Entwicklung der Eigenkapitalquote der deutschen Unternehmen in den letzten Jahren dargestellt. Dabei handelt es sich um einen Durchschnittswert für alle Wirtschaftszweige, von dem einzelne Branchen erheblich abweichen können.

Im internationalen Vergleich zeigt es sich, dass deutsche Unternehmen mit einer durchschnittlichen Eigenkapitalquote von etwa 25 Prozent schlecht mit Eigenkapital ausgestattet sind: In Frankreich liegt die Quote über 30 Prozent, in Großbritannien und den USA sogar über 40 Prozent.

> **BEISPIEL Eigenkapitalquote:** (Daten vgl. Abb. 2–3): Die Eigenkapitalquote der Reiter AG beträgt 3.121/5.043 = 61,9 % und ist damit extrem hoch.

Der **Verschuldungsgrad** gibt an, welchen Anteil das Fremdkapital am Eigenkapital besitzt. Er errechnet sich aus dem Quotienten

$$\frac{\text{Fremdkapital}}{\text{Eigenkapital}}$$

Der Verschuldungsgrad sollte höchstens den Wert 2,0 annehmen, das Fremdkapital sollte also nicht mehr als doppelt so groß wie das Eigenkapital sein. Manche Autoren halten diesen Wert für viel zu hoch; sie fordern, dass bei einem „gesunden" Unternehmen Fremd- und Eigenkapital in einem ausgewogenen Verhältnis zueinander stehen sollten, d. h. ein Verschuldungsgrad von 1,0 vorliegt.

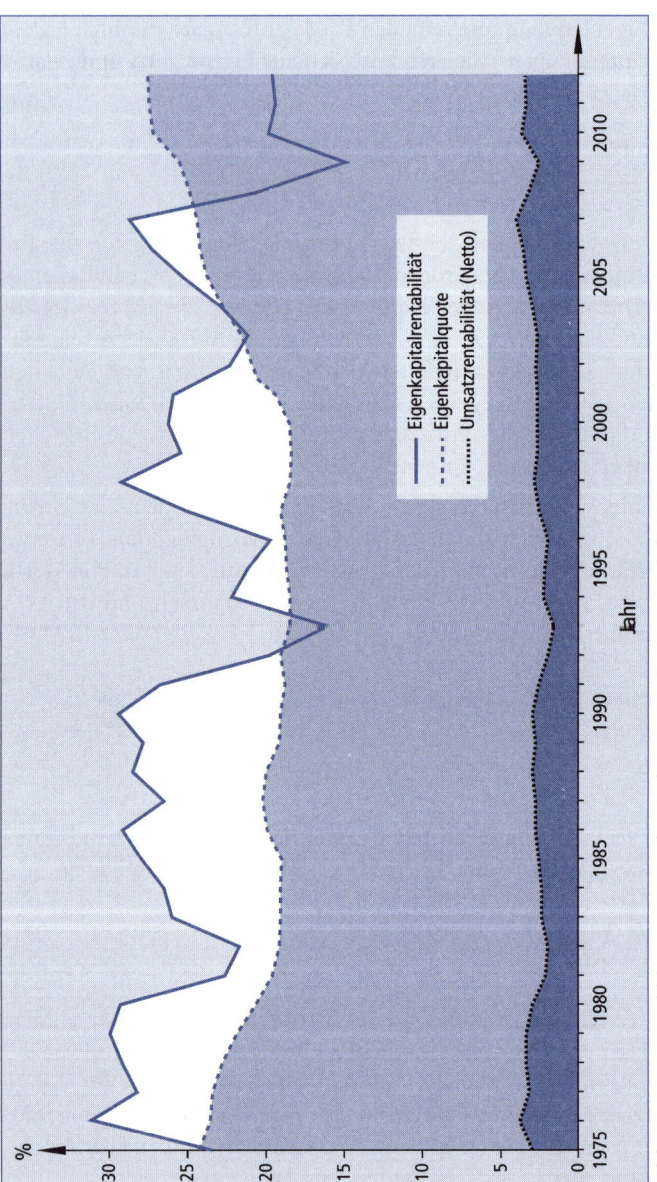

Abb. 2-11: Entwicklung von Eigenkapitalquote und von Rentabilitätskennzahlen bei deutschen Unternehmen (Eigene Berechnung auf der Basis von Daten aus: *Institut der deutschen Wirtschaft*, Deutschland in Zahlen, S. 53)

2.5 Kennzahlen und Kennzahlensysteme

> **BEISPIEL Verschuldungsgrad:** (Daten vgl. Abb. 2–3): Die Reiter AG ist ein sehr „gesundes" Unternehmen: Ihr Verschuldungsgrad beträgt nur (799+1.093)/3.121 = 0,6.

Die **Fremdkapitalquote** wird häufig zur Beurteilung der Bonität eines Unternehmens herangezogen. Sie errechnet sich

$$\frac{\text{Fremdkapital}}{\text{Bilanzsumme}}$$

> **BEISPIEL Fremdkapitalquote:** (Daten vgl. Abb. 2–3): Die Fremdkapitalquote der Reiter AG beträgt (799+1.093)/5.043 = 37,5 %.

Je niedriger die Fremdkapitalquote, desto geringer ist das Ausfallrisiko für einen Kreditgeber, weil das Vermögen des Unternehmens einem geringeren Kreditvolumen zur Absicherung dient.

Über die **Kapitalumschlagshäufigkeit** wird gemessen, wie schnell das eingesetzte Kapital über die Umsatzerlöse in das Unternehmen zurückfließt. Sie kann entweder auf das Eigenkapital, auf das investierte Kapital oder das durchschnittliche Gesamtkapital bezogen werden:

$$\frac{\text{Umsatzerlöse}}{\text{Durchschnittliches Gesamtkapital}}$$

Je höher die Kapitalumschlagshäufigkeit, desto schneller fließt das Kapital über die Umsatzerlöse wieder in das Unternehmen zurück und desto geringer ist der Kapitalbedarf des Unternehmens.

> **BEISPIEL Kapitalumschlagshäufigkeit:** Um die Kapitalumschlagshäufigkeit bestimmen zu können, sind neben den Kapitalgrößen, die der Bilanz (vgl. Abb. 2–3) entnommen werden können, die Umsatzerlöse aus der Gewinn- und Verlustrechnung (vgl. Abb. 2–5) erforderlich. Die Reiter AG besitzt eine Kapitalumschlagshäufigkeit von 4.500/5.043 = 89,2 %.

2.5.1.4 Rentabilitätskennzahlen

Die Rentabilität ist ein Maßstab für die Ertragskraft eines Unternehmens. Sie stellt das Verhältnis einer Erfolgsgröße (z. B. Gewinn oder Jahresüberschuss) zu dem für die Erzielung des Erfolgs eingesetzten Kapitals dar. Bei der **Gesamtkapitalrentabilität** wird die Erfolgsgröße auf das insgesamt eingesetzte Kapital bezogen. Es gilt der Zusammenhang

Jahresüberschuss
Gesamtkapital

Diese Kenngröße, die auch als **Return on Investment (ROI)** oder als Unternehmensrentabilität bezeichnet wird, verdeutlicht, wie rentabel das gesamte im Unternehmen arbeitende Kapital eingesetzt wurde.

> **BEISPIEL Gesamtkapitalrentabilität:** (Daten vgl. Abb. 2–3): Die Gesamtkapitalrentabilität der Reiter AG beträgt 471/5.043 = 9,3 %.

Die **Eigenkapitalrentabilität** zeigt den Prozentsatz, mit dem sich das eingesetzte Eigenkapital in einer Periode verzinst. Aufgrund des zu tragenden unternehmerischen Risikos sollte die Verzinsung bei einem rentablen Unternehmen deutlich über den marktüblichen Zinssätzen liegen. Die Eigenkapitalrentabilität errechnet sich

Jahresüberschuss
Eigenkapital

Als Eigenkapital wird zumeist das durchschnittliche Eigenkapital angesetzt, das sich aus dem Mittelwert des Eigenkapitals am Anfang und am Ende der betrachteten Periode ergibt.

> **BEISPIEL Eigenkapitalrentabilität:** Das Eigenkapital der Reiter AG am Ende der Periode beträgt 3.121 T€ (vgl. Abb. 2–3); am Anfang der Periode ist es um den erwirtschafteten Jahresüberschuss vermindert: (3.121 – 471) T€ = 2.650 T€. Der Mittelwert aus diesen beiden Werten errechnet sich zu (2.650 + 3.121) T€/2 = 2.885,5 T€. Damit ergibt sich eine Eigenkapitalrentabilität von 471/2.885,5 = 16,3 %.

Die **Umsatzrentabilität** verdeutlicht, wie viel Gewinn bezogen auf den Umsatz erzielt wird. Sie gilt als wichtige Kennzahl zur Beurteilung der Ertragskraft eines Unternehmens, sowohl im Branchen- wie im Zeitvergleich:

$$\frac{\text{Jahresüberschuss}}{\text{Umsatzerlöse}}$$

> **BEISPIEL Umsatzrentabilität:** Mit den der Gewinn- und Verlustrechnung entnommenen Umsatzerlösen von 4,5 Mio. € berechnet sich die Umsatzrentabilität zu 471/4.500 = 10,5 %.

In diesem Zusammenhang findet sich auch die Bezeichnung „**Rendite**". Darunter wird die Verzinsung einer Investition oder Kapitalanlage verstanden, also letztlich der erzielte Überschuss, bezogen auf das eingesetzte Kapital. Umgangssprachlich werden die Begriffe „Rentabilität" und „Rendite" gleichbedeutend angewendet. Der Verlauf von Eigenkapital- und Umsatzrentabilität in Deutschland ist in Abb. 2–11 dargestellt.

2.5.1.5 Horizontale Bilanzstrukturkennzahlen

Bei den **horizontalen Finanzierungsregeln** wird das Verhältnis zwischen dem Vermögen eines Unternehmens und dessen Finanzierung betrachtet. Gemäß der **goldenen Finanzierungsregel** soll die Fristigkeit des finanzierten Vermögens stets mit der Fristigkeit des dazu eingesetzten Kapitals übereinstimmen (sog. Fristenparallelität). Das bedeutet, dass eine Maschine, die im Unternehmen zehn Jahre eingesetzt werden soll, nur durch Kapital finanziert werden sollte, das dem Unternehmen ebenfalls zehn Jahre oder länger (und keinesfalls kürzer) zur Verfügung steht. Es wäre ein Verstoß gegen diese Finanzierungsregel, wenn die Maschine zunächst durch Kapital finanziert würde, das dem Unternehmen nur für zwei Jahre zur Verfügung steht.

Aus der goldenen Finanzierungsregel abgeleitet ist die **goldene Bilanzregel,** die ein wichtiges Kriterium bei der Gewährung von Krediten darstellt. Gemäß dieser Regel soll das Anlagevermögen, das langfristig im Unternehmen gebunden ist, durch Eigenkapital und langfristig überlassenes Fremdkapital gedeckt sein. Diese Tatsache wird durch den **Anlagendeckungsgrad**

$$\frac{\text{Eigenkapital + langfristiges Fremdkapital}}{\text{Anlagevermögen}}$$

abgebildet. Der Anlagendeckungsgrad zeigt, in welchem Umfang das Anlagevermögen durch Kapital, das dem Unternehmen langfristig zur Verfügung steht, finanziert ist. Bei einem Anlagendeckungsgrad von mehr als 100 Prozent ist eine Überdeckung durch langfristige Mittel gegeben. Je stärker die 100-Prozent-Marke überschritten wird, desto höher ist die finanzielle Stabilität und somit die Kreditwürdigkeit eines Unternehmens. Als Richtwert gilt ein Anlagendeckungsgrad von 120 bis 160 Prozent.

BEISPIEL Anlagendeckungsgrad: (Daten vgl. Abb. 2–3): Zum langfristigen Fremdkapital zählen langfristige Rückstellungen (wie Pensionsrückstellungen) und langfristige Verbindlichkeiten. Damit errechnet sich der Anlagendeckungsgrad der Reiter AG zu (3.121 + 539 + 430)/2.568 = 159 %. Die Reiter AG weist also eine sehr hohe finanzielle Stabilität auf!

2.5.1.6 Liquiditätskennzahlen

Ein Unternehmen muss jederzeit in der Lage sein, seinen Zahlungsverpflichtungen nachzukommen. Dazu ist das Vorhandensein einer ausreichenden Liquidität erforderlich. Die Liquidität lässt sich durch **Liquiditätskennzahlen** messen, die einen Spezialfall der horizontalen Finanzierungsregeln bilden.

Bei den Liquiditätskennzahlen werden bestimmte Vermögenspositionen den kurzfristigen Verbindlichkeiten des Unternehmens gegenübergestellt. Zu den kurzfristigen Verbindlichkeiten zählen offene Lieferantenrechnungen, die bereits fällig sind, oder in nächster Zeit fällig werdende Zahlungsverpflichtungen. Üblicherweise werden eine Liquidität ersten, zweiten und dritten Grades unterschieden, die sich wie folgt berechnen:

- **Liquidität ersten Grades** (Barliquidität, „Cash Ratio"):

  $$\frac{\text{Zahlungsmittel}}{\text{Kurzfristige Verbindlichkeiten}}$$

- **Liquidität zweiten Grades** (Einzugsbedingte Liquidität, „Quick Ratio"):

  $$\frac{\text{Zahlungsmittel + kurzfristige Forderungen}}{\text{Kurzfristige Verbindlichkeiten}}$$

- **Liquidität dritten Grades** (Umsatzbedingte Liquidität, „Current Ratio"):

  $$\frac{\text{Umlaufvermögen}}{\text{Kurzfristige Verbindlichkeiten}}$$

Die sich bei den Liquiditätsgraden ergebenden Prozentsätze ermöglichen einen Vergleich mit anderen Unternehmen und die Einschätzung der Liquiditätssituation des eigenen Unternehmens. Je höher die ermittelten Prozentsätze ausfallen, desto günstiger sind die Liquiditätssituation und damit die Zahlungsbereitschaft zu beurteilen. Damit die Zahlungsfähigkeit eines Unternehmens sichergestellt ist, sollte die Liquidität ersten Grades über 20 Prozent, die Liquidität zweiten Grades über 100 Prozent und die Liquidität dritten Grades über 150 Prozent liegen.

> **BEISPIEL Liquiditätsgrade** (Daten vgl. Abb. 2–3): Die kurzfristigen Verbindlichkeiten der Reiter AG betragen (1.093 – 430) T€ = 663€. Somit besitzt die Reiter AG eine Liquidität ersten Grades von 82/663 = 12,4 % und eine Liquidität dritten Grades von 2.425/663 = 366 %. Die Liquidität ersten Grades ist aufgrund des für die Unternehmensgröße geringen Zahlungsmittelbestandes zu niedrig, während die Liquidität dritten Grades hervorragend ist.

2.5.1.7 Wertorientierte Kennzahlen

Die wertorientierte Unternehmensführung verfolgt das Ziel, den Wert des Unternehmens für dessen Eigentümer (bei Aktiengesellschaften sind diese die Aktionäre oder „Shareholder") zu erhöhen.

Dieser sogenannte „Shareholder Value" lässt sich vereinfacht über den Kurswert der Aktien eines Unternehmens ablesen. Darüber hinaus wird versucht Werterhöhungen, die sich aus Entscheidungen des Managements ergeben, messbar zu machen, um auf der Basis von Wertsteigerungen Zielvereinbarungen mit dem Management abschließen und kontrollieren zu können. Als Instrument dafür wurden zumeist von Unternehmensberatungsunternehmen wertorientierte Kennzahlen entwickelt, bei denen Kapitalrendite und Kapitalkosten verknüpft werden. Die bekanntesten dieser sog. „residualgewinnbasierten Performancemaße" sind der Economic Value Added (EVA), der Cash Value Added (CVA), der Economic Profit (EP) oder der Shareholder Value Added (SVA). Von diesen Konzepten besitzt der Economic Value Added in deutschen Unternehmen die größte Verbreitung. Daher wird diese Kennzahl im Folgenden näher erläutert.

Der **Economic Value Added (EVA)** berechnet sich aus dem Jahresüberschuss nach Steuern, von dem die Kapitalkosten abgezogen werden:

EVA = [Jahresüberschuss nach Steuern] − [Kapitalkostensatz] · [Kapitalbasis]

Diese Gleichung berücksichtigt gleich drei verschiedene unternehmerische Entscheidungsfelder: Operative Entscheidungen beeinflussen den Jahresüberschuss nach Steuern, Finanzierungsentscheidungen den Kapitalkostensatz und Investitionsentscheidungen die Kapitalbasis.

Der **Jahresüberschuss nach Steuern,** der auch als „Gewinn vor Zinsen" oder als **NOPAT** (Abkürzung für Net Operating Profit After Taxes) bezeichnet wird, errechnet sich aus dem operativen Unternehmensgewinn vor Zinsen und Steuern (dem sog. EBIT, vgl. Kap. 2.5.1.1), von dem die zahlungswirksamen Steuern abgezogen werden. Anschließend wird dieser Wert korrigiert, um zum einen Verzerrungen, die sich aufgrund von nationalen Buchhaltungsregelungen ergeben, zu eliminieren, sowie zum anderen verdeckte Finanzierungen (wie z. B. Leasing), den sog. Goodwill und stille Reserven zu berücksichtigen. Außerdem werden, ähnlich wie in der Kostenrechnung (vgl. Kap. 2.3.1), betriebsfremde Aufwendungen herausgerechnet.

Der **Kapitalkostensatz WACC** (Weighted Average Cost of Capital) errechnet sich aus den Renditeforderungen der Eigenkapitalgeber sowie aus den Zinsforderungen der Fremdkapitalgeber, wobei eine Gewichtung nach dem Anteil des Eigen- bzw. Fremdkapitals am Gesamtkapital erfolgt. Er stellt den hypothetischen Kapitalfinanzierungszinssatz des Unternehmens dar.

Die **Kapitalbasis** ergibt sich aus dem betriebsnotwendigen Vermögensgegenständen, in denen das Kapital des Unternehmens gebunden ist. Sie wird auch als **NOA** (Net Operating Assets) bezeichnet. Die Kapitalbasis errechnet sich aus den Buchwerten des Anlage- und Umlaufvermögens, ergänzt um nicht aktivierte, aber betriebsnotwendige Vermögensgegenstände (wie z. B. geleaste oder gemietete Maschinen) sowie vermindert um nicht betriebsnotwendige Vermögensgegenstände und um nichtverzinsliche kurzfristige Verbindlichkeiten.

Unter Verwendung der englischen Abkürzungen für die drei Einflussgrößen wird in der Literatur die Gleichung für den Economic Value Added auch in folgender Form angegeben:

EVA = NOPAT − WACC · NOA

Immer dann, wenn für die Kennzahl EVA ein positiver Wert ermittelt wird, wenn also die bereinigten Gewinne die Kapitalkosten übersteigen, wurden durch die Maßnahmen des Managements Werte geschaffen.

2.5.2 Personalwirtschaftliche Kennzahlen

Eine wichtige personalwirtschaftliche Kenngröße ist die **Anzahl der Mitarbeiter,** aus deren Veränderung im Zeitverlauf Rückschlüsse gezogen werden können. Sie bildet die Basis für weitere Kenngrößen, z. B. die prozentuale Aufteilung der Mitarbeiter nach Sparten oder nach Regionen. Die Leistungsfähigkeit eines Unternehmens wird transparenter, wenn der Umsatz, der Gewinn oder eine Output-Größe auf die Zahl der Mitarbeiter bezogen wird.

Als Maß für die Zufriedenheit der Mitarbeiter gelten die Fluktuations- und Krankenquote. Die **Fluktuationsquote** (Personalabgangsquote) errechnet sich aus der Anzahl der Austritte und der durchschnittlichen Gesamtanzahl der Mitarbeiter:

$$\frac{\text{Anzahl der ausgeschiedenen Mitarbeiter}}{\text{Durchschnittliche Mitarbeiteranzahl}}$$

Bei einer Variante dieser Kennzahl werden nicht die Austritte, sondern die Anzahl der Kündigungen angesetzt. Die Kennzahl kann auch für einzelne Abteilungen oder Unternehmensbereiche separat ermittelt werden. Ziel sollte es sein, die Fluktuationsquote möglichst niedrig zu halten, denn jeder Wechsel verursacht Kosten (Stellenausschreibung, Einarbeitung) und bringt Unruhe in das Unternehmen. Es wird davon ausgegangen, dass in einem Bereich, der nur wenige Kündigungen aufzuweisen hat, die Mitarbeiter zufrieden sind.

Ähnlich wird die **Krankenquote** interpretiert, die das Verhältnis von krankheitsbedingten Ausfällen an der Gesamtzahl der zu erbringenden Arbeitstage darstellt:

$$\frac{\text{Anzahl der krankheitsbedingten Ausfalltage}}{\text{Summe der zu erbringenden Arbeitstage}}$$

> **BEISPIEL Krankenquote:** Ein Unternehmen, das 14 Mitarbeiter besitzt, von denen in einem aus 21 Arbeitstagen bestehenden Monat ein Mitarbeiter 10 und ein anderer 15 Tage krank ist, besitzt eine Krankenquote von $(10 + 15)/(14 \cdot 21) = 8{,}5\,\%$.

Die Höhe der Quote ist sehr stark von der Branche abhängig. Die Interpretation der Krankenquote als „Zufriedenheitsindikator" ist nicht unstrittig: Es kann auch die Angst der Mitarbeiter vor einem Arbeitsplatzverlust dazu führen, dass ein geringer Krankenstand vorliegt.

Die **Personalaufwandsquote** zeigt, welcher Teil des Umsatzes zur Finanzierung des Personals benötigt wird:

$$\frac{\text{Personalaufwand}}{\text{Umsatz}}$$

Im Personalaufwand sind nicht nur Löhne und Gehälter, sondern auch die vom Arbeitgeber getragenen Personalnebenkosten enthalten.

> **BEISPIEL Personalaufwandsquote:** (Daten vgl. Abb. 2–5): Die Personalaufwandsquote der Reiter AG beträgt 1.962/4.500 = 43,6 %.

Die durchschnittlichen Personalkosten eines Unternehmens spiegelt die Relation zwischen Personalkosten und Mitarbeiteranzahl wider:

$$\frac{\text{Personalaufwand}}{\text{Mitarbeiterzahl}}$$

Diese Kenngröße zeigt die Personalkostenbelastung eines Unternehmens. Durch den Vergleich mit anderen Unternehmen, aber auch mit der Produktivität des Unternehmens lassen sich kritische Entwicklungen aufzeigen.

> **BEISPIEL Personalaufwand:** (Daten vgl. Abb. 2–5): Wenn die Reiter AG 45 Mitarbeiter besitzt, beträgt der durchschnittliche Personalaufwand 1.962 T€/45 Mitarbeiter = 43.600 €/Mitarbeiter.

Wird, so wie in dem vorstehenden Beispiel, ein Wert für die Gesamtbelegschaft ermittelt, ist dieser häufig wenig aussagekräftig, da unterschiedliche Lohn- und Gehaltsstrukturen miteinander vermischt werden. Deshalb ist es sinnvoll, getrennte Werte für einzelne Lohn- und Gehaltsgruppen oder Mitarbeitergruppen zu berechnen.

2.5.3 Einkaufs- und Materialwirtschaftskennzahlen

Der Einkaufs- und Beschaffungsbereich eines Unternehmens ist eng mit dem Bereich der Lagerhaltung verknüpft. So spielt der **durchschnittliche Lagerbestand** als Kenngröße für Vergleichs- und Planungszwecke eine wichtige Rolle. Er errechnet sich aus den Lagerbeständen, die über die Inventur ermittelt werden, wie folgt:

$$\frac{\text{Periodenanfangsbestand} + \text{Periodenendbestand}}{2}$$

Auch die **Lagerverluste** ergeben sich unmittelbar aus den Inventurergebnissen:

Lagerverluste = Buchbestand − Inventurbestand

Die **Lagerumschlagshäufigkeit** beantwortet die Frage, wie häufig das Lager innerhalb einer Periode geleert und anschließend wieder gefüllt wurde:

$$\frac{\text{Absatz}}{\text{Durchschnittlicher Lagerbestand}}$$

2.5.4 Produktionskennzahlen

Im Rahmen von Produktionsprozessen spielt die „Produktivität" eine große Rolle. Die **Produktivität** stellt das mengenmäßige Verhältnis zwischen Ausgangsgrößen (Output) und den eingesetzten Produktionsfaktoren (Input) dar:

$$\frac{\text{Output}}{\text{Input}}$$

Eine Gesamtproduktivität ist kaum messbar, da sich nur schwer Größen definieren lassen, die alle Teilbereiche eines Unternehmens erfassen. Deshalb werden in der Praxis Teilproduktivitäten errechnet, die sich auf bestimmte Produktionsfaktoren beziehen. Wird als Inputgröße die geleistete Arbeit angesetzt, spricht man von einer **Arbeitsproduktivität.** In Abhängigkeit davon, in welchem Bereich die Arbeitsproduktivität gemessen werden soll, ist eine geeignete Outputgröße festzulegen. Im Sekretariatsbereich könnte die Arbeitsproduktivität über den Quotienten

$$\frac{\text{Anzahl geschriebene DIN-A-4-Seiten}}{\text{Anzahl der Arbeitsstunden}}$$

bestimmt werden. Es ist eine Aufgabe des Controllings, für die einzelnen Bereiche im Unternehmen geeignete und messbare In- bzw. Outputgrößen festzulegen und regelmäßig zu ermitteln. Im automatisierten Fertigungsbereich kann mit der Kennzahl „Maschinenproduktivität" gearbeitet werden:

$$\frac{\text{Produzierte Stückzahl}}{\text{Maschinenlaufzeit}}$$

Eine weitere Kenngröße ist der **Beschäftigungsgrad.** Er spiegelt nicht die Anzahl der im Unternehmen beschäftigten Mitarbeiter, sondern das Verhältnis zwischen der eingesetzten und der vorhandenen Kapazität wider. Die Kapazität kann durch die mögliche Ausbringungsmenge, die verfügbare Maschinenlaufzeit oder die vorhandenen Arbeitsstunden ausgedrückt werden. Der Beschäftigungsgrad und ähnliche Kapazitätskennzahlen dienen der Erfassung der Unternehmensauslastung.

Wenn man die Anzahl der erbrachten Arbeitsstunden als Maßgröße einsetzt, errechnet sich der Beschäftigungsgrad über den Quotienten:

$$\frac{\text{Istbeschäftigung}}{\text{Planbeschäftigung}}$$

Als Planbeschäftigung wird die unter den gegebenen Umständen erbringbaren Arbeitsstunden angesetzt.

> **BEISPIEL Beschäftigungsgrad:** In einer Abteilung arbeiten 15 Mitarbeiter in einer 40-Stunden-Woche. Damit errechnet sich die Planbeschäftigung auf 600 Stunden. Die Istbeschäftigung ergibt sich unter Berücksichtigung von Urlaub und Krankheitsausfällen. Beträgt sie z. B. 552 Stunden, liegt ein Beschäftigungsgrad von 92 % vor.

Aus dem Beispiel wird deutlich, dass ein Beschäftigungsgrad von 100 % eher selten ist. In Deutschland sind bei „gesunden" Unternehmen Beschäftigungsgrade von 80 bis 90 Prozent üblich. Bei dauerhaft höheren Auslastungsgraden sollte eine Erweiterung der Produktionskapazität erwogen werden.

Bei automatisierten Unternehmen kann man die Unternehmensauslastung über die Maschinenlaufzeit ermitteln:

$$\frac{\text{Tatsächliche Maschinenlaufzeit}}{\text{Mögliche Maschinenlaufzeit (= vorhandene Kapazität)}}$$

Wird als Maßstab für die Kapazität die Ausbringungsmenge hinzugezogen, errechnet sich der Beschäftigungsgrad aus dem Quotienten von Ist-Ausbringungsmenge und maximaler Ausbringungsmenge:

$$\frac{\text{Ist-Produktionsmenge}}{\text{Kann-Produktionsmenge}}$$

Abb. 2–12 zeigt die Entwicklung der Kapazitätsauslastung in der deutschen Investitions- bzw. Konsumgüterindustrie. Die Kapazitätsauslastung schwankt zumeist zwischen 80 und 90 Prozent. Die Kurvenschwankungen zeigen den Einfluss der wirtschaftlichen Gesamtsituation auf die Kapazitätsauslastung: In Zeiten wirtschaftlichen Wachstums sind die Kapazitäten stärker ausgelastet als in Krisenzeiten.

2.5.5 Marketingkennzahlen

Im Bereich des Marketings gibt es eine Vielzahl von Kennzahlen, die sich mit verschiedenen Aspekten des Absatzes beschäftigen. Diese Kennzahlen werden im Controlling weiterverarbeitet, denn sie stellen wichtige, entscheidungsrelevante Informationen dar.

Mehrere Kennzahlen befassen sich mit Märkten und der Stellung des Unternehmens in seinen relevanten Absatzmärkten. Mit der Abschätzung von voraussichtlichen Entwicklungen auf den Absatzmärkten befasst sich die Marktanalyse. Eine wichtige Kenngröße der Marktanalyse ist das **Marktvolumen.** Darunter wird der gesamte Absatz einer Produktart (oder einer Branche) verstanden.

Wachstumspotential, das ein Markt bietet, wird über die Kennzahl **„Marktwachstum"** abgebildet. Sie wird über die Veränderung des Marktvolumens zwischen zwei Perioden bestimmt:

$$\frac{\text{Zusätzliches Marktvolumen}}{\text{Marktvolumen der Vorperiode}}$$

2.5 Kennzahlen und Kennzahlensysteme

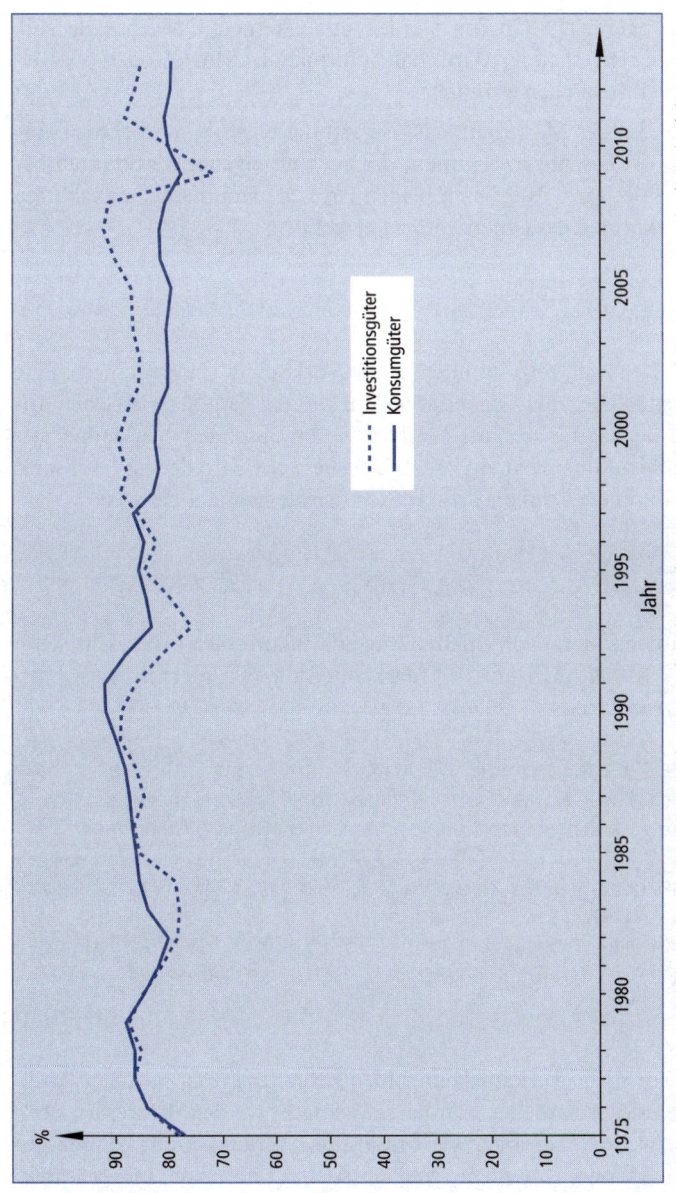

Abb. 2–12: Entwicklung der Kapazitätsauslastung der deutschen Investitions- und Konsumgüterindustrie (Eigene Zusammenstellung auf der Basis von Daten aus: *Institut der deutschen Wirtschaft*, Deutschland in Zahlen, S. 32)

2. KAPITEL — Instrumente zur Informationsversorgung

Die benötigten Größen werden aus externen Quellen (wie z. B. Branchenverbände, Wirtschaftsinformationsdienste) oder über eigene Erhebungen ermittelt.

Der Teil des Markvolumens, der auf das eigene Unternehmen entfällt, ist das **Absatzvolumen**, das auch als **eigener Marktanteil** bezeichnet wird. Aus diesen beiden Größen kann man den **absoluten Marktanteil** des Unternehmens errechnen:

$$\frac{\text{Eigener Marktanteil}}{\text{Marktvolumen}}$$

Die Kennzahl zeigt unmittelbar die Stärke eines Unternehmens. Eine zweite Kennzahl ist der **relative Marktanteil**. Er gibt an, welchen Anteil der eigene absolute Marktanteil am absoluten Marktanteil der größten Konkurrenten besitzt. Üblicherweise wird der eigene absolute Marktanteil auf die drei größten Marktteilnehmer bezogen:

$$\frac{\text{Absoluter Marktanteil des eigenen Unternehmens}}{\text{Absoluter Marktanteil der drei größten Marktteilnehmer}}$$

Wird ein Markt von einem einzigen Konkurrenten beherrscht, kann im Nenner auch nur der Marktanteil dieses Unternehmens angesetzt werden.

> **BEISPIEL Marktanteil:** Der Markt für das Produkt „Dübelzieher" besitzt aktuell ein geschätztes Volumen von 9,5 Mio. €, wobei das Volumen zum Vorjahr um 1,5 Mio. gestiegen ist. Die PaZi GmbH besitzt am Marktvolumen einen Anteil von 2 Mio. €, die größten drei Wettbewerber besitzen zusammen einen Marktanteil von 5 Mio. €. Damit lassen sich folgende Kennzahlen errechnen:
> Das Marktwachstum beträgt 1,5/(9,5–1,5) = 19 %, der absolute Marktanteil der PaZi GmbH beträgt 2/9,5 = 21 %, der relative Marktanteil 2/5 = 40 %.

In Form von **Verkaufskennzahlen** kann der Erfolg einzelner Bereiche oder Mitarbeiter transparent gemacht werden. Es werden üblicherweise Kennzahlen wie **Umsatz pro Verkaufskraft,** Umsatz pro Kunden oder Umsatz pro Verkaufsfläche (Umsatz pro m²) ermittelt.

Weitere Kenngrößen befassen sich mit Qualitätsmerkmalen. Dazu zählen der Servicegrad des Unternehmens oder die Lieferzeiten.

2.5.6 Qualitätskennzahlen

Qualitätskennzahlen sollen die Qualitätsaktivitäten eines Unternehmens abbilden und messbar machen. Beurteilt wird die Qualität eines Unternehmens über die Qualität des Leistungserstellungsprozesses (Prozessqualität), der erstellten Leistungen (Produktqualität) oder über die Kundenfreundlichkeit (Dienstleistungsqualität).

Beispiel für eine Qualitätskennzahl ist die **Ausschussquote** (Fehlerquote). Über sie wird der Anteil der Produktion bestimmt, der aufgrund von Fertigungsfehlern nicht verkauft werden kann:

$$\frac{\text{Fehlerhafte Produktion}}{\text{Gesamtproduktion}}$$

Es können entweder Mengengrößen (z. B. in Stück) oder Wertgrößen (Wert der Produktion in Euro) angesetzt werden.

Eine weitere Qualitätskennzahl ist die **Reklamationsquote:**

$$\frac{\text{Reklamierte Leistungen einer Periode}}{\text{Insgesamt ausgelieferte Leistungen einer Periode}}$$

Auch hier kann entweder auf Mengen- oder auf Wertgrößen zurückgegriffen werden.

2.5.7 Kennzahlensysteme

Wenn mehrere Einzelkennzahlen zu einem Verbund zusammengefügt werden, spricht man von einem Kennzahlensystem. Kennzahlensysteme gelten aufgrund der vielfältigeren Eingangsgrößen, der dargestellten Abhängigkeiten und der sich daraus ergebenden Informationsverdichtung als aussagefähiger als eine Einzelkennzahl.

Es lassen sich zwei grundsätzliche Varianten von Kennzahlensystemen unterscheiden: Rechensysteme und Ordnungssysteme.

Bei einem **Rechensystem** werden mehrere quantitative Einzelkennzahlen durch einfache mathematische Verknüpfungen (Addition, Multiplikation, Division) zusammengefügt, so dass ein pyramidenförmig aufgebautes System entsteht. An der Spitze eines derartigen Systems steht eine Größe, die als „Spitzenkennzahl" bezeichnet wird. Diese Kennzahl zeigt die Zielrichtung des gesamten Systems. Beispiele für derartige Rechensysteme sind das DuPont-Kennzahlensystem (vgl. Kap. 2.5.7.1) und die in den Kap. 2.5.7.2 und 2.5.7.3 beschriebenen Verfahren.

Ordnungssysteme verzichten auf eine (häufig gekünstelt wirkende) mathematische Verknüpfung von Einzelkennzahlen. Es wird lediglich eine Gliederung in Form einer „sachlogischen" Ordnung von quantitativen, aber auch qualitativen Einzelkennzahlen vorgenommen, deren Einsatz für einen Anwendungszweck oder ein Unternehmen sinnvoll erscheint. Aufgabe eines Ordnungssystems ist somit die Zusammenstellung eines Kennzahlensets. Beispiel für ein derartiges Kennzahlensystem ist die Balanced Scorecard (vgl. Kap. 2.5.7.5).

2.5.7.1 DuPont-Kennzahlensystem

Das bekannteste und älteste Kennzahlensystem wurde bereits im Jahre 1919 durch den Chemiekonzern DuPont entwickelt. Als Spitzenkennzahl fungiert die Rentabilitätskennzahl „Return on Investment", die sich in mehreren Stufen aus anderen Verhältniszahlen und absoluten Größen errechnen lässt, die alle dem externen Rechnungswesen (also Buchführung und Jahresabschluss) entnommen werden können. Die „Spitze" der Pyramide des DuPont-Kennzahlensystems ist in Abb. 2–13 dargestellt.

Die einzelnen Stufen des DuPont-Kennzahlensystems ermöglichen eine schrittweise Analyse des Unternehmens und der Haupteinflussgrößen des Unternehmenserfolgs. Im Vergleich mit entsprechenden Kennzahlen von anderen Unternehmen lassen sich Stärken, aber vor allem auch Schwachstellen aufzeigen.

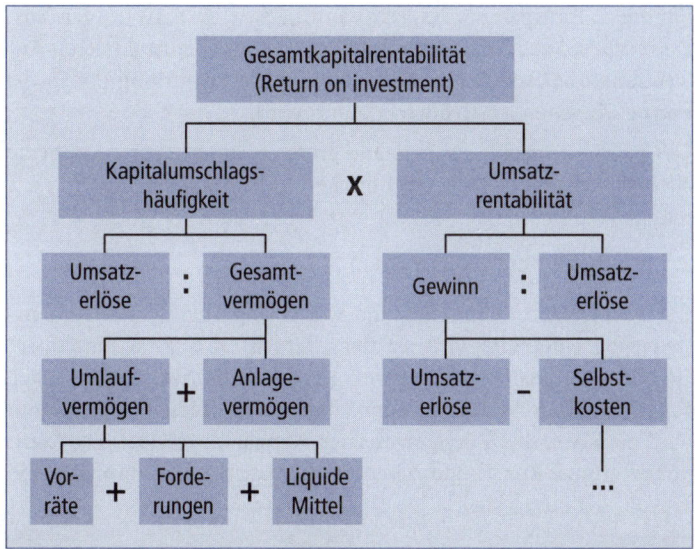

Abb. 2–13: DuPont-Kennzahlensystem

2.5.7.2 ZVEI-Kennzahlensystem

Das ZVEI-Kennzahlensystem wurde 1969 vom Zentralverband der elektrotechnischen Industrie (ZVEI) entwickelt. Als Spitzenkennzahl fungiert die Eigenrentabilität. Dieses monetär geprägte System ist in die Bereiche „Wachstumsanalyse" und „Strukturanalyse" untergliedert.

Die Wachstumsanalyse ermöglicht den Vergleich des Unternehmens mit dem Stand der vorherigen Periode. Es gehen Kennzahlen wie Umsatzerlöse, Jahresüberschuss, Cashflow und Auftragsbestand, aber auch Personalaufwand und Mitarbeiterzahl ein. Die Strukturanalyse beleuchtet über die Spitzenkennzahl Eigenkapitalrentabilität die Ertragskraft und die Risikostruktur eines Unternehmens.

Im ZVEI-System sind insgesamt etwa 200 Kennzahlen miteinander mathematisch verknüpft. Manche der Kennzahlen besitzen allerdings keine eigene Aussage, sondern stellen nur Zwischenprodukte im Verknüpfungsprozess dar.

Für eine Transparenz des recht komplexen Systems sorgen sog. Definitionsblätter, in denen für jede verknüpfte Kennzahl deren Anwendung, die Berechnungsformel sowie die Ermittlung der in die Formel eingehenden Größen erläutert wird.

Das ZVEI-Kennzahlensystem fand große Zustimmung und ist heute auch außerhalb der elektrotechnischen Industrie verbreitet.

2.5.7.3 ROCE-Kennzahlensystem

Ein Kennzahlensystem, das zur wertorientierten Unternehmenssteuerung eingesetzt wird, ist der „Return on Capital Employed" (**ROCE**), der das Betriebsergebnis (in der Definition des EBIT, vgl. Kap. 2.5.1.1) in Verhältnis zum eingesetzten Kapital setzt. Damit wird die Ertragskraft des eingesetzten Kapitals abgebildet. Die Komponenten des ROCE und deren mathematische Verknüpfung sind in Abb. 2–14 dargestellt.

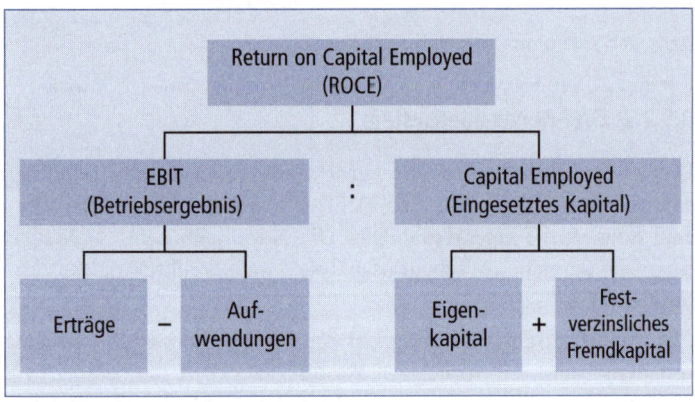

Abb. 2–14: ROCE-Kennzahlensystem

2.5.7.4 RL-Kennzahlensystem

Als zentrale Kenngrößen dienen beim RL-Kennzahlensystem die **Rentabilität** und die **Liquidität** eines Unternehmens. Die Kennzahlen sind nicht wie bei den vorhergehenden Kennzahlensystemen vollständig mathematisch miteinander verknüpft. Das System besteht aus einem allgemeinen Teil und einem Sonderteil (vgl. dazu *Reichmann*, Controlling mit Kennzahlen, S. 35 ff.).

Der **allgemeine Teil** ist branchenunabhängig aufgebaut und daher auch für zwischenbetriebliche Vergleiche einsetzbar. Er besteht aus den beiden Blöcken „Rentabilitätsteil" und „Liquiditätsteil". Die berücksichtigten Kenngrößen können dem Jahresabschluss, d. h. dem externen Rechnungswesen entnommen werden. Die Spitzenkennzahl des **Rentabilitätsteils** bildet der Jahresüberschuss; daneben gehen weitere Kennzahlen wie Gesamtkapital-, Eigenkapital- und Umsatzrentabilität oder Kapitalumschlagshäufigkeit ein. Im **Liquiditätsteil** bildet der absolute Betrag der liquiden Mittel die Spitzenkennzahl, die durch den Cashflow oder das Working Capital ergänzt wird.

Im **Sonderteil** werden in Ergänzung des allgemeinen Teils unternehmensspezifische Besonderheiten dargestellt. Dabei können auch Daten aus dem internen Rechnungswesen einfließen.

2.5.7.5 Balanced Scorecard

Die „Balanced Scorecard" ist ein kennzahlenbasiertes Informationsinstrument, das Anfang der 1990er Jahre in den USA entwickelt wurde und sich seit dem stark ausgebreitet hat. Vereinfacht lässt sich die Balanced Scorecard als ein **Beurteilungsbogen** („Scorecard") verstehen, mit dem die bedarfsgerechte Informationsversorgung des Managements sichergestellt werden soll. Auf dem Bogen sind verschiedene Bereiche unterschieden, in denen in einem ausgewogenen Verhältnis („Balance") **aufeinander abgestimmte Kennzahlen und Indikatoren** dargestellt werden.

Gemäß dem Ansatz eines Ordnungssystems folgend wird bei der Balanced Scorecard versucht, eine ausgewogene Mischung von Ergebnis- und Leistungskennzahlen zusammenzustellen. Insbesondere sollen neben finanziellen Kennzahlen auch qualitative Einflussgrößen und zukunftsorientierte Indikatoren berücksichtigt werden. Dabei sind alle Größen, auch die nicht-finanziellen, auf den finanzwirtschaftlichen Erfolg des Unternehmens als oberstes Ziel auszurichten.

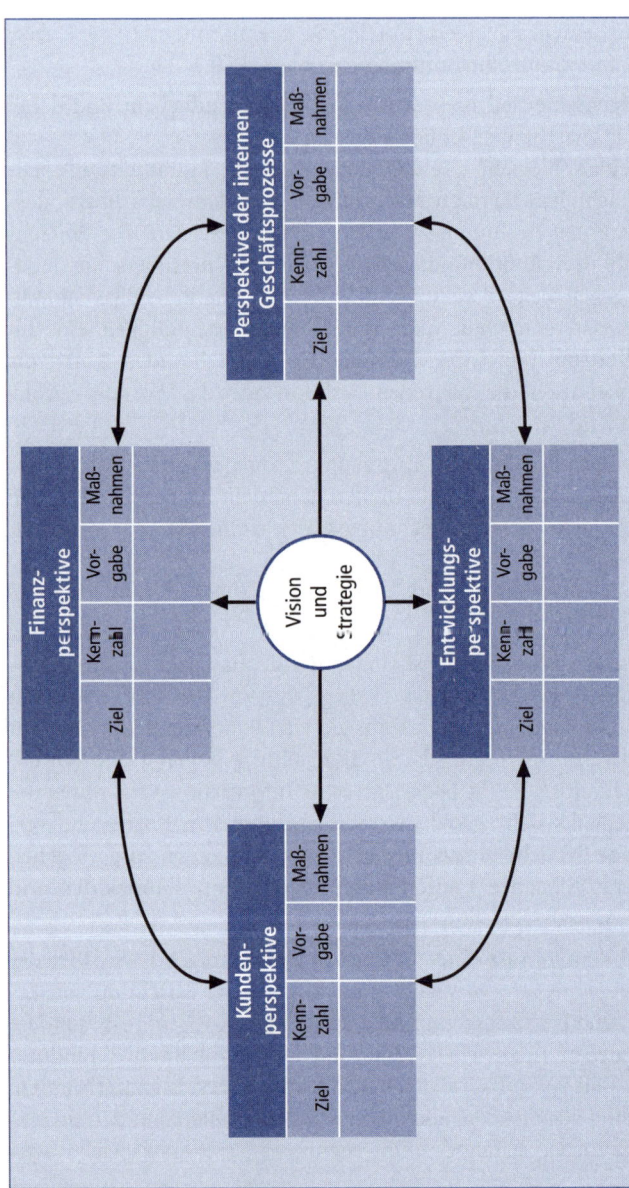

Abb. 2-15: Balanced Scorecard nach dem Grundmodell von *Kaplan* und *Norton* (in Anlehnung an *Kaplan/Norton*, Balanced Scorecard, S. 9)

Abb. 2–15 zeigt das Grundmodell der Balanced Scorecard, bei dem die enthaltenen Kennzahlen und Indikatoren folgenden **vier „Perspektiven"** zugewiesen sind:

- **Finanzperspektive:** Die Kenngrößen in diesem Bereich sollen die finanziellen Auswirkungen der Unternehmenstätigkeit aufzeigen (z. B. Periodengewinn, Betriebsergebnis, aber auch Eigenkapitalrentabilität) und spiegeln damit zugleich die Attraktivität des Unternehmens für Kapitalanleger wider. Zugleich bilden sie die Endziele für die Kenngrößen aus den übrigen Perspektiven der Balanced Scorecard. Die Finanzperspektive wird über Wirtschaftlichkeits-, die Produktivitäts- und die Wertsteigerungskennzahlen (wie z. B. die Kennzahl EVA, vgl. Kap. 2.5.1.7) abgebildet.

- **Kundenperspektive:** Im Rahmen der Kundenperspektive wird dargestellt, welchen Platz das Unternehmen auf den relevanten Märkten einnimmt und welche Rolle die Kunden spielen. Kenngrößen in diesem Bereich können beispielsweise die „Marktanteilsentwicklung" oder die „Kundenzufriedenheit" sein.

- **Perspektive der internen Prozesse:** Mit dieser Perspektive wird der Blick auf interne Geschäftsprozesse gelenkt. Dabei sind vor allem die „Kernprozesse" des Unternehmens von Bedeutung, die einen direkten Einfluss auf die Erreichung der Unternehmensziele besitzen. Ein Maßstab dafür ist z. B. die Mitarbeiterzufriedenheit.

- **Entwicklungsperspektive:** Um das Wachstumspotential des Unternehmens zu erhalten, sind gezielt das Mitarbeiterpotential und die Motivation zu fördern sowie das Informationssystem fortzuentwickeln. Diese Maßnahmen sind Investitionen in die Zukunft des Unternehmens, deren Veränderung durch eigene Kennzahlen abgebildet werden sollen.

Diese vier Perspektiven stellen die Grundvariante einer Balanced Scorecard dar. Je nach Art und Branche eines Unternehmens können einzelne Perspektiven wegfallen oder zusätzliche Perspektiven hinzukommen.

Für jede Perspektive sind etwa fünf, höchstens jedoch sieben Kennzahlen oder Indikatoren festzulegen. Jede der einbezogenen Kennzahlen sollte auf ein finanzielles Ziel zurückführbar und zugleich mit der Unternehmensstrategie verknüpft sein, damit die Scorecard nicht ein Sammelsurium von isolierten Größen darstellt, sondern ein zielgerichtetes System bildet.

Der Balanced-Scorecard-Ansatz liefert keine starren Gestaltungsvorgaben, sondern gibt einen Gestaltungsrahmen vor, der unternehmensindividuell ausgefüllt werden muss. Er dient nicht nur der Informationsaufbereitung, sondern auch als Instrument, um die Ziele des Unternehmens und die daraus abgeleitete Unternehmensstrategie im Unternehmen zu kommunizieren. Die Erstellung einer Balanced Scorecard vollzieht sich in sechs Gestaltungsschritten (vgl. Abb. 2–16):

(a) Auf der Grundlage der Unternehmensvision und des strategischen Programms des Unternehmens sind dessen strategische (Finanz-)**Ziele** (wie Umsatz, Rentabilität) abzuleiten.

(b) Verknüpfung der unter (a) abgeleiteten Ziele zu einer konsistenten **Unternehmensstrategie** und Festlegung der sich daraus ergebenden Aktionen.

(c) Ableitung von **Kennzahlen,** mit denen die Ziele und die Strategie gesteuert und kontrolliert werden können. Zusammenfassung der Kennzahlen zu **„Perspektiven".**

(d) Bestimmung eines **Sollwerts** für jede Kennzahl und Festlegung der Ermittlungshäufigkeit für die Istwerte (monatlich, quartalsweise, jährlich).

(e) Kommunikation der Konzepts, des Aufbaus und der Sollgrößen der Scorecard im Unternehmen.

(f) Kennzahlenanalyse durch Soll-Ist-Vergleich und den Aufbau von Zeitreihen.

Die Balanced Scorecard ist ein Informationsinstrument, das eine Orientierung in den bestehenden „Zahlenfriedhöfen" und eine Fokussierung auf die wesentlichen Größen bieten soll. Doch der Implementierungsprozess ist aufwendig. Die Anpassung des Verfahrens an unternehmensindividuelle Strukturen und die Festlegung von geeigneten Kenngrößen kann häufig nur unter Hinzuziehung einer Unternehmensberatung bewältigt werden.

2.5 Kennzahlen und Kennzahlensysteme

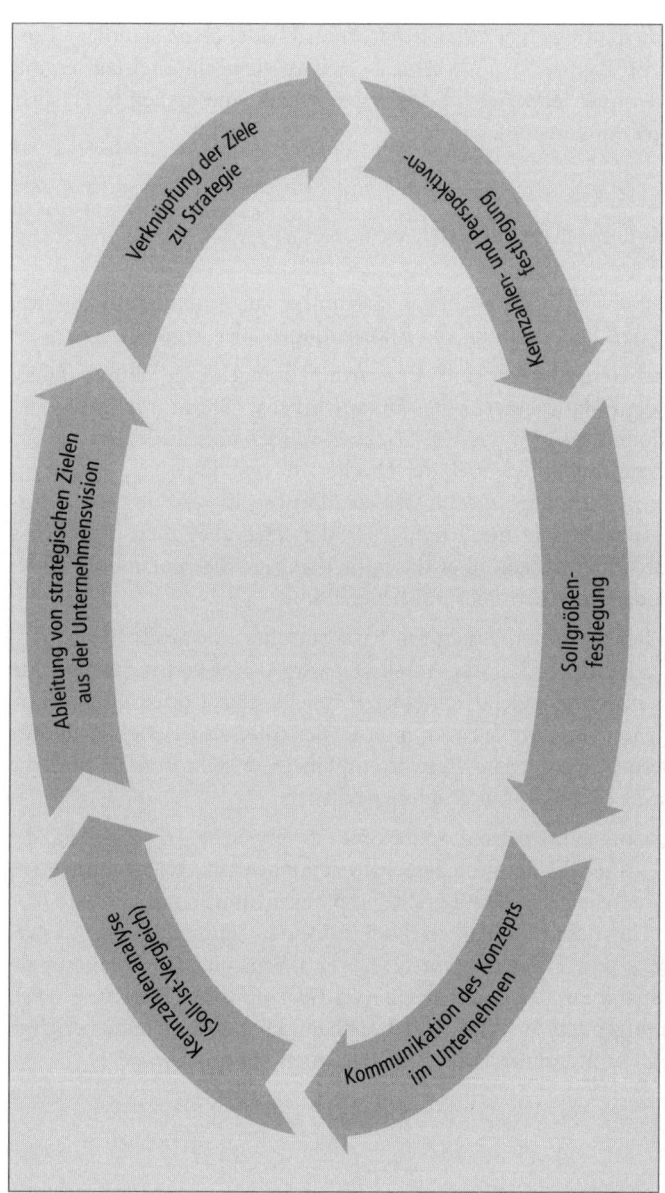

Abb. 2–16: Schritte zum Aufbau einer Balanced Scorecard

Die Erstellung einer Balanced Scorecard bildet einen ständigen Prozess, so dass sich wie in Abb. 2–16 dargestellt ein Kreislauf ergibt, bei dem der letzte Schritt den ersten Schritt eines neuen Überarbeitungszyklus anstößt.

2.6 Berichtswesen

Berichte stellen ein wichtiges Instrument zur Aufbereitung, Bündelung und Weiterleitung von Informationen aller Art dar.

Berichtsempfänger sind Unternehmensangehörige, insbesondere aus dem Management eines Unternehmens, die mit internen Informationen versorgt werden. Daneben werden aber auch Berichte für Externe erstellt, wie z. B. der Lagebericht (vgl. Kap. 2.2.2.3), der im Rahmen des Jahresabschlusses anzufertigen ist und der Anteilseigner, Geschäftspartner, Kreditgeber, den Staat aber auch die interessierte Öffentlichkeit über die seitherige bzw. die geplante Entwicklung des Unternehmens informieren soll.

Das Berichtswesen besitzt für den Controller eine große Bedeutung. Ein erheblicher Teil der Arbeitszeit wird damit verbracht, Berichte zu erstellen und zielgerichtet weiterzuleiten. Als **Controllingberichte** gelten im Regelfall nur interne Berichte, also Berichte, die für unternehmensinterne Berichtsempfänger erstellt werden und die der Steuerung des Unternehmens dienen.

Ein Controllingbericht sollte Soll-Ist-Vergleiche ermöglichen, die Bedeutung der festgestellten Abweichungen für das Unternehmen herausstellen und dem Berichtsempfänger Interpretationshilfen bieten. Dazu sind die dargestellten Zahlen zu kommentieren („Diagnose") und Handlungsvorschläge (z. B. einzuleitende Steuerungsmaßnahmen) zu unterbreiten (vgl. *Horváth*, Controlling, S. 540). Die folgenden Ausführungen beziehen sich auf Controllingberichte, auch wenn vereinfachend von „Berichten" gesprochen wird.

2.6.1 Berichtszwecke

Im Schrifttum werden vier Zwecke von Berichten unterschieden (vgl. *Koch*, Berichtswesen, S. 60):

Dokumentation: Durch einen Bericht werden frühere Sachverhalte dokumentiert, die dann für Kontrollen, aber auch für künftige Planungen eingesetzt werden können. Nur aufgrund der Dokumentation von Istdaten lassen sich Zeitreihen aufbauen, die Prognosen ermöglichen.

Auslöser für betriebliche Aktivitäten: Berichte über Abweichungen (z. B. Umsatzrückgang) oder über bevorstehende Veränderungen (z. B. Ölpreisanstieg) sollten Aktivitäten der zuständigen Bereiche eines Unternehmens auslösen, durch die notwendige Maßnahmen eingeleitet werden. Damit besitzen diese Berichte Steuerungsaufgaben.

Kontrolle: Berichte erleichtern die Kontrolle des Betriebsablaufs (z. B. durch Produktions- oder Absatzzahlen).

Entscheidungsvorbereitung: Durch Statistiken oder Zeitreihen, die neben anderen Informationen in Berichten enthalten sind, können Trends prognostiziert und Hinweise für zukünftige Entwicklungen (z. B. die Marktentwicklung) gegeben werden. Diese Daten dienen, ebenso wie zusammengefasste Hintergrundinformationen, der Vorbereitung von Entscheidungen und damit der Planung. Eine Variante dieser Berichte stellen Geschäftspläne (vgl. Kap. 2.6.7) dar.

2.6.2 Berichtsarten

Nach ihrem Einsatz im Planungs- und Kontrollprozess und ihrer Erscheinungsweise lassen sich Standard-, Abweichungs- und Bedarfsberichte unterscheiden.

- **Standardberichte** werden regelmäßig erstellt und verteilt, wobei Aufbau und Darstellungsform im Regelfall gleich bleiben. Sie richten sich an einen größeren Personenkreis, jeder Empfänger muss die für ihn relevanten Informationen selbst herausfiltern. Da ein standarisierter, zumeist gleichbleibender Informationsbedarf und ein größerer Empfängerkreis vorliegen, ist die Erstellung von Standardberichten zumeist kostengünstig zu realisieren. Einsatzbereiche für Standardberichte sind die Darstellung von kostenstellenbezogenen Informationen, der Absatz- und Umsatzentwicklung oder von Personalkennzahlen.

- **Abweichungsberichte** werden nur dann erstellt, wenn die ermittelten Istwerte bestimmte Toleranzgrenzen überschreiten. Der Berichtsempfänger erhält nur im Ausnahmefall, wenn die Situation es erfordert, einen Bericht. Dadurch wird die Aufmerksamkeit der Berichtsempfänger auf problematische Sachverhalte gelenkt und eine Informationsüberflutung der Entscheidungsträger vermieden. Abweichungsberichte sind ein Instrument, das im Rahmen des „Management by Exception" eingesetzt wird, bei dem Vorgesetzte nur eingreifen, wenn vorgegebene Abweichungskorridore überschritten werden.

- **Bedarfsberichte** werden fallweise angefertigt und berücksichtigen den speziellen, zur Lösung einer Aufgabe erforderlichen Informationsbedarf. Entsprechend aufwendig ist ihre Erstellung.

Ein Bericht muss nicht immer in Papierform vorliegen. Im Zeitalter von vernetzten Rechnern erleichtern EDV-gestützte Bildschirm-Dialogsysteme die Informationsversorgung. So können beispielsweise Bedarfsberichte zeitnah und kostengünstig durch den Anfrager selbst über Direktzugriffe auf Datenbanken generiert werden. Allerdings wächst damit die Gefahr von Fehlinterpretationen aufgrund des Zugriffs auf für den Anwendungszweck ungeeignete Daten.

2.6.3 Gestaltungsempfehlungen

Berichte dienen der Informationsübermittlung. Diese Aufgabe können Berichte nur erfüllen, wenn sie sich am Informationsbedarf des Empfängers und an dessen Art, Informationen zu nutzen, orientieren. Nur wenn Berichte **empfängerorientiert** aufgebaut sind, kann eine hohe Benutzerakzeptanz erzielt werden.

Die empfängerorientierte Gestaltung von Berichten betrifft sowohl Berichte in Papier- als auch in elektronischer Form (z. B. Bildschirm-

2.6 Berichtswesen

aufbereitung). Die Informationsmenge sollte auf den Berichtsempfänger zugeschnitten sein, indem eine an die Hierarchiestufe des Berichtsempfängers angepasste Verdichtung der Informationen erfolgt. Dies ist um so leichter möglich, je enger der Adressatenkreis abgesteckt werden kann. Außerdem sollten unübersichtliche Zahlenkolonnen („Zahlenfriedhöfe") vermieden werden.

Der Inhalt sollte überschneidungsfrei sein, also keine Redundanzen aufweisen. Eine klare, schnörkellose Sprache, eine sachliche Darstellung und ein standardisierter, einheitlicher Aufbau der Berichte (**„Berichtdesign"**) erhöhen deren Akzeptanz ebenso wie grafische Darstellungen, durch die sich Informationen rascher erfassen lassen. Zur Übersichtlichkeit trägt bei, wenn vergleichbare Sachverhalte auch in identischer Weise dargestellt werden.

Zahlenwerte sollten immer in einen Zusammenhang gestellt werden; so lassen sich Daten durch die Angabe von Vergleichsgrößen (z. B. Plandaten, Abweichungen oder Vergangenheitsdaten) relativieren und damit besser beurteilen. Auf außergewöhnliche Sachverhalte und Besonderheiten ist ausdrücklich hinzuweisen.

Neben der Empfängerorientierung sollte das Berichtswesen die folgenden Anforderungen erfüllen:

- **Zielorientierung:** Berichte sollten sich stets an den Zielen des Unternehmens orientieren.

- **Ausgewogenheit:** Stets muss darauf geachtet werden, dass ein Bericht ausgewogen ist und die Wirklichkeit nicht verzerrt wiedergibt. Trotz aller Verdichtung dürfen weder die „Wahrheit" des Berichtes noch entscheidungsrelevante Informationen verloren gehen.

- **Kontinuität:** Berichte sollten vergleichbar sein, Begriffe sind einheitlich zu verwenden und zu definieren. Zur Kontinuität trägt auch ein einheitliches Berichtsdesign bei.

- **Aktualität:** Berichte sollten die größtmögliche Aktualität besitzen.

- **Wirtschaftlichkeit:** Der Aufwand für die Generierung von Zahlen und Berichten muss sich durch den entstehenden Nutzen rechtfertigen lassen.

2.6.4 Darstellungsformen

Die Darstellung der Berichtsinhalte kann verbal, tabellarisch oder grafisch erfolgen. Berichte in Textform sind umfangreich einsetzbar und nach wie vor weit verbreitet. Sie eignen sich zur Darstellung von qualitativen Informationen, d. h. von Informationen, die sich nicht in Zahlenform ausdrücken lassen. Um Texte aufzulockern und um die Verständlichkeit zu erhöhen, lassen sich gezielt Farben und Abbildungen einsetzen. Dabei sollte auf einen angemessenen Einsatz dieser Elemente geachtet werden, da ein übermäßiger Gebrauch die Informationsaufnahme behindern kann.

Quantitative Informationen lassen auch in tabellarischer oder grafischer Form darstellen. **Tabellen** bieten die Möglichkeit, präzise Informationen in hoher Dichte dazustellen. Durch Tabellenkalkulationsprogramme, die als Standardsoftware fast jedem EDV-Nutzer zur Verfügung stehen, ist die tabellarische Berichtsform in der Controllingpraxis weit verbreitet. Leider führen die weite Verbreitung und die einfache Handhabung nicht automatisch zu guten oder aussagekräftigen Controllingberichten. Falsch angewendet können Tabellen zu einer Informationsüberflutung führen, wenn ohne Verdichtung oder Aufbereitung lange Zahlenkolonnen zusammengestellt werden.

Hilfreich sind die Ergänzung um grafische Elemente wie Pfeile, die eine Entwicklungstendenz anzeigen, oder Ampeln, die mit den Farben einer Verkehrsampel auf unkritische („grüne"), kritische („orange") und sehr kritische („rote") Bereiche aufmerksam machen. Sie erleichtern das schnelle Erfassen von Problembereichen.

Abb. 2–17 zeigt einen **Bericht in tabellarischer Form,** der als Quartalsbericht zur Überwachung von Aufwendungen und Erträgen einer Abteilung eingesetzt werden kann. Dazu werden Einzeldaten zu Summenzeilen komprimiert, so dass nur entscheidungsrelevante Positionen aufgeführt sind. Neben den tatsächlich eingetretenen Ist-Größen (Spalte 2) enthält der Bericht eine Hochrechnung (Spalte 3) und die Plansätze (Spalte 4) für das Gesamtjahr sowie eine Abweichungsanalyse (Spalte 5 und 6).

2.6 Berichtswesen

Quartalsbericht I/2015

Position	Istwerte in € Erstes Quartal	Hochrechnung in € Gesamtjahr	Planansatz in € Gesamtjahr	Abweichungsanalyse: Hochrechnung zu Planansatz		Tendenz		
				absolut in €	in %	+	=	−
1	2	3	4	5	6			
Umsatzerlöse	14.965.765	59.863.060	59.000.000	863.060	1,5 %		⇧	
Bestandsveränderungen	74.567	298.268	300.000	− 1.732	− 0,6 %		⇧	
aktivierte Eigenleistungen	435.000	1.740.000	1.500.000	240.000	16,0 %	⇧		
Sonstige betriebliche Erträge	135.345	541.380	600.000	− 58.620	− 9,8 %			⇩
Betriebsertrag	**15.610.677**	**62.442.708**	**61.400.000**	**1.042.708**	**1,7 %**		⇧	
Bezogene Waren und Leistungen	2.690.765	10.763.060	11.000.000	− 236.940	− 2,2 %		⇧	
Roh-, Hilfs- und Betriebsstoffe	1.141.021	4.564.084	5.000.000	− 435.916	− 8,7 %	⇩		
Aufwendungen für Energie und Wasser	351.927	1.407.708	1.000.000	407.708	40,8 %			⇩
Aufwendungen für Fremdinstandhaltung	612.395	2.449.580	2.500.000	− 50.420	− 2,0 %		⇧	
Sonstige Aufwendungen	585.422	2.341.688	2.500.000	− 158.312	− 6,3 %	⇩		
Personalaufwand	8.921.322	35.685.288	33.400.000	2.285.288	6,8 %			
Löhne	2.940.423	11.761.692	11.000.000	761.692	6,9 %			⇩
Gehälter	3.738.007	14.952.028	14.000.000	952.028	6,8 %			⇩
Soziale Abgaben	2.203.882	8.815.528	8.250.000	565.528	6,9 %			⇩
Sonstige Personalaufwendungen	39.010	156.040	150.000	6.040	4,0 %			⇩
Abschreibungen	1.463.901	5.855.604	6.000.000	− 144.396	− 2,4 %		⇧ ⇧	
Sonstige betriebliche Aufwendungen	1.176.197	4.704.788	5.000.000	− 295.212	− 5,9 %	⇩		
Betriebsaufwand	**14.252.185**	**57.008.740**	**55.400.000**	**1.608.740**	**2,9 %**		⇧	
Betriebsergebnis	**1.358.492**	**5.433.968**	**6.000.000**	**− 566.032**	**− 9,4 %**			⇩

Abb. 2–17: Beispiel für einen tabellarischen Bericht

Zur Erhöhung der Übersichtlichkeit dienen in Abb. 2–17 drei Tendenz-Spalten: Durch ein Pfeilsymbol erkennt der Berichtsempfänger steigende, gleichbleibende (= Abweichungen zwischen –5 und 5 Prozent) und fallende Tendenzen. Dabei sind in der ersten Tendenzspalte für das Unternehmen positive (steigende Erträge bzw. sinkende Aufwendungen) und in der dritten Tendenzspalte negative Entwicklungen (sinkende Erträge bzw. steigende Aufwendungen) vermerkt. Der Berichtsempfänger sieht dadurch sofort, dass zu geringe betriebliche Erträge sowie steigende Energie- und Personalaufwendungen das Unternehmen belasten. Das Betriebsergebnis ist zwar positiv, erfüllt aber nicht die Planvorgaben. Anstelle der Pfeile können auch farbige Markierungen in Ampelfarben eingesetzt werden, um kritische bzw. unkritische Entwicklungstendenzen hervortreten zu lassen.

Um die Anschaulichkeit zu erhöhen werden quantitative Daten häufig grafisch aufbereitet. Durch Linien- oder Kurvendiagramme (Abb. 2–11 und 2–18) können Zeitverläufe transparent gemacht und Entwicklungstendenzen aufgezeigt werden. Balkendiagramme ermöglichen den Vergleich von Rangfolgen, Säulendiagramme dienen dem Zeitvergleich von Daten. Kreis- oder Tortendiagramme (vgl. Abb. 2–10) verdeutlichen die prozentuale Aufteilung einer Gesamtheit (z. B. Kosten- oder Marktanteile oder Sitze in einem Parlament). Dem Vorteil des schnelleren Erfassens steht bei grafischen Darstellungen die Gefahr gegenüber, dass Informationen durch eine zu starke Verdichtung verfälscht werden. Außerdem sind nicht alle Darstellungsformen hilfreich: So tragen dreidimensionale Diagramme, die insbesondere bei Präsentationen häufig eingesetzt werden, meist nicht zur Klarheit der Darstellung bei.

Gute Berichte sollen eine schnelle, unverzerrte Informationsaufnahme ermöglichen. Dass dies nicht immer so umgesetzt wird zeigen die Diagramme in Abb. 2–18: Durch Veränderungen bei der Achsenskalierung oder das Abschneiden von Diagrammachsen wird die Aussage eines Diagramms stark beeinflusst.

Alle Diagramme in Abb. 2–18 basieren auf derselben Zahlenreihe, doch durch die Dehnung oder Verkürzung der Achsen scheinen sie unterschiedliche Sachverhalte darzustellen: Das Kurvendiagramm A

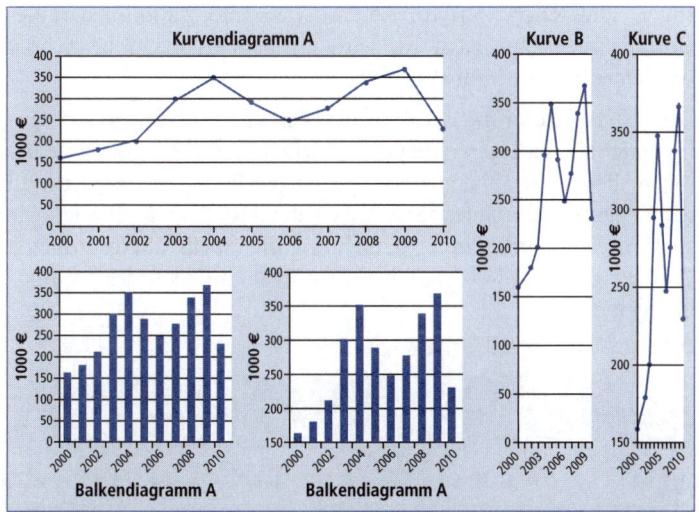

Abb. 2–18: Auswirkung der Achsenskalierung bei Diagrammdarstellungen (in allen Diagrammen ist dieselbe Zahlenreihe dargestellt!)

zeigt einen gemächlichen Verlauf; durch eine Stauchung der x-Achse und eine Streckung der y-Achse erscheint die Kurve B dramatischer. Eine weitere Steigerung der Dramatik der Kurvenausschläge erfolgt, wenn bei der y-Achse die niedrigen Skalenwerte weggelassen werden (Kurve C). Der gleiche Effekt kann auch bei Balkendiagrammen zum Einsatz kommen: Beim Balkendiagramm A beginnt die y-Skala bei Null, beim Diagramm B erst beim Wert von 150.000 €, so dass der Anstieg über die Jahre viel eindrucksvoller wirkt. Der Effekt der Skalenverkürzung wird bei Kurven- und Balkendiagrammen durch die Medien häufig eingesetzt und nimmt dort teilweise einen manipulativen Charakter an.

2.6.5 Berichtssysteme

In den meisten Unternehmen wird eine Vielzahl von Berichten erstellt und weitergeleitet. Um eine Ordnung in diese Berichtsflut zu bekommen, sollte eine Strukturierung der Berichte erfolgen, die zugleich den Planungs- und Kontrollprozess des Unternehmens unterstützt. Eine solche Struktur, die an den Informationsbedarf des Unternehmens angepasst ist, wird als Berichtssystem bezeichnet (vgl. *Horváth*, Controlling, S. 537).

Bei der Strukturierung des Berichtssystems ist festzulegen, wie häufig Berichte vorgelegt werden und welchen Verdichtungsgrad sie besitzen. Beides ist abhängig vom jeweiligen Berichtsadressaten und der Organisationsebene, der er zuzuordnen ist. Abb. 2–19 zeigt, wie aus Einzelberichten durch Verdichtung die jeweils übergeordneten Berichte generiert werden. Dies kann organisations- oder produktbezogen erfolgen.

Abb. 2–19: Pyramidenförmiges Berichtssystem

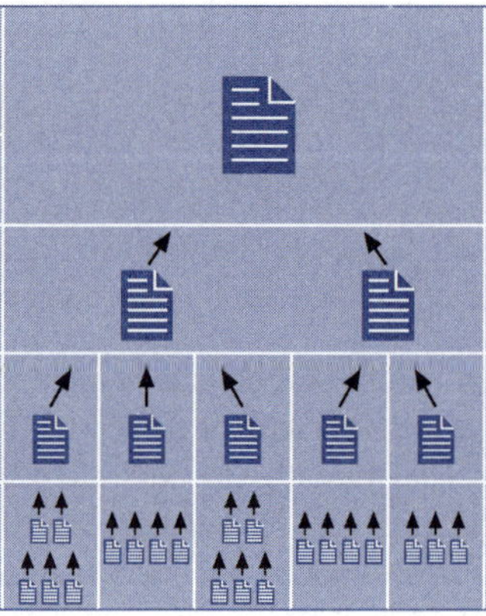

Verdichtungsebene		Verdichtungsgrad	Üblicher Vorlageturnus
Gesamtunternehmen		Hoch	quartalsweise bis jährlich
Unternehmens- oder Produktbereiche		Mittel	monatlich bis quartalsweise
Abteilungen (oder Produktgruppen)		Niedrig	monatlich
Kostenstellen (oder Produkte)		Gering	wöchentlich bis monatlich

In der Praxis leiden Berichtssysteme häufig darunter, dass keine informationsbedarfsgerechte Verdichtung erfolgt, so dass die Berichtsempfänger unter der bereits mehrfach beklagten Informationsüberflutung leiden.

BEISPIEL Berichtssystem (vgl. Abb. 2–19): Für die unterste Managementebene (z. B. einen Kostenstellenleiter) sind einfache (Istdaten-)Berichte mit einer niedrigen Verdichtung, dafür aber mit einer hohen Vorlagefrequenz (z. B. wöchentlich) sinnvoll. Bei einer mittleren Managementebene (z. B. der Abteilungsleitung) sind alle Daten der unterstellten Organisationseinheiten (z. B. aller Kostenstellen) zu berücksichtigen. Um eine Informationsüberflutung zu vermeiden, sind die Daten angemessen zu verdichten und außerdem nur einmal im Monat vorzulegen. In den Berichten für das obere Management (z. B. Bereichsleitung) nehmen die zu berücksichtigenden Daten, aber auch deren Verdichtung zu. Die Berichte werden quartalsweise vorgelegt. Das Top-Management (d. h. die Unternehmensleitung) erhält schließlich quartalsweise, halbjährlich oder sogar nur jährlich hochaggregierte Berichte.

2.6.6 Data Warehouse

Einen festen Bestandteil des betrieblichen Berichtswesens bilden EDV-gestützte Informationssysteme. Eine spezielle Ausprägungsform eines derartigen Systems stellt das **Data Warehouse** dar, das auch als Business Warehouse oder als Business-Intelligence-System bezeichnet wird.

Das Data Warehouse hat die Aufgabe, Daten und Informationen, die in einem Unternehmen in verschiedener Form vorliegen, zu sammeln und zu strukturieren, so dass sie als Wissensgrundlage für Entscheidungen dienen können. Ein Data-Warehouse-System kann nicht als fertige Standardlösung erworben werden; es ist unternehmensindividuell meist unter Hinzuziehung eines Beratungsunternehmens zu konfigurieren. Hauptaufwand beim Aufbau eines Data-Warehouse-Systems ist die Zusammenführung und Transformation der verschiedenartigen Datenquellen sowie die Festlegung der Zugriffswege auf diese Daten.

Damit tiefergehende Analysen möglich sind, muss ein Data-Warehouse-System nicht nur auf aktuelle Daten, sondern auch auf Zeitreihen von Daten zurückgreifen können. Zur Erhöhung der Flexibilität und der Zugriffsgeschwindigkeit werden häufig die Daten für spezifische Anforderungen (z. B. einer Fachabteilung) separat gespeichert, so dass nicht ein Zugriff auf das gesamte Data Warehouse, sondern nur auf einen Teilbereich erfolgen muss.

Ein Data-Warehouse-System bietet neben traditionellen Analysen auch die Möglichkeit einer multidimensionalen Auswertung, indem durch das „Data-Mining-Verfahren" (Verhaltens-)Muster aufgespürt und ausgewertet werden (vgl. *Hess*, IT-Basics für Controller, S. 69 ff.). Dadurch können sich völlig neue Erkenntnisse ergeben.

Beispielsweise lässt sich auswerten, welche Produkte von Kunden häufig gemeinsam erworben werden. Daraus lassen sich Rückschlüsse für die Werbung, die Produktpräsentation oder die Anordnung der Waren im Ladenlokal ziehen.

2.6.7 Geschäfts- oder Businessplan

Eine spezielle Form eines Berichts ist der Geschäfts- oder Businessplan. Er wird erstellt, wenn ein neues Unternehmen gegründet, ein bestehendes Unternehmen erweitert, neue Produkte eingeführt oder größere Investitionen getätigt werden sollen.

Der Geschäftsplan soll potentielle Geldgeber über das geplante Vorhaben informieren, so dass Ziele, Umsetzungsstrategien, Chancen und Risiken transparent werden. Außerdem soll er für das Vorhaben werben. Der Geschäftsplan erleichtert die Beurteilung der Durchführbarkeit eines Projektes und zeigt den Finanzbedarf auf. Bereits der Erstellungsprozess führt zu einer intensiven Beschäftigung mit dem Vorhaben, zum Durchdenken und zum Weiterentwickeln der Geschäftsidee. Zudem verdeutlicht er kritische Bereiche. Spätestens der fertige Geschäftsplan wird zu einem Controlling-Instrument, denn er kann als Soll-Vorgabe genutzt werden, die eine Kontrolle des Umsetzungsprozesses ermöglicht.

Ein Geschäftsplan sollte übersichtlich gegliedert sein. Er setzt sich üblicherweise aus folgenden Bestandteilen zusammen (vgl. *Ottersbach*, Businessplan, S. 27 ff.):

- **Zusammenfassung** („Executive Summary"): Normalerweise steht eine Zusammenfassung am Schluss, doch beim Geschäftsplan wird sie an den Anfang der Ausführungen gestellt, um dem Leser einen raschen Überblick zu ermöglichen und um bei ihm Interesse für das Vorhaben zu wecken. Die Zusammenfassung sollte einen Umfang von maximal zwei Seiten besitzen.
- Erläuterung der **Geschäfts- oder Produktidee**. Was ist das Besondere, das Neue, das Einmalige? Was sind die drei größten Chancen, welches sind die drei größten Risiken des Vorhabens und wie werden diese bewältigt?

- **Gründerteam**: Qualifikationen, Berufserfahrung, Stärken und Schwächen der Projektakteure. Ist kaufmännisches Know-how vorhanden? Wie sollen erkennbare Defizite behoben werden?
- **Marktsituation**: An welchen Kundenkreis richtet sich das Angebot, welche Konkurrenten gibt es? Welche Stärken und Schwächen besitzt das eigene Unternehmen, welche die Konkurrenten?
- **Marketingplan**: Welche Preispolitik ist geplant, welche Überlegungen bestehen bezüglich der Werbe- und der Vertriebsstrategie?
- **Organisation**: Vorstellung der Organisation des Unternehmens und der geplanten Abläufe von Beschaffung, Produktion und Absatz. Bei Neugründungen sind auch Strategien zur Mitarbeitergewinnung zu erläutern. Welche Rechtsform soll gewählt werden?
- **Finanzplan**: Wie hoch ist der Kapitalbedarf, wie viel Eigenkapital steht zur Verfügung, wie viel Fremdkapital muss eingeworben werden? Welche Sicherheiten (z. B. Immobilienbesitz) können gestellt werden? Gibt es Finanzierungsalternativen? Mit welchen monatlichen Kosten ist zu rechnen, wie sieht die Kostenstruktur (fixe und variable Kosten) des Vorhabens aus? Wie sieht die Erlös-, wie die Liquiditätsplanung aus? Welche Liquiditätsreserven bestehen?

Der Umfang eines Geschäftsplans ergibt sich aus der Komplexität des Vorhabens und dem benötigten Finanzvolumen: So kann ein Geschäftsplan zur Gründung eines kleinen Einzelhandelsunternehmens mit einem Umfang von zehn Seiten auskommen, doch eine Seitenzahl von 50 sollte auch bei komplexen Projekten nicht überschritten werden.

Unterstützung bei der Aufstellung von Geschäftsplänen bieten Industrie- und Handelskammern, aber auch die Wirtschaftsministerien des Bundes und der Länder.

2. KAPITEL Instrumente zur Informationsversorgung

Literaturempfehlungen zu Kapitel 2:
Horváth, Péter: Controlling. 12. Auflage. München: Vahlen 2011.
Reichmann, Thomas: Controlling mit Kennzahlen. 8. Auflage. München: Vahlen 2011.
Schultz, Volker: Basiswissen Rechnungswesen. Buchführung, Bilanzierung, Kostenrechnung, Controlling. 7. Auflage. München: dtv 2014.
Schweitzer, Marcell; Küpper, Hans-Ulrich: Systeme der Kosten- und Erlösrechnung. 10. Auflage. München: Vahlen 2011.

Speziell zu Kap. 2.5:
Pepels, Werner: Expert Praxislexikon Betriebswirtschaftliche Kennzahlen. 2. Auflage. Renningen: Expert 2008.

3. Kapitel

Operative Planungs- und Kontroll-Instrumente

Operative Planung und operative Kontrolle zählen zu den Kernaufgaben und zum „Alltagsgeschäft" des Controllings. Folglich zählen alle in diesem Kapitel vorgestellten Verfahren zum **Controlling-Standardinstrumentarium.**

Ob ein Controller diese Instrumente selbst einsetzt oder ob er lediglich die Verfahren pflegt und deren korrekten Einsatz koordiniert wird in der Unternehmenspraxis sehr unterschiedlich gehandhabt. Insbesondere Planungsaufgaben sind häufig speziellen Abteilungen oder Stabsstellen übertragen. Dennoch bilden Planung und Kontrolle zwei eng miteinander verknüpfte Aufgabenbereiche (vgl. Kap. 1.2): Die Planung liefert die Vorgabewerte (sog. Soll-Größen, z. B. in Form von Plankosten oder Preisen), deren Einhaltung durch die Kontrolle über die ermittelten Ist-Größen überprüft wird. So ist die Kontrolle auf die Planung angewiesen; andererseits erhält die Planung erst durch die Kontrolle ihren Sinn: Denn wenn niemand die Planvorgaben beachtet bzw. deren Einhaltung überwacht, sind Planungen überflüssig.

In diesem Kapitel werden zunächst grundlegende Verfahren zur Festlegung von Soll-Größen vorgestellt, deren Einsatz abhängig vom vorliegenden Informationsstand ist (Kap. 3.1). Die Planung von Kosten und deren Verrechnung werden durch die **Plankostenrechnung** (Kap. 3.2) und **Deckungsbeitragsrechnung** (3.3) unterstützt. Der Bewertung und damit der Beurteilung von Investitionsvorhaben dienen die Verfahren der **Investitionsrechnung** (Kap. 3.4), während die

Budgetierungsverfahren (Kap. 3.5) zum Festlegung von Sollvorgaben in Form von Budgets eingesetzt werden. Die Vorstellung von operativen **Kontrollinstrumenten** (Kap. 3.6) schließt das Kapitel ab.

3.1 Sollgrößenbestimmung

Eine Kontrolle kann nur durchgeführt werden, wenn ein Maßstab oder eine Vorgabegröße vorliegt, deren Zielerreichung überprüft werden kann. Dieser Vorgabewert wird als **Soll-Größe** bezeichnet. Als Soll-Größen können die geplanten Produktions- oder Absatzmengen, Kosten, Preise oder Umsatzzahlen dienen.

Im Rahmen des Controllings spielen Kosten und Preise als Soll-Vorgaben eine wichtige Rolle. Diese Größen lassen sich schätzen, berechnen oder kalkulieren. Welches Verfahren eingesetzt wird hängt vom vorliegenden Informationsstand ab.

3.1.1 Schätzung

Bei neuartigen Produkten im Bereich der Einzelfertigung oder bei Projekten ist es schwierig, in frühen Planungsphasen die voraussichtlichen Kosten zu ermitteln. Da technische Zeichnungen oder Stücklisten, die Grundlage einer Kostenermittlung sein könnten, noch nicht vorliegen, versagen herkömmliche Planungs- oder Kalkulationsverfahren. Dennoch müssen für die notwendigen Entscheidungsprozesse (wie z. B. die Angebotserstellung) Kosteninformationen zur Verfügung stehen. In späteren Planungsphasen werden die zur Verfügung stehenden Unterlagen genauer, so dass geplant werden kann.

Eine Kostenschätzung ist die ungenaueste Kostenermittlungsmethode, die lediglich eine überschlägige Ermittlung der Kosten in frühen Projektphasen ermöglicht. Für die Kostenermittlung stehen im Regelfall nur Bedarfsangaben und erste Planungsskizzen zur Verfügung. Daher dürfen bei Kostenschätzungen noch deutliche Abweichungen (± 18 Prozent) im Vergleich zu den tatsächlichen Kosten auftreten.

3.1 Sollgrößenbestimmung

Für Kostenschätzungen werden in der Praxis sehr unterschiedliche Verfahren eingesetzt:

- **Subjektive Beurteilungsverfahren** versuchen das Erfahrungswissen von Experten zu nutzen. Dazu werden Befragungsmethoden, Konferenztechniken, aber auch Prognose-Instrumente wie die Delphi-Methode (vgl. Kap. 6.2) eingesetzt.

- Bei den **Kennzahlenverfahren** wird das vorhandene Erfahrungswissen zu Kenngrößen verdichtet, mit denen dann die Schätzung der Kosten erfolgt. Liegt nur eine einzige Bezugsgröße vor, sind die Schätzungen sehr ungenau, insbesondere dann, wenn mit diesen Verfahren eine pauschale Kostenschätzung für das gesamte Projekt durchgeführt wird. Eine derartige Methode ist das **Kilokostenverfahren,** bei dem das voraussichtliche Gewicht eines Erzeugnisses abgeschätzt und daraus durch Multiplikation mit einem aus früheren Projekten ermittelten „Kilokostensatz" die voraussichtlichen Gesamtkosten errechnet werden.

  Es ist jedoch auch möglich, das Projekt in Komponenten aufzuteilen und für jede Komponente eine Teilschätzung mit einer eigenen Bezugsgröße durchzuführen (sog. Bauelementverfahren).

- **Verhältnisverfahren** basieren auf der Annahme, dass bei ähnlichen Projekten das Verhältnis zwischen bestimmten Projektphasen oder zwischen bestimmten Kostenarten konstant ist. Somit sind lediglich die Kosten für eine bestimmte Phase oder eine Kostenart genauer zu ermitteln; die Gesamtkosten können dann hochgerechnet werden.

- Beim **Adaptionsverfahren** werden Referenzprojekte („Vergleichsprojekte") aus einem vorhandenen Bestand ermittelt und deren Kosten an die Gegebenheiten des abzuschätzenden Projektes angepasst.

Ausführliche Informationen zu den einzelnen Kostenschätzverfahren finden sich bei *Schultz*, Projektkostenschätzung, S. 79 ff.

3.1.2 Berechnung

Wesentlich höhere Anforderungen an die zur Verfügung stehenden Informationen weisen **Gleichungen** und **Gleichungssysteme** auf, mit denen sich Sollgrößen berechnen lassen.

Eine Gleichung kann über das Regressionsverfahren bestimmt werden. Hierbei wird durch eine Vielzahl von Beobachtungswerten eine Gerade nach der Methode der kleinsten Quadrate gelegt (vgl. Abb. 3–1). Die Beobachtungswerte spiegeln die Kosten, die bei bestimmten Ausbringungsmengen vorgelegen haben, wider.

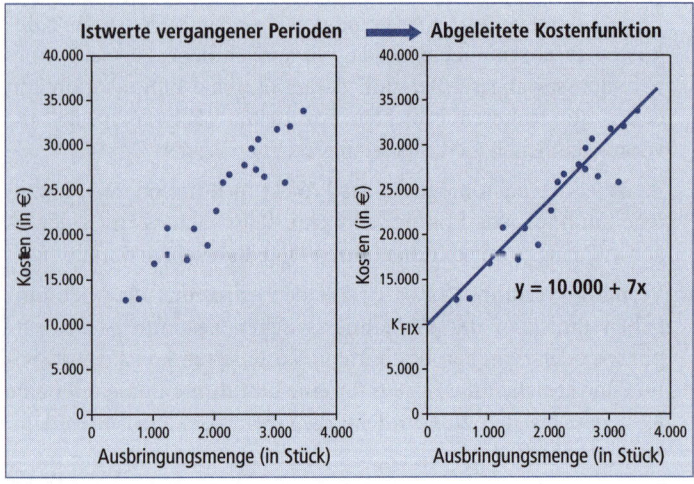

Abb. 3–1: Ermittlung einer Kostenfunktion

Ein anderer, aber wesentlich ungenauerer Weg, um eine Gleichung zu ermitteln, ist das mathematische Verfahren (sog. Differenzen-Quotienten-Verfahren). Hierbei wird eine lineare Kostenfunktion K(x) aus lediglich zwei Stützwerten (Kosten bei unterschiedlichen Ausbringungsmengen) errechnet.

Die Geradengleichung besitzt bei beiden Ermittlungsvarianten die folgende Form:

$K(x) = K_{FIX} + k_{VAR} \cdot x$

3.1 Sollgrößenbestimmung

In dieser Gleichung, die auch als Sollkostenfunktion bezeichnet wird, stellt x die Ausbringungsmenge dar. Die Fixkosten K_{FIX} sind diejenigen Kosten, die auch anfallen, wenn keine Produktion erfolgt. Daher ergeben sich die Fixkosten aus der Gleichung, wenn für die Ausbringungsmenge x der Wert Null eingesetzt wird. k_{VAR} stellen die variablen Stückkosten dar, die direkt von der Ausbringungsmenge abhängig sind. Mit Kostenfunktionen lassen sich für jede beliebige Ausbringungsmenge die anfallenden Kosten berechnen, die dann als Sollgröße im Rahmen von Kontrollprozessen eingesetzt werden können. Insbesondere bei der Plankostenrechnung (vgl. Kap. 3.2) spielen derartige Funktionen eine wichtige Rolle.

Lineare Gleichungen werden eingesetzt, weil sie einfach anzuwenden sind. In der Realität sind Kostenverläufe jedoch oft nichtlinear. Doch der Mehraufwand, der für die Bestimmung nichtlinearer Gleichungen erforderlich ist, rentiert sich in den wenigsten Fällen.

Neben unternehmensspezifischen Gleichungen und Gleichungssystemen bestehen auch Systeme, die unternehmensübergreifend eingesetzt werden können. Ihre Erstellung setzt den Rückgriff auf Daten von einer großen Anzahl von vergleichbaren Projekten aus einem eng abgrenzbaren Anwendungsbereich voraus. Für spezielle Anwendungsbereiche existieren ausgebaute Systeme wie das für die Ermittlung von Softwareentwicklungskosten geschaffene **Co**nstructive-**Co**st-**Mo**dell (abgekürzt COCOMO) oder das ursprünglich für Geräte im Bereich Luft- und Raumfahrttechnik entwickelte System „**P**rogrammed **R**eview of **I**nformation for **C**osting and **E**valuation", das unter der Abkürzung PRICE bekannt ist (vgl. dazu *Schultz*, Projektkostenschätzung, S. 139 ff.).

3.1.3 Kalkulation

Die Kalkulation oder Kostenträgerstückrechnung ist ein Bestandteil der Kostenrechnung (vgl. Kap. 2.3), dient aber unmittelbar der Bestimmung von Sollkosten und wird daher in diesem Kapitel vorgestellt. Die Kalkulation hat die Aufgabe, die angefallenen Kosten auf die sog. „Kostenträger" möglichst verursachungsgerecht zu verteilen und anschließend die **Kosten je Mengeneinheit** („Stückkosten") zu ermitteln. **Kostenträger** sind die für den Absatz bestimmten Leistungen des Unternehmens, also die Produkte oder die Dienstleistungen.

Materialeinzelkosten	Material-kosten	Herstell-kosten	Selbst-kosten
Materialgemeinkosten			
Fertigungseinzelkosten	Fertigungs-kosten		
Fertigungsgemeinkosten			
Sondereinzelkosten der Fertigung			
Verwaltungsgemeinkosten			
Vertriebsgemeinkosten			
Sondereinzelkosten des Vertriebs			

Abb. 3–2: Herstellkosten und Selbstkosten

Die Kosten, die zur Herstellung eines Kostenträgers erforderlich sind, bezeichnet man als **Herstellkosten**. Bezieht man zusätzlich auch Verwaltungs- und Vertriebskosten mit ein, erhält man die **Selbstkosten**. Die einzelnen Komponenten sind in Abb. 3–2 zusammengestellt.

Die Ergebnisse der Kalkulation bilden Grundlage für **preis- und programmpolitische Entscheidungen** des Unternehmens sowie für weitergehende Analysen im Rahmen des Controllings.

Nach dem Zeitpunkt, zu dem die Kalkulation durchgeführt wird, kann man Vor-, Zwischen- und Nachkalkulationen unterscheiden. Während die Zwischen- und die Nachkalkulation auf tatsächlich eingetretene Ist-Kosten zurückgreift, sind bei der Vorkalkulation Planwerte anzusetzen. Ggf. muss sogar auf Schätzungen zurückgegriffen werden (vgl. dazu Kap. 3.1.1).

Zur Durchführung der Kalkulation stehen verschiedene Verfahren zur Verfügung. Die Auswahl des Verfahrens ist im Wesentlichen von den Produktionsverhältnissen (Organisation des Produktionsprozesses, Produktionsprogramm) abhängig. So benötigen Dienstleistungsunternehmen völlig andere Verfahren als Unternehmen des Maschinenbaus. Die wichtigsten Verfahren werden im Folgenden nur kurz erwähnt. Eine ausführlichere Erläuterung mit Beispielen findet sich bei *Schultz*, Basiswissen Rechnungswesen, S. 163 ff.

3.1.3.1 Zuschlagskalkulation

Die Zuschlagskalkulation wird in Unternehmen mit Einzel- oder Serienproduktion eingesetzt. Bei der Einzelfertigung wird jedes Produkt individuell, im Regelfall auf Bestellung, erstellt. Dies ist im Anlagenbau (z. B. Großschiffbau), aber auch im mittelständischen Bereich (z. B. bei Maßschneidereien) der Fall. Werden gleichartige Produkte neben- oder nacheinander in einer bestimmten Stückzahl (Artikelserie) hergestellt, spricht man von Serienproduktion (z. B. Autoindustrie).

Die Zuschlagskalkulation basiert auf der Aufspaltung der Kosten in Einzel- und Gemeinkosten. Die Bestimmung der Produktstückkosten vollzieht sich in mehreren Stufen:

Zunächst ist für jede Kostenstelle ein **Zuschlagssatz** zu ermitteln, der sich durch Division der gesamten Gemeinkosten einer Kostenstelle durch eine Bezugsgröße (z. B. Einzelkosten) ergibt. Ein Zuschlagssatz errechnet sich nach folgender Gleichung:

$$\text{Zuschlagssatz} = \frac{\Sigma \,(\text{Gemeinkosten})}{\text{Bezugsgröße}}$$

Als Bezugsgröße werden Einzelkosten (Lohneinzelkosten, Materialeinzelkosten), Fertigungszeiten, Maschinenlaufzeiten oder auch die Herstellkosten verwendet.

Anschließend können mit diesem Zuschlagssatz und der „Stück-Bezugsgröße" (z. B. Stückeinzelkosten) die **Stückgemeinkosten** eines Produktes errechnet werden.

Die Herstell- und die Selbstkosten des Produktes ergeben sich durch Addition der Einzel- und Gemeinkosten gemäß Abb. 3–1: Zunächst werden die Herstellkosten ermittelt, die sich aus den beiden Komponenten Materialkosten und Fertigungskosten zusammensetzen. Aus Herstellkosten und den Verwaltungs- und Vertriebskosten errechnen sich anschließend die **Selbstkosten.**

Bei der differenzierenden Zuschlagskalkulation werden die Gemeinkosten in mehrere Bereiche (Material, Fertigung, Verwaltung, Vertrieb) aufgespalten („differenziert") und dann über mehrere Zuschlagssätze auf den Kostenträger verteilt. Um eine derartige Differenzierung vornehmen zu können, ist eine ausgebaute Kostenstellenrechnung erforderlich. Die Zuschlagskalkulation ist zwar aufwendig, führt aber zu relativ genauen Ergebnissen.

> **BEISPIEL zur Zuschlagskalkulation:** In einer Fertigungskostenstelle fallen in einer Periode Gemeinkosten in Höhe von 300.000 € an. Als Fertigungseinzelkosten werden 400.000 € verrechnet. In der Materialkostenstelle fallen in der gleichen Periode Gemeinkosten von 150.000 € und Materialeinzelkosten von 600.000 € an.
> Welcher Gemeinkostenanteil ist einem Produkt P zuzurechnen, für das in dieser Fertigungskostenstelle 15,– €/Stück an Fertigungseinzelkosten und Materialeinzelkosten in Höhe von 20,– €/Stück anfallen? Wie hoch sind die Herstellkosten?
> **Lösung:** Zunächst sind die Zuschlagssätze der beteiligten Kostenstellen zu berechnen. Die Fertigungskostenstelle hat einen Zuschlagssatz von 300.000/400.000 = 75 %, die Materialkostenstelle von 150.000/600.000 = 25 %.
> Mit den Zuschlagssätzen lassen sich über die Stück-Einzelkosten die zuzurechnenden Stückgemeinkosten des Produkts P bestimmen:
> Stückgemeinkosten Fertigung = 15,– €/Stück · 75 % = 11,25 €/Stück
> Stückgemeinkosten Material = 20,– €/Stück · 25 % = 5,– €/Stück
> Damit betragen für das Produkt P die Fertigungskosten (15 + 11,25) € = 26,25 €, die Materialkosten (20 + 5) € = 25 € und die Herstellkosten (falls keine weiteren Kostenstellen an der Fertigung beteiligt sind): (26,25 + 25) € = 51,25 €.

3.1.3.2 Maschinenstundensatzkalkulation

Die Maschinenstundensatzkalkulation ist eine Variante der Zuschlagskalkulation, bei der die Kostenstellen weiter in Abrechnungsbereiche („Kostenplätze") unterteilt werden, um zu möglichst verursachungsgerechten Zuschlagssätzen zu kommen. Dies ist insbesondere dann sinnvoll, wenn in einer Kostenstelle sehr unterschiedliche Produktionsmaschinen eingesetzt werden.

Dazu wird für jede Maschine ein **Maschinenstundensatz** ermittelt, der die Kosten pro Maschinenlaufstunde widerspiegelt. In den Maschinenstundensatz gehen sämtliche maschinenabhängigen Gemeinkosten wie Abschreibung, Energiekosten (Strom), Raumbedarf und Instandhaltung ein.

> **BEISPIEL zur Maschinenstundensatzkalkulation:** In der Kostenstelle „Dreherei" fallen in einer Periode Gemeinkosten in Höhe von 80.000 € an. Davon können einer Drehmaschine maschinenabhängige Gemeinkosten in Höhe von 30.000 € zugerechnet werden. Die Drehmaschine läuft in einer Periode etwa 1.500 Stunden. Wie lautet der Maschinenstundensatz, welche Kosten sind einem Produkt P zuzurechnen, das 30 Minuten auf der Drehmaschine bearbeitet wird?
> **Lösung:** Maschinenstundensatz: 30.000 €/1.500 h = 20,- €/h
> Kostenanteil Produkt P: 20,- €/h · 0,5 h = 10,- €

Bei Anwendung der Maschinenstundensatzkalkulation werden die Gemeinkosten der Kostenstelle um die maschinenabhängigen Gemeinkosten entlastet. Eventuell verbleibende Restkosten, die keiner Maschine zugeordnet werden können, lassen sich als Zuschlag auf die Fertigungslöhne verrechnen.

3.1.3.3 Divisionskalkulation

Die Divisionskalkulation ist das einfachste Kalkulationsverfahren. Sie wird eingesetzt, wenn ein einheitliches Produkt in großer Stückzahl, meist in **Massenfertigung,** hergestellt wird.

Das **Grundprinzip** der Divisionskalkulation basiert darauf, dass die gesamten Kosten durch die erstellten Leistungen dividiert werden. Es gilt also:

$$\text{Stück-Selbstkosten} = \frac{\text{Gesamte Kosten}}{\text{Produktionsmenge}}$$

Die Divisionskalkulation kann für eine Produktionsstufe (einstufige Divisionskalkulation), aber auch für mehrere hintereinandergeschaltete Produktionsstufen (mehrstufige Divisionskalkulation) angewandt werden.

> **BEISPIEL zur einstufigen Divisionskalkulation:** In einem kleinen Kraftwerk fallen in einer Periode Gesamtkosten in Höhe von 280.000 € an. Es werden 3.500.000 kWh Energie erzeugt. Wie hoch sind die Selbstkosten pro Kilowattstunde (kWh)?
> Lösung: 280.000 €/3,5 Mio. kWh = 0,08 €/kWh

3.1.3.4 Prozesskostenrechnung

Die Prozesskostenrechnung stellt eine Ergänzung der bestehenden Kostenrechnungsinstrumente dar, durch die eine detaillierte Betrachtung der Gemeinkostenbereiche gefördert und damit deren Kostentransparenz erhöht wird. Vor allem für den Dienstleistungsbereich, in dem keine oder nur geringe Einzelkosten anfallen, erscheint die Prozesskostenrechnung ein interessantes Kalkulationsinstrument. Auch im industriellen Bereich lässt sich die Prozesskostenrechnung bei der Ermittlung der Herstellkosten zur Unterstützung der traditionellen Verfahren nutzen.

Die Prozesskostenrechnung wurde um 1985 unter den Bezeichnungen „Activity Based Costing" bzw. „Transaction Costing" in den USA entwickelt. Anlass für die Entwicklung des Verfahrens bildete der ständige Anstieg der Gemeinkosten in den vorangegangenen Jahrzehnten, der durch die zunehmende Automatisierung der Fertigung und die wachsende Bedeutung von indirekten Leistungsbereichen (z. B. Forschung und Entwicklung, Logistik, Controlling) verursacht wird.

Der Prozesskostenrechnung liegt die Annahme zugrunde, dass bei bestimmten Aktivitäten (insbesondere im Verwaltungsbereich) die Kosten unabhängig von der Höhe traditioneller Zuschlagsbasen (wie Materialeinzelkosten, Lohneinzelkosten) sind und somit neue Verteilungsgrundlagen gesucht werden müssen. Bei der Prozesskostenrechnung wird zur Kostenverteilung von einem **Festbetrag pro Einzelaktivität** ausgegangen, da letztlich für jeden Auftrag die gleiche Arbeitskapazität benötigt wird. Dieser sogenannte **Prozesskostensatz** stellt die durchschnittlichen Kosten für die einmalige Durchführung eines Prozesses dar. Je nach betrachtetem Prozess können dies z. B. die Kosten für das Schreiben einer Rechnung oder die Kontrolle des Wareneingangs sein.

3.1 Sollgrößenbestimmung

Durch die Anwendung des Prozesskostensatzes wird jeder Auftrag in gleicher Höhe belastet. Diese Verrechnung ist zwar verursachungsgerechter, führt jedoch im Vergleich zur Zuschlagskalkulation zu einer stärkeren Gemeinkostenbelastung für kleinere Aufträge. Sie können durch die hohe Prozesskostenbelastung ggf. unrentabel werden.

Die Prozesskostenrechnung lässt sich in folgende vier Schritte unterteilen:

(a) **Prozessanalyse:** Im Rahmen einer Prozessanalyse werden die in den Gemeinkostenbereichen ablaufenden typischen Prozesse (Tätigkeiten) herausgearbeitet. Innerhalb einer Kostenstelle laufen im Regelfall mehrere Teilprozesse ab. In der Kostenstelle „Einkauf" können verschiedene Bereiche wie z. B. „Einkauf Rohstoffe", „Einkauf Zukaufteile" oder „Einkauf Handelswaren" unterschieden werden. Jedem Teilprozess werden die von ihm verursachten Kosten zugeordnet.

(b) **Kostentreiberermittlung (Maßgrößenbestimmung):** Als Bezugsgröße wird ein sogenannter **„Kostentreiber"** (cost driver) bestimmt, der die Inanspruchnahme der Leistung abbildet. Für die Abteilung „Einkauf" lässt sich als Kostentreiber beispielsweise die Anzahl der Bestellvorgänge heranziehen. Für jeden Kostentreiber ist dessen Mengenausprägung (Prozessmenge) zu bestimmen. Die Erfassung der Prozessmengen kann einen erheblichen Mehraufwand verursachen, da diese Größen im Regelfall in der traditionellen Kostenrechnung nicht berücksichtigt werden.

(c) **Prozesskostensatz:** Berechnung des Prozesskostensatzes über die Gleichung:

$$\text{Prozesskostensatz} = \frac{\text{geplante Prozesskosten}}{\text{geplante Prozessmenge}}$$

(d) **Prozesskostenkalkulation:** Zur Zurechnung der Prozesskosten auf einen einzelnen Kostenträger (Produkt) muss neben dem Prozesskostensatz auch die von der Prozesskostenart in Anspruch genommene Menge bekannt sein. Dieser Sachverhalt wird durch den **Prozesskoeffizienten** abgebildet, der angibt, welche Prozessmenge für ein einzelnes Produkt benötigt wird.

> **BEISPIEL zur Kalkulation mit der Prozesskostenrechnung:** In der Kostenstelle „Einkauf" eines Unternehmens fallen Gemeinkosten in Höhe von 32.000 € an.
>
> **(a) Prozessanalyse:** Es sind insgesamt vier Mitarbeiter beschäftigt, wobei ein Mitarbeiter den Einkauf Rohstoffe betreut und drei Mitarbeiter Zukaufteile beschaffen. Als Prozesse können somit der „Einkauf Rohstoffe" und der „Einkauf Zukaufteile" unterschieden werden, denen die Gemeinkosten nach der Personalaufteilung im Verhältnis eins zu drei zugeordnet werden, d. h. K_R = 8.000 €, K_Z = 24.000 €.
>
> **(b) Kostentreiber:** Als Bezugsgröße wird für jeden der beiden Prozesse die Anzahl der bearbeiteten Bestellungen festgelegt. Die Prozessmengen betragen B_R = 3.200 Bestellungen und B_Z = 12.000 Bestellungen.
>
> **(c) Prozesskostensatz:**
> PKS_R = 8.000 €/3.200 Bestellungen = 2,50 €/Bestellung
> PKS_Z = 24.000 €/12.000 Bestellungen = 2,– €/Bestellung
>
> **(d) Kalkulation des Einkauf-Gemeinkostenanteils von Produkt A:**
> Aus den Fertigungsunterlagen kann entnommen werden, dass für ein Produkt A vier Rohstoffe und acht Zukaufteile benötigt werden.
> GK_A = (2,5 · 4 + 2 · 8) €/Stück = 26,– €/Stück

Die Prozesskostenrechnung erhöht die Transparenz im Gemeinkostenbereich. Der Einführungsaufwand ist jedoch sehr hoch, insbesondere die Erstellung von Tätigkeitsanalysen im Rahmen der Prozessanalyse. Außerdem muss berücksichtigt werden, dass neben den Kosten, die sich über Prozesskostensätze abbilden und berechnen lassen, auch leistungsmengenneutrale Prozesse bestehen, die traditionell kalkuliert werden müssen.

3.1.3.5 Zielkostenrechnung (Target Costing)

Während bei den bisher dargestellten Verfahren die Kosten für eine vorliegende konstruktive Lösung ermittelt werden, beschreitet die Zielkostenrechnung den umgekehrten Weg: Die zulässigen Kosten für ein Produkt werden aus den am Markt erzielbaren Preisen abgeleitet und anschließend als Kostenvorgabe bei der Entwicklung einer technischen Lösung eingesetzt. Die Zielkostenrechnung ist ein marktorientiertes Kostenrechnungsverfahren, das die Produktentwicklung eng an die Kostenstruktur ankoppelt.

3.1 Sollgrößenbestimmung

Die Zielkostenrechnung stellt keinen völlig neuen Ansatz dar. In Deutschland wurde bereits in den 1930er Jahren der VW Käfer nach diesem Prinzip entwickelt. Große Beachtung fand die Zielkostenrechnung Ende der 1980er Jahre, als japanische Fortentwicklungen dieses Ansatzes als „Target Costing" oder „Genka Kikaku" in Deutschland bekannt wurden. Das Target Costing stellt kein reines Kalkulationsverfahren, sondern ein umfassendes Kostenmanagementsystem dar, das erfolgreich in japanischen Unternehmen eingesetzt wurde.

Das Target Costing setzt bei dem Preis an, der auf dem Markt für ein bestimmtes Produkt erzielt werden kann. Von diesem Preis ist zunächst die gewünschte Gewinnmarge abzuziehen, um zu den zulässigen Kosten zu gelangen. Diese Kosten, die auch als Zielkosten bezeichnet werden, lassen sich am besten in frühen Phasen der Produktentwicklung beeinflussen. Daher muss der gesamte Konstruktions- und Produktentwicklungsprozess die Kostenvorgabe bereits berücksichtigen.

Abb. 3–3 zeigt das Auseinanderfallen von Kostenfestlegung und Kostenentstehung: Mehr als 80 % der Selbstkosten eines Produkts werden durch Entscheidungen festgelegt, die vor dem eigentlichen Produktionsprozess durch Entwicklung, Konstruktion und Arbeitsvorbereitung getroffen werden, während die Kostenbelastung zum größten Teil in den nachgelagerten Bereichen Beschaffung und Fertigung eintritt. Die Selbstkosten eines Produkts werden durch die konstruktiven Vorgaben von Werkstoffen, Bearbeitungsverfahren, der Oberflächengüte und der zulässigen Toleranzen in frühen Phasen des Produktentstehungsprozesses weitgehend festgelegt. In der Beschaffungs- und Produktionsphase fallen zwar die höchsten Kosten an, doch sie können dort kaum beeinflusst werden. Deshalb muss die Kostenrechnung bereits in der Konstruktionsphase ansetzen.

Durch das Target Costing sollen nicht nur die auf dem Markt erzielbaren Preise, sondern auch die vom Markt gewünschten Produktwertrelationen berücksichtigt werden. Es werden daher aus der Bedeutung, die im Rahmen von Marktbefragungen einer einzelnen Funktion zugewiesen wird, die zulässigen Kosten für diesen Funktionsbereich abgeleitet.

3. KAPITEL Operative Planungs- und Kontroll-Instrumente

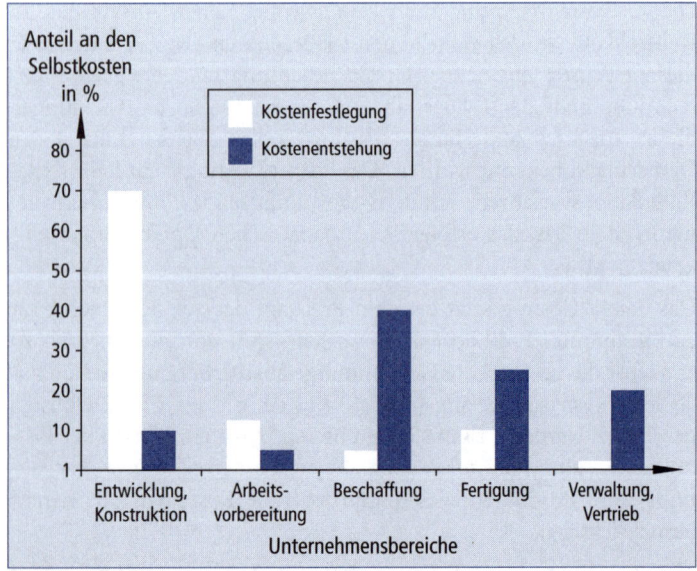

Abb. 3–3: Zusammenhang von Kostenfestlegung und Kostenentstehung in verschiedenen Unternehmensbereichen (in Anlehnung an *Bullinger/Voegele*, Wirtschaftliche Grundbegriffe, S. 21)

Das Target Costing eignet sich insbesondere für den Bereich der Serienfertigung. In Japan wird es erfolgreich in der Automobilindustrie (so bei Toyota) und im Maschinenbau eingesetzt.

3.1.4 Preisbestimmung

Neben den Kosten bilden Preise eine wichtige Richtgröße für wirtschaftliche Entscheidungen. Bereits bei der Kostenrechnung muss für erworbene Produkte die Frage beantwortet werden, ob Einkaufspreise oder Wiederbeschaffungspreise angesetzt werden sollen und wo die Preisobergrenze bei Beschaffungen liegt. Für den Verkauf ist die Preisuntergrenze für angebotene Leistungen festzulegen. Es muss entschieden werden, welcher Preis im Rahmen der Angebotserstellung anzusetzen ist. In Form von Verrechnungspreisen lassen sie sich auch als innerbetriebliche Soll-Größen einsetzen. Bezüglich der Ermittlung von Preisen können verschiedene Wege beschritten werden, die im Nachfolgenden erläutert werden.

3.1.4.1 Marktpreise

Marktpreise ergeben sich aufgrund von Angebot und Nachfrage auf Absatzmärkten. Bereits Adam Smith beschrieb in seinem Buch „Der Wohlstand der Nationen" 1776 das Phänomen der Preisbildung: Wie von einer „unsichtbaren Hand" gelenkt bildet sich durch das Zusammenwirken der Marktteilnehmer ein Gleichgewichtspreis heraus.

Marktpreise sind anzusetzen, wenn das Unternehmen entweder keine Marktmacht besitzt oder wenn es sich um geringwertige Produkte handelt. Das Unternehmen muss den Preis akzeptieren und als Soll-Größe übernehmen, der aufgrund der Marktsituation vorgegeben ist.

Klassisches Beispiel für die Anwendung von Marktpreisen ist ein Wochenmarkt: Die einzelnen Anbieter müssen sich an den Preisen ihrer Konkurrenten orientieren. Der sich ergebende Preis hängt von den üblichen Marktpreisen, den realisierbaren Preisen und den Preisvorstellungen der Käufer ab.

3.1.4.2 Kostenpreise

Kostenpreise ergeben sich nicht am Markt, sondern werden auf der Basis der Selbstkosten ermittelt. An die Stelle der Preisbildung tritt die Preisfindung. Selbstkosten sind das Ergebnis der Kalkulation. Sie spiegeln möglichst exakt die vorliegende Kostensituation des Unternehmens wider.

Um zu einem kostenbasierten Verkaufspreis zu kommen, werden die im Rahmen der Kalkulation (vgl. Kap. 3.1.3) ermittelten Selbstkosten um weitere Komponenten ergänzt. Es sind dies (vgl. Abb. 3–4):

- der Gewinnaufschlag,
- die Angebotssituation (Berücksichtigung der Angebots- und Nachfragesituation sowie von verkaufspsychologischen Effekten),
- die Zahlungsbedingungen (z. B. gewährte Nachlässe in Form von Rabatt und Skonto) sowie
- die gesetzliche Mehrwertsteuer.

Selbstkosten (Kalkulationsergebnis)	
+	Gewinnaufschlag (gewünschter Gewinn)
+	Sonstige Auf- oder Abschläge (z. B. zur Berücksichtigung der Angebotssituation)
=	Barverkaufspreis
+	gewährter Kundenskonto
+	gewährter Kundenrabatt
=	Nettoverkaufspreis
+	Mehrwertsteuer
=	Bruttoverkaufspreis

Abb. 3–4: Ermittlung des Verkaufspreises auf Kostenbasis

Der Nettoverkaufspreis sollte nicht unter den Selbstkosten liegen, da sonst bei jeder verkauften Produkteinheit ein Verlust erwirtschaftet wird. Das gilt auch dann, wenn aufgrund der Marktsituation ein Unternehmen mit Marktpreisen konfrontiert wird, die unter den Kostenpreisen liegen. In diesem Fall muss durch Rationalisierungsmaßnahmen versucht werden, die Selbstkosten zu senken; ist dies nicht möglich, ist die Einstellung der Produktion in Erwägung zu ziehen.

3.1.4.3 Verrechnungspreise

Verrechnungspreise sind eine unternehmensinterne Größe. Sie werden eingesetzt, wenn ein Unternehmensbereich (z. B. eine Kostenstelle) für einen anderen Unternehmensbereich eine Leistung erbringt. Verrechnungspreise betreffen somit nicht den Güter- oder Leistungsaustausch zwischen Marktpartnern, sondern werden innerhalb von Unternehmen eingesetzt, um interne Leistungen zu verrechnen.

Solche Verrechnungen erfolgen im kleinen Stil, wenn beispielsweise eine Reparaturwerkstatt für andere Kostenstellen des Unternehmens Reparaturleistungen erbringt. Aber auch bei rechtlich selbständigen Unternehmen, die miteinander verbunden sind (sog. Konzernen) werden Verrechnungspreise angewandt, wenn ein Konzernunternehmen Produkte an ein anderes Konzernunternehmen liefert. In Konzernen besitzen Verrechnungen eine große Bedeutung: Nach einer

Untersuchung werden 60% des Welthandels **innerhalb** von Konzernunternehmen, also außerhalb von Märkten, abgewickelt (vgl. *Horváth*, Controlling, S. 520). Damit besitzen Verrechnungspreise eine steuerliche Brisanz, da bei weltweit agierenden Konzernen über die Verrechnungspreise und die damit erfolgte Gewinnzurechnung ein Einfluss auf die Steuerzahllast genommen werden kann.

Aus Controllingsicht sind steuerliche Aspekte jedoch zweitrangig. Hier steht die **Koordinations- und Lenkungsfunktion** von Verrechnungspreisen im Vordergrund.

Da jeder abgrenzbare Unternehmensbereich bestrebt ist, seinen Erfolg zu maximieren, hat die Höhe des Verrechnungspreises einen unmittelbaren Einfluss auf die Entscheidungen des Bereichsverantwortlichen. Denn der Erfolg eines Unternehmensbereichs ist unmittelbar von den Preisen seiner Einsatz- und seiner Ausbringungsgüter abhängig.

Werden interne Leistungen zu Verrechnungspreisen abgerechnet, besitzen diese für die beteiligten Unternehmensbereiche eine **Steuerungsfunktion:** Ist ein Bereichsverantwortlicher gezwungen, bestimmte Leistungen intern zu einem festgelegten Verrechnungspreis zu beziehen, wird er bei für ihn ungünstig erscheinenden Verrechnungspreisen den Bezug der Leistung möglichst vermindern. Ist der Bereichsverantwortliche hingegen frei, ob er die Leistung extern oder intern bezieht, kann er sich für den externen Leistungsbezug entscheiden. In beiden Fällen führt das dazu, dass ggf. interne Kapazitäten nicht ausgelastet werden und sich die Entscheidung des Bereichsverantwortlichen für das Gesamtunternehmen nachteilig auswirkt. Aus dieser Problematik wird deutlich, dass die Festlegung von „gerechten" Verrechnungspreisen für ein Unternehmen eine große Bedeutung besitzt.

Die Höhe der Verrechnungspreise kann durch die Unternehmenszentrale vorgegeben oder durch die betroffenen Bereiche (ggf. unter Mitwirkung der Zentrale) ausgehandelt werden. Unterstützung bei der **Festlegung der Verrechnungspreise** liefern marktorientierte, kostenorientierte oder verhandlungsbasierte Methoden.

Eine **marktpreisorientierte** Verrechnungspreisfestlegung ist möglich, wenn für die interne Leistung ein externer Markt besteht. Dann kann auf die vorhandenen Marktpreise (vgl. dazu auch Kap. 3.1.4.1) zurückgegriffen werden. Problematisch ist es jedoch, wenn die Marktpreise schwanken oder wenn unterschiedliche Rabatte gewährt werden, denn schwankende Verrechnungspreise erschweren die Erfüllung von Koordinations- oder Lenkungsaufgaben.

Daher werden Verrechnungspreise häufig **kostenorientiert** festgesetzt. Hierbei muss die grundsätzliche Frage beantwortet werden, welcher Kosten- und Gewinnanteil in den Verrechnungspreis eingerechnet werden soll. So kann der Verrechnungspreis auf Basis der Herstellkosten oder der variablen Herstellkosten festgesetzt werden. Ein derartiger Verrechnungspreis ist für den empfangenen Bereich günstig, für den leistenden Bereich hingegen äußerst unattraktiv, weil ihm kein Gewinnzuschlag vergütet wird. Eine Einrechnung aller Zuschläge, wie es bei der Bestimmung von Kostenpreisen üblich ist (vgl. Kap. 3.1.4.2), wäre hingegen für den empfangenden Bereich ungünstig. Deshalb wird häufig ein Mittelweg gewählt. Eine Lösung bieten auch opportunitätskostenbasierte Ansätze: Hierbei werden die entgangenen Gewinne eingerechnet, die dadurch entstehen, weil die Leistung nicht anderweitig veräußert wurde.

Bei den **verhandlungsbasierten** Methoden finden Abstimmungsgespräche zwischen den betroffenen Bereichen statt, bei denen unter Einbeziehung aller vorgenannten Aspekte ein Verrechnungspreis vereinbart wird. Das Controlling kann dabei als Moderator agieren und sicherstellen, dass die Auswirkungen für das Gesamtunternehmen berücksichtigt werden.

3.2 Plankostenrechnung

Im Rahmen der Plankostenrechnung erfolgt eine Planung der Kosten eines Unternehmens für eine künftige Periode. Dazu werden anstelle von vergangenheitsbezogenen Istkosten, die in der traditionellen Kostenrechnung (vgl. Kap. 2.3) eingesetzt werden, geplante Größen eingesetzt. Die Planung der Kosten erfolgt über Kostenfunktionen (vgl. Kap. 3.1.2), mit denen sich für eine beliebige Ausbringungsmenge die anfallenden Kosten (sog. Soll-Kosten) berechnen lassen. Aus Vereinfachungsgründen wird zumeist von einem linearen Kostenverlauf der variablen Kosten ausgegangen. Controllingrelevanz besitzt die **flexible Plankostenrechnung,** die sich nicht nur für Planungs-, sondern auch für Kontrollzwecke einsetzen lässt. Die „Flexibilität" der flexiblen Plankostenrechnung bezieht sich darauf, dass die Ausbringungsmenge als veränderbare Kosteneinflussgröße angesetzt wird. Alle übrigen Kosteneinflussgrößen wie z. B. Auftragsgröße oder Unternehmensgröße werden aus Praktikabilitätsgründen vernachlässigt. Die zu ermittelnde Größe bilden die **Plankosten,** die sich aus dem **Planwert** („wie teuer?") und der **Planmenge** („wie viel?") errechnen. Der Planwert leitet sich aus einer Prognose für die Preise der eingesetzten Güter (Material, Arbeitskraft, Maschinen) ab. Wesentliche Einflussgröße für die Planmenge ist die Ausbringungsmenge bzw. der Beschäftigungsgrad, der ein Maß für die Kapazitätsauslastung darstellt (vgl. Kap. 2.5.4).

Aufgrund der Behandlung der fixen (d. h. von der Ausbringungsmenge unabhängigen) Kosten lassen sich eine auf Vollkosten und eine auf Teilkosten basierende Variante der flexiblen Plankostenrechnung unterscheiden.

3.2.1 Flexible Plankostenrechnung auf Vollkostenbasis

Bei der flexiblen Plankostenrechnung auf Vollkostenbasis werden alle Kosten einer Periode den entstandenen Kostenträgern (= Absatzprodukten) zugerechnet.

Im ersten Schritt werden für jede Kostenstelle die **Planbeschäftigung** x_{PLAN} und die in fixe und variable Bestandteile aufgegliederten **Plankosten** K_{PLAN} bestimmt. Zur Festlegung der Planausbringungsmenge kann von der optimalen, der durchschnittlichen oder der erwarteten Kapazitätsauslastung ausgegangen werden. Ziel ist es, die Planung dicht an die Realität heranzuführen, indem eine Planausbringungsmenge gewählt wird, die möglichst wenig von der späteren Istausbringungsmenge x_{IST} abweicht.

Anschließend wird die bereits aus Kap. 3.1.2 bekannte **Sollkostenfunktion** abgeleitet, mit deren Hilfe die Sollkosten (geplante Kosten bei Ist-Ausbringungsmenge) für eine beliebige Ausbringungsmenge x errechnet werden können:

Sollkosten $K(x) = K_{FIX} + x \cdot (K_{PLAN} - K_{FIX})/x_{PLAN} = K_{FIX} + x \cdot k_{VAR}$

In dieser Gleichung bilden K_{FIX} die fixen Kosten und K_{PLAN} die Plankosten. Durch die Differenz zwischen Plankosten und Fixkosten werden die variablen Kosten K_{VAR} errechnet.

Aus der Division der Plankosten K_{PLAN} durch die Planausbringungsmenge x_{PLAN} errechnet sich der **Plankostenverrechnungssatz** der Kostenstelle:

$PKV = K_{PLAN}/x_{PLAN}$

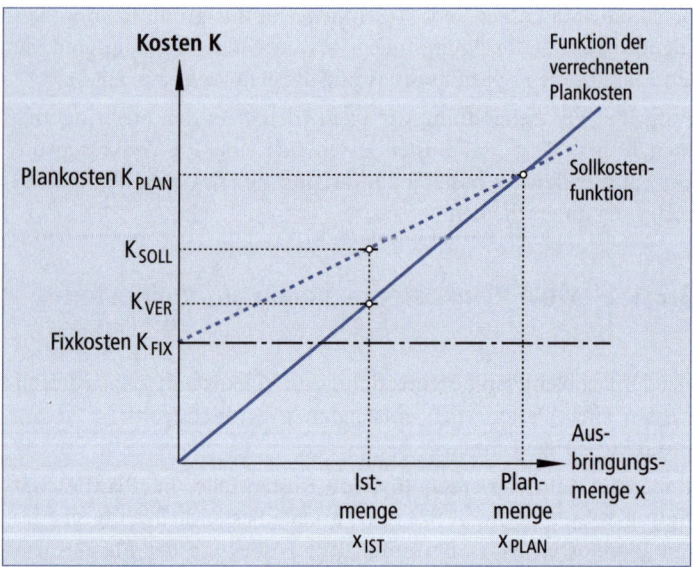

Abb. 3–5: Flexible Plankostenrechnung auf Vollkostenbasis in Diagrammdarstellung

Der Plankostenverrechnungssatz bildet einen konstanten Verrechnungspreis (vgl. Kap. 3.1.4.3), der für Zwecke der Kostenzurechnung an andere Kostenstellen eingesetzt wird. Er bleibt mindestens für eine Planungsperiode, ggf. aber noch länger, unverändert. Der

Plankostenverrechnungssatz ist eine von der Ausbringungsmenge unabhängige Größe; wird er mit der Ausbringungsmenge × multipliziert, erhält man die **verrechneten Plankosten:**

Verrechnete Plankosten $K_{VER} = x \cdot K_{PLAN}/x_{PLAN}$

Die Sollkostenfunktion und die Gerade der verrechneten Plankosten können nun in ein Diagramm eingetragen werden, wobei die beiden Geraden sich bei den Plankosten K_{PLAN} schneiden (vgl. Abb. 3–5).

> **BEISPIEL zur flexiblen Plankostenrechnung auf Vollkostenbasis:**
> Für eine Kostenstelle liegen folgende Werte vor:
> Plankosten: K_{PLAN} = 80.000 €, davon 30.000 € Fixkosten
> Planausbringungsmenge: x_{PLAN} = 2.000 Stück
> Istausbringungsmenge: x_{IST} = 1.500 Stück
> Mit diesen Angaben lassen sich berechnen:
> Plankostenverrechnungssatz: 80.000 €/2.000 Stück = 40 €/Stück
> Sollkostenfunktion:
> K(x) = 30.000 € + x · (80.000 − 30.000) €/2.000 Stück
> K(x) = 30.000 € + x · 25 €/Stück
> Kosten (bei Istausbringungsmenge):
> Sollkosten K_{SOLL} = 30.000 € + 25 €/Stück · 1.500 Stück = 67.500 €
> Verrechnete Plankosten K_{VER} = 40 €/Stück · 1.500 Stück = 60.000 €

Die Unterschiede, die zwischen Plankosten und Istkosten auftreten, werden im Rahmen der Abweichungsanalyse (vgl. Kap. 3.6.4) näher untersucht und interpretiert.

3.2.2 Flexible Plankostenrechnung auf Teilkostenbasis (Grenzplankostenrechnung)

Die flexible Plankostenrechnung auf Teilkostenbasis (oder Grenzplankostenrechnung) stellt eine Fortentwicklung der flexiblen Plankostenrechnung auf Vollkostenbasis dar. Die Prämissen der flexiblen Plankostenrechnung auf Vollkostenbasis gelten fort. Der einzige, aber wesentliche Unterschied besteht darin, dass lediglich ein Teil der Kosten, nämlich die **variablen Kosten,** auf den Kostenträger verrechnet werden. Dies wird damit begründet, dass nur die variablen Kosten unmittelbar von der Ausbringungsmenge abhängig und deshalb entscheidungsrelevant sind.

Die übrigen Kosten, die als **Fixkosten** bezeichnet werden, gelten hingegen als nicht entscheidungsrelevant, da sie nicht durch die konkrete Produktion, sondern durch das Unternehmen insgesamt verursacht werden. Sie werden in das Betriebsergebnis übernommen und erst dort in das Entscheidungskalkül einbezogen. Dies geschieht im Rahmen der Deckungsbeitragsrechnung (vgl. Kap. 3.3), bei der die Fixkosten entweder als Block in das Betriebsergebnis übernommen oder in kleinere Teileinheiten aufspalten und stufenweise verteilt werden.

Da die Fixkosten im Rahmen der Grenzplankostenrechnung zunächst nicht betrachtet werden, enthält der Plankostenverrechnungssatz nur variable Bestandteile. Dadurch sind die Funktion der verrechneten Plankosten und die Sollkostenfunktion identisch. Die Gleichung lautet:

$K_{SOLL} = x_{IST} \cdot (K_{VAR}/x_{PLAN})$

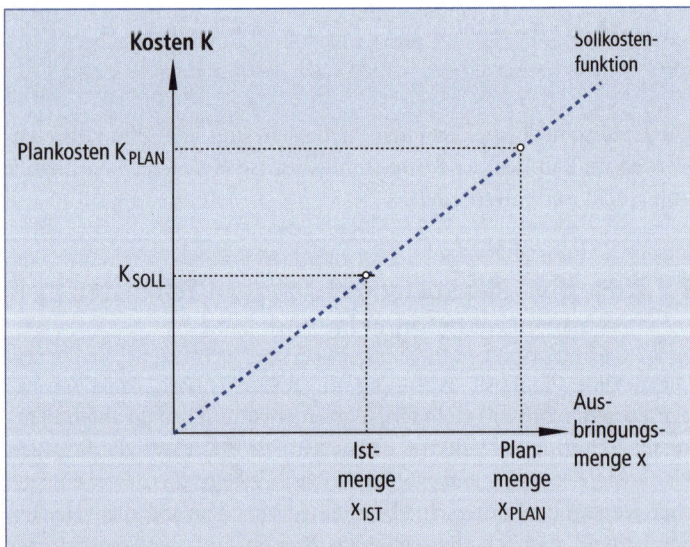

Abb. 3–6: Grenzplankostenrechnung in Diagrammdarstellung

In dieser Gleichung bilden x_{IST} die tatsächliche Ausbringungsmenge, x_{PLAN} die geplante Ausbringungsmenge und K_{VAR} die variablen Kosten. Abb. 3–6 zeigt die Grenzplankostenrechnung in Diagrammdarstellung.

Auch die Grenzplankostenrechnung ermöglicht durch die Gegenüberstellung von Plankosten und Istkosten eine Kostenkontrolle. Durch die Abstellung auf die variablen Kosten bildet sie die Grundlage für unternehmerische Entscheidungen wie die Preisuntergrenzenermittlung oder die Produktionsprogrammplanung.

> **BEISPIEL zur Grenzplankostenrechnung:** Für eine Kostenstelle liegen folgende Werte vor:
> Variable Plankosten: K_{PLAN} = 50.000 €
> Planausbringungsmenge: x_{PLAN} = 2.000 Stück
> Istausbringungsmenge: x_{IST} = 1.500 Stück
> Mit diesen Angaben lassen sich berechnen:
> Sollkostenfunktion:
> $K(x) = x \cdot 50.000$ €/2.000 Stück = $x \cdot 25$ €/Stück
> Variable Sollkosten (bei Istausbringungsmenge):
> $K_{SOLL} = 25$ €/Stück $\cdot$ 1.500 Stück = 37.500 €

3.2.3 Break-Even-Analyse

Die Break-Even-Analyse (Gewinnschwellenanalyse, Deckungspunktanalyse) stellt eine besondere Form der Erfolgsplanung dar. Sie hat die Aufgabe, diejenige Ausbringungsmenge zu ermitteln, ab der mit einem Produkt ein Gewinn erwirtschaftet wird. Dieser Punkt, an dem die Kosten genau den Erlösen entsprechen, wird als Gewinnschwelle oder als **Break-Even-Punkt** bezeichnet.

Die Break-Even-Analyse wird für jedes Produkt getrennt durchgeführt. Dabei müssen die Kosten in fixe und variable Bestandteile aufgespalten sein. Vereinfachend wird davon ausgegangen, dass Verkaufspreis und variable Kosten konstant sind. Ferner bleiben Lagerbestandsveränderungen unberücksichtigt. Es gilt also Produktion gleich Absatz.

Für ein Produkt ist der Break-Even-Punkt erreicht, wenn die Erlöse genau den angefallenen Kosten entsprechen. Es gilt

(Menge) · (Stückpreis) = K_{FIX} + (k_{VAR} · Menge)

Grafisch lässt sich dieser Sachverhalt als Schnittpunkt der Erlösgeraden und der Kostenfunktion interpretieren. Abb. 3–7 zeigt die Break-Even-Analyse in Diagrammdarstellung.

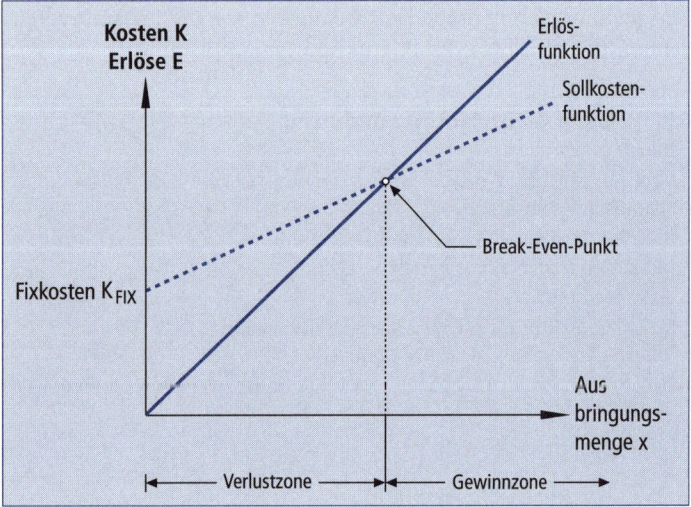

Abb. 3–7: Break-Even-Analyse

Die Produktionsmenge, ab der mit einem Produkt ein Gewinn erwirtschaftet wird („Break-Even-Menge"), errechnet sich nach Umformung der vorangegangenen Gleichung wie folgt:

Break-Even-Menge = K_{FIX}/(Stückpreis – k_{VAR})

Die Break-Even-Analyse verdeutlicht, wie sich die Gewinne für ein Produkt bei verschiedenen Ausbringungsmengen verhalten. Bei Produkten, deren Gewinnschwelle bei einem hohen Kapazitätsauslastungsgrad liegt, entstehen bereits bei geringen Umsatzrückgängen Verluste. Die Break-Even-Analyse kann als Instrument zur Planung, aber auch zur Kontrolle und Beurteilung von einzelnen Produkten dienen, wie das folgende Beispiel zeigt:

> **BEISPIEL zur Break-Even-Analyse:** Für die Eberstädter Schuhwerke liegen folgende Plandaten für das nächste Quartal vor: Netto-Verkaufspreis 50,– €/Paar, Fixkosten 45.000,– €, variable Selbstkosten 35,– €/Paar, Maximalkapazität 25.000 Paare.
> - Ab welcher Absatzmenge wird ein Gewinn erzielt?
>   Gefragt ist die Break-Even-Menge:
> $x = K_{FIX}/(p - k_{VAR}) = [45.000/(50 - 35)]$ Paare = 3.000 Paare
> - Wie hoch ist der Gewinn bei Kapazitätsauslastung?
>   Gewinn
>   = Umsatzerlöse – Kosten = $(p \cdot x) - (K_{FIX} + k_{VAR} \cdot x)$
>   = $(50 \cdot 25.000 - 45.000 - 35 \cdot 25.000)$ € = 330.000 €
>   Schlussfolgerung: Bei der bestehenden Kapazität ist nur ein Maximalgewinn von 330.000 € möglich!
> - Welcher Absatz ist erforderlich, damit ein Gewinn von 60.000 € erzielt wird?
>   Auflösen der Gleichung zur Gewinnberechnung (vgl. vorheriger Beispielteil) nach der Ausbringungsmenge x:
> $x = (G + K_{FIX})/(p - k_{VAR}) = [(60.000 + 45.000)/(50-35)]$ Paare
> $x = 7.000$ Paare

3.3 Deckungsbeitragsrechnung

Die Deckungsbeitragsrechnung ist eine auf dem Teilkostenansatz basierende Erfolgsrechnung. Bei der **Teilkostenrechnung** werden nur die **„entscheidungsrelevanten" Kosten** direkt auf den Kostenträger verrechnet. Als entscheidungsrelevant gelten die **variablen Kosten,** deren Höhe unmittelbar vom Beschäftigungsgrad oder der Ausbringungsmenge abhängig ist. Als nicht entscheidungsrelevant werden die fixen (d. h. unveränderlichen) Kostenbestandteile klassifiziert. Teilkostenrechnungen betrachten zunächst nur einen Teil der Kosten, und zwar die variablen Kosten. Die fixen Kosten werden aber nicht vernachlässigt, sondern erst in einer späteren Phase berücksichtigt.

Die Verfahren der Deckungsbeitragsrechnung unterscheiden sich bezüglich des Umfangs und der Vorgehensweise bei der Kostenzurechnung auf die Kostenträger (Produkte). Im Folgenden werden die einstufige und die mehrstufige Deckungsbeitragsrechnung näher erläutert. Beide Verfahren greifen auf die Zahlen der Kostenarten-, Kostenstellen- und Kostenträgerstückrechnung zurück.

Die Kosten müssen für jede Produktart in fixe und variable Bestandteile untergliedert sein, damit sich für jede Produktart der **Deckungsbeitrag** ermitteln lässt:

Deckungsbeitrag = (Erlöse) − (Variable Kosten)

Der Deckungsbeitrag stellt den Anteil dar, den diese Produktart zur Deckung der bestehenden Fixkosten leistet. Beim **Bruttodeckungsbeitrag** werden die gesamten Erlöse und variablen Kosten, die in einer Periode für eine Produktart angefallen sind, angesetzt. Werden die Größen auf eine Produktionseinheit bezogen, liegt ein **Stückdeckungsbeitrag** oder eine **„Deckungsspanne"** vor. Es gilt:

Stückdeckungsbeitrag = (Stückerlös) − (Variable Stückkosten)

3.3.1 Einstufige Deckungsbeitragsrechnung

Bei der **einstufigen Deckungsbeitragsrechnung** („Direct Costing") werden die Deckungsbeiträge für jede Produktart ermittelt und zu einem Gesamtdeckungsbeitrag zusammengefasst. Anschließend werden von diesem Betrag die gesamten Fixkosten ohne weitere Aufteilung in einem Betrag abgezogen, um das Betriebsergebnis der Periode zu ermitteln. Abb. 3–8 zeigt die Vorgehensweise.

Produkt	A	B	C
Erlöse	3.500	6.000	7.500
− variable Kosten	1.500	3.000	4.000
= Produkt-Deckungsbeitrag	2.000	3.000	3.500
= Gesamt-Deckungsbeitrag	8.500		
− Fixkostenblock	4.000		
= Betriebsergebnis	4.500		

Abb. 3–8: Einstufige Deckungsbeitragsrechnung

> **BEISPIEL zur einstufigen Deckungsbeitragsrechnung:** Die Pilz OHG stellt drei Produkte A, B und C her. Für eine Periode liegen die folgenden Angaben vor:
> Produkt A: Erlös 3.500 €, variable Kosten 1.500 €, Fixkosten 500 €
> Produkt B: Erlös 6.000 €, variable Kosten 3.000 €, Fixkosten 1000 €
> Produkt C: Erlös 7.500 €, variable Kosten 4.000 €, Fixkosten 2500 €
> Es sind die Bruttodeckungsbeiträge für die Produkte und das Betriebsergebnis zu ermitteln. Die Lösung ist in Abb. 3–8 zusammengestellt. Dabei sind die Fixkosten der drei Produkte zu einem Betrag (4.000 €) zusammenaddiert worden.

Die einstufige Deckungsbeitragsrechnung lässt sich zur **Beurteilung** von einzelnen Produktarten und für **produktprogrammpolitische Entscheidungen** einsetzen, da unmittelbar deutlich wird, welchen Beitrag ein Produkt zur Erzielung des Gesamtergebnisses leistet. Der Absatz von Produkten mit hohen Deckungsbeiträgen kann durch Marketingmaßnahmen gefördert, Produkte mit niedrigen Deckungsbeiträgen können aus dem Produktionsprogramm genommen werden. Dabei sind jedoch Kapazitätsgrenzen und Kostensteigerungen, die beispielsweise durch Überstundenfertigung entstehen, zu beachten.

Negative Deckungsbeiträge sollten zur Preiserhöhung oder, falls dies nicht möglich ist, zur Produktionseinstellung führen, da ansonsten mit jeder verkauften Einheit ein Verlust erzielt wird. Eine Ausnahme bilden Produkte, die zur Abrundung der Produktprogrammpalette unbedingt erforderlich sind.

Hauptkritikpunkt an der einstufigen Deckungsbeitragsrechnung ist die undifferenzierte, wenig verursachungsgerechte Zurechnung der Fixkosten. Dies führte zur Entwicklung der mehrstufigen Deckungsbeitragsrechnung.

3.3.2 Mehrstufige Deckungsbeitragsrechnung

Die mehrstufige Deckungsbeitragsrechnung, die auch als **Fixkostendeckungsrechnung** bezeichnet wird, stellt eine Fortentwicklung der einfachen Deckungsbeitragsrechnung dar. Die Ermittlung der Produktdeckungsbeiträge erfolgt wie bei der einfachen Deckungsbeitragsrechnung. Anschließend werden die Fixkosten jedoch nicht als ein Block, sondern differenziert zugerechnet, damit eine möglichst verursachungsgerechte Verteilung erfolgt. Dazu wird der Fixkostenblock in mehrere **Fixkostenstufen** aufgespalten. Als Kriterien für die Aufspaltung können die Struktur des Produktionsprogramms (Produkte, Produktgruppen) und Abrechnungsbereiche des Unternehmens (Kostenstellen, Unternehmensbereiche) dienen. Die Anzahl der Stufen, nach denen die Fixkosten zerlegt und anschließend zugerechnet werden, ist von unternehmensspezifischen Gegebenheiten abhängig. Auf jeder Fixkostenstufe wird ein eigener Stufendeckungsbeitrag ermittelt (Deckungsbeitrag I, Deckungsbeitrag II etc.). Als letzten Schritt erhält man das Betriebsergebnis des Unternehmens.

Die unterste Fixkostenstufe bilden die **Produktfixkosten,** die einer einzelnen Produktart direkt zurechenbar sind (beispielsweise Lizenzgebühren oder Kosten für Spezialwerkzeuge). **Produktgruppenfixkosten** fallen für mehrere Produktarten gemeinsam an (z. B. gemeinsame Werbekosten für eine Produktgruppe). **Bereichsfixkosten** können mehreren Kostenstellen, die zu einem Unternehmensbereich zusammengefasst sind, gemeinsam zugerechnet werden (z. B. Zwischenlager oder Abschreibung einer Fabrikationshalle). **Unternehmensfixkosten** (wie Aufwendungen für die Verwaltung oder Vorstandsgehälter) lassen sich nur dem Gesamtunternehmen zurechnen. Unternehmensspezifische Zwischenstufen sind denkbar. Je detaillierter eine Gliederung ist, desto verursachungsgerechter erfolgt die Zurechnung der Kosten zu den Kostenträgern.

Die Vorgehensweise der mehrstufigen Deckungsbeitragsrechnung verdeutlicht Abb. 3–9, die auf den Zahlen des folgenden Beispiels basiert.

3.3 Deckungsbeitragsrechnung

Unternehmensbereich	I				II		
Produktgruppe	1		2		3	4	
Produkt	A	B	C	D	E	F	G
Erlöse	30.000	4.500	17.000	9.000	25.000	45.000	7.500
– variable Kosten	24.000	3.900	9.000	6.000	11.000	20.000	5.600
= Deckungsbeitrag I	6.000	600	8.000	3.000	14.000	25.000	1.900
– Produktfixkosten	1.500	900	1.500	2.100	8.000	11.000	1.500
= Deckungsbeitrag II	4.500	–300	6.500	900	6.000	14.000	400
Σ Deckungsbeitrag II	4.200		7.400		6.000	14.400	
– Produktgruppenfixkosten	2.000		4.000		–	5.500	
= Deckungsbeitrag III	2.200		3.400		6.000	8.900	
Σ Deckungsbeitrag III	5.600				14.900		
– Bereichsfixkosten	1.400				3.000		
= Deckungsbeitrag IV	4.200				11.900		
Σ Deckungsbeitrag IV	16.100						
– Unternehmensfixkosten	8.200						
= Betriebsergebnis	7.900						

Abb. 3–9: Mehrstufige Deckungsbeitragsrechnung

BEISPIEL zur mehrstufigen Deckungsbeitragsrechnung: In einem Unternehmen werden sieben Produkte gefertigt. Die Produkte A und B lassen sich zu Produktgruppe 1, die Produkte C und D zu Produktgruppe 2 und die Produkte F und G zu Produktgruppe 4 zusammenfassen. Produkt E bildet allein Produktgruppe 3. Die Produktgruppen 1 und 2 bilden den Unternehmensbereich I, während Produktgruppe 4 zusammen mit Produkt E den Unternehmensbereich II bilden. Es liegen folgende Angaben vor:

A: Erlös 30.000 €, variable Kosten 24.000 €, Fixkosten 1.500 €.
B: Erlös 4.500 €, variable Kosten 3.900 €, Fixkosten 900 €.
C: Erlös 17.000 €, variable Kosten 9.000 €, Fixkosten 1.500 €.
D: Erlös 9.000 €, variable Kosten 6.000 €, Fixkosten 2.100 €.

E: Erlös 25.000 €, variable Kosten 11.000 €, Fixkosten 8.000 €.
F: Erlös 45.000 €, variable Kosten 20.000 €, Fixkosten 11.000 €.
G: Erlös 7.500 €, variable Kosten 5.600 €, Fixkosten 1.500 €.

Daneben fallen für Produktgruppe 1 Fixkosten in Höhe von 2.000 €, für Produktgruppe 2 in Höhe von 4.000 € und für Produktgruppe 4 in Höhe von 5.500 € an. Dem Unternehmensbereich I sind Fixkosten in Höhe von 1.400 €, Unternehmensbereich II in Höhe von 3.000 € zuzurechnen. Auf Gesamtunternehmensebene fallen Fixkosten in Höhe von 8.200 € an.

Mit diesen Angaben kann eine vierstufige Deckungsbeitragsrechnung durchgeführt werden. Am übersichtlichsten ist eine tabellarische Darstellung, wie sie für das Beispiel in Abb. 3–9 zusammengestellt ist.

3.3.3 Preisuntergrenzenbestimmung und Produktionsplanung mit Deckungsbeiträgen

Die Bestimmung der Preisuntergrenze erfolgt in Abhängigkeit von der Kapazitätsauslastung des Unternehmens. Wenn die **Kapazitäten nicht voll ausgelastet** sind, gelten die variablen Selbstkosten eines Produktes als dessen Preisuntergrenze. Wenn Erlöse die variablen Selbstkosten überschreiten, trägt die Annahme eines Auftrags zur Verbesserung des Betriebsergebnisses bei. Bei mehreren Zusatzaufträgen ist derjenige Zusatzauftrag zu bevorzugen, der den größten Bruttodeckungsbeitrag besitzt.

BEISPIEL zur Auswahl bei mehreren Zusatzaufträgen: Einem Unternehmen liegen zwei Anfragen für Zusatzaufträge vor. Bei Anfrage I sind 5.000 Stück von Produkt A (Stückdeckungsbeitrag 5,– €), bei Anfrage II 4.000 Stück von Produkt B (Stückdeckungsbeitrag 6,– €) zu liefern. Es sind nur Kapazitäten für die Ausführung von einer der beiden Anfragen vorhanden. Welche Anfrage soll angenommen werden?
Lösung: Anfrage I, da der Bruttodeckungsbeitrag 25.000 € (= 5,– · 5.000 €) beträgt und damit höher ist als bei Anfrage II mit 24.000 € (= 6,– · 4.000 €).

Besondere Gründe können zeitweilig für ein **Unterschreiten** der variablen Selbstkosten als Preisuntergrenze sprechen, obwohl dann jede verkaufte Produkteinheit zu einem Verlust führen wird. Derartige Gründe können vorübergehende Absatzflauten, die Erschließung neuer Märkte oder die Einführung neuer Produkte darstellen. Daneben ist es denkbar, dass Verlustprodukte im Sortiment gehalten werden müssen, um eine abgerundete Produktpalette anbieten zu können. Hierbei sind in jedem Einzelfall Erfolgseinbußen und Nutzen gegeneinander abzuwägen.

Bei voll **ausgelasteten Kapazitäten** erfolgt die Festlegung der Preisuntergrenze unter Berücksichtigung von **Opportunitätskosten**. Als Opportunitätskosten ist der entgangene Gewinn anzusetzen, der dadurch entsteht, dass ein anderer Auftrag verdrängt wird.

Bestehen Fertigungsengpässe, sind **spezifische Deckungsbeiträge** zur Entscheidungsfindung hinzuzuziehen. Der spezifische Deckungsbeitrag db errechnet sich aus dem Stückdeckungsbeitrag, der auf die Engpassbelastung bezogen wird. Es gilt

$db = DB/b = (Stückerlös - k_{VAR})/b$
mit b = Engpassbelastung.

Produkte mit einem höheren spezifischen Deckungsbeitrag sind bei der Produktion zu bevorzugen. Sie werden mit der maximal absetzbaren Menge produziert. Auf die Produktion von Produkten mit einem niedrigen spezifischen Deckungsbeitrag wird verzichtet, wenn die Kapazitäten ausgelastet sind.

BEISPIEL zur Anwendung von spezifischen Deckungsbeiträgen:
Es werden drei Produkte hergestellt, für die die folgenden Angaben vorliegen:
A: Stückdeckungsbeitrag 4,- €, maximaler Absatz: 10.000 Stück
B: Stückdeckungsbeitrag 10,- €, maximaler Absatz: 5.000 Stück
C: Stückdeckungsbeitrag 6,- €, maximaler Absatz: 8.000 Stück
Für die Herstellung von allen drei Produkten wird eine Maschine eingesetzt, deren Kapazität von 3000 Stunden einen Produktionsengpass darstellt. Für die Produktion eines Stücks wird die Maschine wie folgt belegt:
Produkt A: 10 Minuten pro Stück
Produkt B: 50 Minuten pro Stück
Produkt C: 20 Minuten pro Stück

Mit welcher Stückzahl sollen die einzelnen Produkte produziert werden?
Lösung:
(a) Errechnen der spezifischen Deckungsbeiträge:
   db_A = 4,– €/10 min. = 0,4 €/min.
   db_B = 10,– €/50 min. = 0,2 €/min.
   db_C = 6,– €/20 min. = 0,3 €/min.
(b) Ermittlung der Belegung der Engpasskapazität:
   A: 10.000 Stück · 10 min./Stück = 100.000 min.
   B: 5.000 Stück · 50 min./Stück = 250.000 min.
   C: 8.000 Stück · 20 min./Stück = 160.000 min.
   Engpasskapazität = 3.000 h = 180.000 min.
(c) Festlegung des Produktionsplans
   Aufgrund der spezifischen Deckungsbeiträge hat Produkt A Priorität vor Produkt C. An letzter Stelle folgt Produkt B.
   Produkt A: 10.000 Stück, belegte Kapazität: 100.000 min., Restkapazität: 80.000 min.
   Produkt C: 4.000 Stück, dann ist die Kapazität aufgebraucht, so dass von Produkt B kein einziges Stück hergestellt werden kann.

Bei der Festlegung des Produktionsplans ist zu beachten, dass aus Sortimentsgründen auf die Produktion eines Produkts (wie im vorangegangenen Beispiel) im Regelfall nicht vollständig verzichtet werden kann. Es wird dann von jedem Produkt zunächst eine Mindestmenge produziert. Die Aufteilung der danach verbleibenden Restkapazität erfolgt auf der Grundlage der spezifischen Deckungsbeiträge.

Bei mehreren Engpässen oder bei einer komplexen Produktprogrammplanung kann auf mathematische Optimierungsmodelle zurückgegriffen werden, auf die an dieser Stelle nicht eingegangen wird.

3.4 Investitionsrechnung

Investitionsrechnungen dienen der Überprüfung der Vorteilhaftigkeit und der Wirtschaftlichkeit von verschiedenen Investitionsalternativen. Dazu werden die Einnahmen, die durch das Investitionsobjekt erzielt werden können, den Investitionsausgaben gegenüber gestellt. Es lassen sich statische und dynamische Verfahren sowie simultane Optimierungsmodelle unterscheiden.

Während bei statischen und dynamischen Verfahren der Investitionsrechnung lediglich einzelne Kriterien betrachtet werden, versuchen simultane Optimierungsmodelle alle möglichen finanziellen Zusammenhänge zu berücksichtigen. An dieser Stelle wird auf die simultanen Optimierungsmodelle nicht näher eingegangen.

3.4.1 Statische Investitionsrechnungsverfahren

Bei den statischen Investitionsrechnungsverfahren bleibt der zeitliche Aspekt von Ein- und Auszahlungen zur Finanzierung einer Investition unberücksichtigt. Es wird davon ausgegangen, dass jede Periode mit denselben Durchschnittswerten zu belasten ist. Dadurch besitzen die statischen Investitionsrechnungsverfahren einen einfachen Aufbau, sind leicht nachvollziehbar und gehen von wenigen Eingangsgrößen aus. Daher werden sie in der Praxis gerne eingesetzt. Allerdings besitzen alle statischen Verfahren grundlegende Mängel, die einem Anwender bewusst sein sollten:

- Es bleibt unbeachtet, dass der zeitliche Verlauf von Auszahlungen und Einzahlungen bei den einzelnen Investitionsalternativen recht unterschiedlich sein kann. Dies hat Auswirkungen auf die Zinsbelastung des Unternehmens.

- Es wird mit Durchschnittswerten gearbeitet („Einperiodenbetrachtung"), die den wahren Sachverhalt stark vereinfacht abbilden.

- Die Aufteilung in fixe und variable Kostenbestandteile bleibt unberücksichtigt.

- Die Zurechnung von Gewinnen zu einzelnen Investitionsobjekten ist schwierig.

- Künftige Kosten- und Erlösentwicklungen bleiben unberücksichtigt.

- Das Unternehmensumfeld (z. B. andere, sich in Projektierung befindliche Investitionsprojekte) bleibt unbeachtet.

Daher eignen sich die statischen Investitionsrechnungsverfahren vor allem bei kleineren, überschaubaren Investitionsvorhaben.

Als Verfahren werden Kostenvergleichsrechnung (Kap. 3.4.1.1), Gewinnvergleichsrechnung (Kap. 3.4.1.2), Rentabilitätsrechnung (Kap. 3.4.1.3) und Amortisationsrechnung (Kap. 3.4.1.4) unterschieden. Zur Erläuterung dieser Verfahren dient ein einfaches, durchgängiges Beispiel mit zwei zu vergleichenden Investitionsalternativen A und B, das auf den in Abb. 3–10 zusammengestellten Grunddaten basiert.

Eingangsdaten	Alternative A	Alternative B
Anschaffungskosten	250.000 €	330.000 €
Abschreibung pro Periode	25.000 €	33.000 €
Sonstige Kapitalkosten pro Periode	35.000 €	37.000 €
Betriebskosten pro Periode	80.000 €	95.000 €
Ausbringungsmenge pro Periode	200.000 Stück	250.000 Stück
Erzielbarer Erlös pro Stück	1,20 €	0,95 €

Abb. 3–10: Grundlegende Zahlen zum Beispiel zur statischen Investitionsrechnung

3.4.1.1 Kostenvergleichsrechnung

Bei der Kostenvergleichsrechnung werden **ausschließlich die Kosten** von Investitionsalternativen verglichen. Andere Einflussgrößen, wie z. B. die erzielbaren Erlöse, bleiben unberücksichtigt. Es gilt die Prämisse, dass die anderen Einflussgrößen bei allen Alternativen identisch sind. Am günstigsten wird diejenige Alternative beurteilt, bei der die Kosten am geringsten sind.

In den Kostenvergleich werden fixe (ausbringungs**un**abhängige) **Kapitalkosten** (Abschreibungen und Zinszahlungen) und variable (ausbringungsabhängige) **Betriebskosten** (wie Löhne, Material-, Energie-, Instandhaltungs- und Raumkosten) einbezogen. Der Kostenvergleich kann sich entweder auf einen Zeitabschnitt (Periodenvergleich) oder auf eine bestimmte Ausbringungsmenge (Stückkostenvergleich) beziehen.

3.4 Investitionsrechnung

Das **Periodenkostenvergleichsverfahren** darf nur angewendet werden, wenn die betrachteten Alternativen die **gleiche Kapazität** (Ausbringungsmenge) besitzen.

> **BEISPIEL zur periodenbezogene Kostenvergleichsrechnung:** Es wird davon ausgegangen, dass die Alternativen A und B die gleiche Produktionskapazität besitzen. Aus den Kapital- und Betriebskosten (gemäß den Daten aus Abb. 3–10) errechnen sich folgende Werte:
> Periodenkosten Alternative A:
> K^A = 25.000 € + 35.000 € + 80.000 € = 140.000 €
> Periodenkosten Alternative B:
> K^B = 33.000 € + 37.000 € + 95.000 € = 165.000 €
> Somit wäre Alternative A zu bevorzugen.

Wenn verschiedene Anlagenvarianten jeweils **unterschiedliche Kapazitäten** aufweisen, ist ein **Stückkostenvergleich** durchzuführen. Dazu werden zunächst die Periodenkosten ermittelt und diese dann durch die Ausbringungsmenge dividiert.

> **BEISPIEL zur stückkostenbezogenen Kostenvergleichsrechnung:**
> Alternative A und B besitzen unterschiedliche Produktionskapazitäten. Es werden die im vorherigen Beispiel ermittelten Periodenkosten durch die Ausbringungsmenge dividiert:
> Stückkosten Alternative A:
> k^A = 140.000 €/200.000 Stück = –,70 €/Stück
> Stückkosten Alternative B:
> k^B = 165.000 €/250.000 Stück = –,66 €/Stück
> Auf Grundlage der Stückkosten ist Alternative B zu bevorzugen.

Die Aufteilung der fixen und variablen Kostenbestandteile kann bei verschiedenen Investitionsalternativen erheblich abweichen. Wenn die Anlage nicht mit voller Auslastung gefahren werden soll, müssen zusätzliche Analysen (z. B. Break-Even-Analysen) durchgeführt werden, um die tatsächliche Stückkostenbelastung bei Standard- oder Minimalauslastung zu ermitteln.

3.4.1.2 Gewinnvergleichsrechnung

Bei der Gewinnvergleichsrechnung werden neben den Kosten auch Erlöse in die Analyse einbezogen. Somit lassen sich auch Investitionsalternativen, bei denen unterschiedliche Stückerlöse erzielbar sind, miteinander vergleichen. Dies kann der Fall sein, wenn Produkte, die mit der einen Investitionsvariante produziert wurden, eine wesentlich bessere Qualität besitzen und dadurch zu einem höheren Preis verkauft werden können. Sind die Stückerlöse jedoch bei allen Investitionsalternativen identisch, ergeben sich bei der Gewinnvergleichsrechnung die gleichen Ergebnisse wie bei der Kapitalvergleichsrechnung.

Die für den Vergleich relevante Größe bildet der durch die Investition erzielbare **Periodengewinn,** der sich gemäß der Gleichung

Gewinn = Erlöse − Kosten

errechnet. Diejenige Investitionsalternative, die den höchsten erzielbaren Gewinn verspricht, wird als günstigste Variante ausgewählt.

Zur Anwendung des Verfahrens muss der Erlös bestimmt werden, der durch das Investitionsobjekt erzielbar ist. Die Zurechnung des Produkterlöses zu einer Anlage ist jedoch problematisch, da auch andere Anlagen oder Bereiche des Unternehmens in den Produktionsprozess eingebunden sind. Zudem werden häufig auf einer Anlage verschiedenartige Produkte gefertigt.

> **BEISPIEL zur Gewinnvergleichsrechnung:** Aus den Erlösen sowie aus Kapital- und Betriebskosten (gemäß den Daten aus Abb. 3–10) errechnen sich folgende Werte:
>
> Alternative A:
>
> Periodengewinn: G^A = 1,20 €/Stück · 200.000 Stück − 140.000 €
> = 100.000 €
>
> Stückgewinn: g^A = 100.000 €/200.000 Stück = 0,50 €/Stück
>
> Alternative B:
>
> Periodengewinn: G^B = 0,95 €/Stück · 250.000 Stück − 165.000 €
> = 72.500 €
>
> Stückgewinn: g^B = 72.500 €/250.000 Stück = −,29 €/Stück

3.4 Investitionsrechnung

> Mit Alternative A lässt sich, da die erzeugten Produkte einen höheren Stückerlös aufweisen, sowohl ein höherer Perioden- als auch ein höherer Stückgewinn erzielen. Daher ist diese Investitionsvariante zu bevorzugen.

3.4.1.3 Rentabilitätsrechnung

Die Rentabilitätsrechnung stellt eine Weiterentwicklung von Kosten- und Gewinnvergleichsrechnung dar. Ihr Einsatz ist immer dann sinnvoll, wenn die einzelnen Investitionsalternativen einen unterschiedlichen Kapitalbedarf besitzen. Als Entscheidungskriterium gilt die **Investitionsrentabilität,** die sich aus dem Quotienten von durchschnittlichem Periodengewinn und durchschnittlichem Kapitaleinsatz errechnet:

$$\text{Investitionsrentabilität} = \frac{\text{Durchschnittlicher Periodengewinn}}{\text{Durchschnittlicher Kapitaleinsatz}}$$

> **BEISPIEL zur Rentabilitätsrechnung:** Das auf Abb. 3–10 basierende Beispiel wird fortgesetzt. Die in Kap. 3.4.1.2 errechneten Gewinne und die in Kap. 3.4.1.1 errechneten Kosten können unmittelbar in die Gleichung eingesetzt werden:
> Investitionsrentabilität I^A = 100.000 €/140.000 € = 0,71
> Investitionsrentabilität I^B = 72.500 €/165.000 € = 0,44
> Alternative A ist zu bevorzugen.

3.4.1.4 Amortisationsrechnung

Bei der Amortisationsrechnung wird die Zeitdauer ermittelt, die zur Wiedergewinnung des Investitionsbetrages durch aus der Investition erzielte Einnahmeüberschüsse erforderlich ist. Dieser Zeitraum wird als Amortisationszeit (Wiedergewinnungszeit) bezeichnet. Je kürzer die **Amortisationszeit,** desto günstiger ist eine Investitionsalternative zu beurteilen.

Geht man von einem **gleichmäßigen** Rückfluss der Einnahmeüberschüsse aus, errechnet sich die Amortisationszeit Z nach der Gleichung

$$\text{Amortisationszeit Z} = \frac{\text{Kapitaleinsatz}}{\text{Periodengewinn} + \text{Periodenabschreibung}}$$

> **BEISPIEL zur Amortisationsrechnung:** Das auf Abb. 3–10 basierende Beispiel wird fortgesetzt. Der Kapitaleinsatz wurde bereits in Kap. 3.4.1.1 und der Periodengewinn in Kap. 3.4.1.2 errechnet. Die Periodenabschreibung ist unmittelbar in Abb. 3–10 angegeben, so dass sich folgende Amortisationszeiten ergeben:
> Amortisationszeit Z^A = 250.000 €/(100.000 €/Jahr + 25.000 €/Jahr)
> = 2,0 Jahre
> Amortisationszeit Z^B = 330.000 €/(72.500 €/Jahr + 33.000 €/Jahr)
> = 3,1 Jahre
> Alternative A ist zu bevorzugen, da sie sich nach kürzerer Zeit amortisiert.

3.4.2 Dynamische Investitionsrechnungsverfahren

Die dynamischen Verfahren der Investitionsrechnung berücksichtigen den **zeitlichen Verlauf von Zahlungsströmen,** die in Zusammenhang mit einer Investition stehen. Dazu werden für die voraussichtlichen Einzahlungen und Auszahlungen Zahlungsreihen gebildet und diese abgezinst.

Die Berechnung der Abzinsung erfolgt unter Hinzuziehung der Zinseszinsrechnung. Bei der **Abzinsung** (oder Diskontierung) wird für eine künftige Zahlung der **Gegenwartswert** (**Barwert**) errechnet, indem der Betrag der in t Jahren anfallenden Zahlung Z_t mit einem Abzinsungsfaktor q multipliziert wird:

$Z_0 = Z_t \cdot q = Z_t \cdot (1 + i)^{-t}$

Dabei bedeuten:

Z_0 = Barwert

Z_t = Betrag der im Jahr t anfallenden Zahlung

t = Jahr der Zahlung

q = Abzinsungsfaktor (Diskontierungsfaktor) $q = (1 + i)^{-t}$

i = Zinssatz in Dezimalangabe (für 5 % ist 0,05 anzugeben)

> **BEISPIEL zur Barwertermittlung:** Für eine Zahlung von 4.000 €, die in drei Jahren erfolgen wird, soll der Barwert ermittelt werden. Der Zinssatz betrage 8 %.
> **Lösung:** $Z_0 = 4.000\ € \cdot (1 + 0,08)^{-3} = 4.000\ € \cdot 0,7938 = 3.175\ €$

Bei der Durchführung der Investitionsrechnung wird nun für jede Periode, in der das Investitionsvorhaben voraussichtlich genutzt wird, der entsprechende Barwert der Ein- und Auszahlungen errechnet. Dazu ist es erforderlich, Einzahlungs- und Auszahlungsreihen zu kennen oder abzuschätzen. Schätzungen der voraussichtlichen Zahlungen zum Zeitpunkt der Investitionsplanung sind nicht exakt und beinhalten die Gefahr, dass erhebliche Ungenauigkeiten in die Rechnung einfließen können. Zudem ist die Zuordenbarkeit von Zahlungsströmen zu einzelnen Investitionsobjekten häufig nicht gegeben. Neben laufenden Auszahlungen und Einzahlungen sind auch die Anschaffungsausgaben und der bei Verkauf der Anlage erzielbare Liquidationserlös zu berücksichtigen.

Als Verfahren der dynamischen Investitionsrechnung lassen sich Kapitalwertmethode (Kap. 3.4.2.1), interne Zinssatz-Methode (Kap. 3.4.2.2) und Annuitätenmethode (Kap. 3.4.2.3) unterscheiden. Alle drei Verfahren basieren auf den gleichen Grundprinzipien, wobei jedem Verfahren ein anderes Entscheidungskalkül zu Grunde liegt.

3.4.2.1 Kapitalwertmethode

Bei der Kapitalwertmethode wird der Kapitalwert der Investitionsalternativen bestimmt und verglichen. Der **Kapitalwert** stellt die Differenz aller abgezinsten Einzahlungen und Auszahlungen eines Investitionsprojektes dar. Er drückt die durch die Investition ausgelöste Vermehrung (oder Verminderung) des Geldvermögens unter Berücksichtigung einer festgelegten Verzinsung aus.

Der Kapitalwert K_0, der auf den Investitions- oder Planungszeitpunkt t=0 bezogen ist, errechnet sich aus der Differenz aller auf den Zeitpunkt t=0 abgezinsten Einzahlungen e_t und Auszahlungen a_t (für die Perioden t = 1 bis n) sowie dem Anfangsinvestitionsbetrag I_0 und dem Zinssatz i gemäß der folgenden Formel:

$$K_0 = \sum_{t=1}^{n} (e_t - a_t) \cdot (1 + i)^{-t} - I_0$$

Maßgeblichen Einfluss auf das Ergebnis besitzt der angenommene Kalkulationszinssatz i. Über ihn wird eine Mindestverzinsung des bei der Investition eingesetzten Kapitals sichergestellt. Seine Höhe orientiert sich entweder an dem entsprechenden Finanzierungszinssatz oder an der Verzinsung, die bei einer anderweitigen Anlage der Finanzmittel erzielt werden könnte.

Ergibt die Berechnung einen Kapitalwert von Null, wird exakt die festgesetzte Mindestverzinsung i erreicht. Wenn der Kapitalwert eine positive Größe einnimmt, sind die abgezinsten Einzahlungen größer als die abgezinsten Auszahlungen. Das bedeutet, dass diese Investition für das Unternehmen vorteilhaft ist; die effektive Verzinsung des eingesetzten Kapitals liegt dann über der geforderten Mindestverzinsung. Beim Vergleich mehrerer Alternativen ist diejenige Alternative am günstigsten, die den größten positiven Kapitalwert besitzt.

> **BEISPIEL zur Kapitalwertmethode:** Folgendes Investitionsprojekt ist zu beurteilen: Kaufpreis 77.000€, davon sind 42.000€ bei Kauf und 35.000€ nach einem Jahr zu zahlen. Die Anlage wird auf 3 Jahre linear abgeschrieben und besitzt dann einen Restwert von 18.000€ (Hinweis: Eine Laufzeit von nur drei Jahren ist in der Praxis unüblich und wird hier nur gewählt, um das Beispiel übersichtlich zu halten). Aus der laufenden Produktion sollen im ersten Jahr nach dem Kauf Einzahlungsüberschüsse von 20.000€, im zweiten Jahr 25.000€ und im dritten Jahre 30.000€ erzielt werden. Der Zinssatz beträgt 8 %.
>
> **Lösung:**
> $K_0 = (e_1 - a_1) \cdot (1{,}08)^{-1} + (e_2 - a_2) \cdot (1{,}08)^{-2} + (e_3 - a_3) \cdot (1{,}08)^{-3} - I_0$
> $K_0 = [(20.000 - 35.000) \cdot 1{,}08^{-1} + 25.000 \cdot 1{,}08^{-2} + (30.000 + 18.000) \cdot 1{,}08^{-3} - 42.000]\ € = [-13.889 + 21.433 + 38.104 - 42.000]\ € = 3.648\ €$
> Der positive Kapitalwert zeigt, dass es sich um ein rentables Investitionsprojekt handelt, bei dem die effektive Verzinsung des eingesetzten Kapitals mehr als 8 % beträgt.

Ob eine Investition als vorteilhaft oder nicht beurteilt wird, hängt sehr stark vom festgesetzten Kalkulationszinssatz i ab. Wenn anstelle der acht Prozent eine zwölfprozentige Verzinsung gefordert wird, ergibt sich für das obige Beispiel das folgende Ergebnis:

$K_0 = [(20.000 - 35.000) \cdot 1{,}12^{-1} + 25.000 \cdot 1{,}12^{-2} + (30.000 + 18.000) \cdot 1{,}12^{-3} - 42.000]\ € = [-13.393 + 19.930 + 34.165 - 42.000]\ € = -1.298\ €$

Somit wurde aus einem rentablen Investitionsvorhaben ein unrentables Vorhaben, nur weil die vorgegebene Verzinsung von 12 Prozent nicht erzielt wurde! Dieser Aspekt muss bei der Entscheidungsfindung beachtet werden, damit zukunftsträchtige Projekte nicht aufgrund unrealistischer Verzinsungsvorgaben verworfen werden.

3.4.2.2 Interne Zinssatz-Methode

Die Interne Zinssatz-Methode, die im betriebswirtschaftlichen Schrifttum auch unter der Bezeichnung „Interne Zinsfuß-Methode" auftaucht, stellt eine Abwandlung der Kapitalwertmethode dar. Es soll der Zinssatz ermittelt werden, bei dem sich ein Kapitalwert von genau Null ergibt. Dazu wird die Gleichung der Kapitalwertmethode gleich Null gesetzt:

$$\sum_{t=1}^{n} (e_t - a_t) \cdot (1 + i)^{-t} - I_0 = 0$$

Anschließend muss diese Gleichung nach dem Zinssatz i aufgelöst werden. Diese Umformung ist nicht einfach; daher wird zumeist mit Iterations- oder Näherungsverfahren gearbeitet.

Als Ergebnis erhält man die effektive Verzinsung der Investition, die auch als **interne Verzinsung** bezeichnet wird. Sie gibt an, mit welchem Zinssatz das in einem Investitionsprojekt gebundene Kapital verzinst wird und ist somit ein Maßstab für dessen Rentabilität.

Vorteilhaft ist eine Investition, wenn der ermittelte interne Zinssatz über der geforderten Mindestverzinsung liegt. Bei dem Beispiel aus dem vorherigen Kapitel beträgt die interne Verzinsung 10,9 Prozent. Beim Vergleich mehrerer Alternativen ist diejenige Alternative am günstigsten, die den höchsten internen Zinssatz besitzt.

3.4.2.3 Annuitätenmethode

Auch die Annuitätenmethode stellt eine weitere Variante der Kapitalwertmethode dar. Während bei der Kapitalwertmethode von den tatsächlichen Ein- und Auszahlungsreihen ausgegangen wird, erfolgt bei der Annuitätenmethode eine Umrechnung in durchschnittliche (jährliche) Teilbeträge, die als **Einzahlungsüberschüsse** oder **Annuitäten** bezeichnet werden. Bei einer positiven Annuität ist eine Investition lohnend.

Die Annuität A berechnet sich aus dem Kapitalwert K_0, dem Zinssatz i und der Investitionslaufzeit n gemäß folgender Gleichung:

$$A = K_0 \cdot w = K_0 \cdot \frac{i \cdot (1 + i)^n}{(1 + i)^n - 1}$$

Der Term w wird auch als Wiedergewinnungsfaktor bezeichnet. In Fortsetzung des **Beispiels** aus Kap. 3.4.2.1 ergeben sich folgende Werte:

> Der Kapitalwert K_0 wurde in Kap. 3.4.2.1 mit 3.648 € berechnet. Die Annuität für die drei Jahre der Investitionslaufzeit beträgt bei einem Zinssatz von 8 %:
>
> $$A = 3.648 \text{ €} \cdot \frac{0{,}08 \cdot (1{,}08)^3}{(1{,}08)^3 - 1} = 1.416 \text{ €}$$

Durch die Umrechnung des Kapitalwerts in Jahresbeträge lassen sich mit der Annuitätenmethode verschiedene Investitionsvorhaben, die eventuell unterschiedliche Laufzeiten besitzen, leichter vergleichen.

3.5 Budgetierung

Unter **Budgetierung** wird die Aufstellung eines Budgets verstanden. In der Betriebswirtschaftslehre bildet ein **Budget** einen kurzfristigen Plan, durch den einem Verantwortungsbereich (z. B. einer Kostenstelle) Ressourcen (Finanzmittel, Personal u. a.) für eine Abrechnungsperiode verbindlich zugewiesen werden. Durch Budgets können Ausgaben, Kosten oder Umsätze, aber auch die zur Verfügung stehende personelle Kapazität festgelegt werden. Die Vorgaben bilden für den Budgetverantwortlichen einen Handlungsrahmen, den er ausfüllen soll.

Durch die Budgetierung werden die Unternehmensziele und die Vorgaben der Unternehmensführung in quantitative Größen überführt und damit operationalisiert. Über die Zuweisung von Mitteln im Rahmen eines Budgets können bestimmte Unternehmensbereiche gefördert, andere hingegen zurückgesetzt werden. So lässt sich das Verhalten der einzelnen Unternehmensbereiche wirkungsvoll und zielgerecht steuern und kontrollieren. In Form von regelmäßigen **Budgetkontrollen** ist zu überprüfen, ob die Vorgaben tatsächlich eingehalten werden. Abweichungen sind zu analysieren, Budgets ggf. an sich verändernde Rahmenbedingungen anzupassen.

Nach der **Geltungsdauer** lassen sich Monats-, Quartals-, Jahres- und Mehrjahresbudgets unterscheiden, wobei die Fristigkeit in Abhängigkeit von der Kostenstelle festgelegt werden sollte: So sind für Forschungs- und Entwicklungsbereiche Jahresbudgets anzusetzen, während bei Fertigungsabteilungen Monatsbudgets üblich sind. Bei größeren Schwankungen von Produktion oder Umsatz zwischen den Monaten eines Jahres sollte die Budgetierung dieser Bereiche monatlich erfolgen und nicht durch die Zwölftelung eines Jahresbudgets ermittelt werden.

Durch das Zusammenführen der Einzelbudgets der einzelnen Organisationseinheiten zu einem Unternehmensgesamtbudget besitzt die Budgetierung eine Koordinationsfunktion. Das Gesamtbudget bildet ein System, das das Unternehmen vollständig und differenziert abbildet. Als wichtige Teilbudgets eines Budgetsystems lassen sich Absatzbudget, die Budgets der Fertigungskostenstellen, Materialkosten- und Beschaffungsbudget, Verwaltungs- und Vertriebsbudget sowie das Forschungs- und Entwicklungsbudget unterscheiden.

Zur Aufstellung eines Budgets sind verschiedene Vorgehensweisen möglich, die im Folgenden vorgestellt werden.

3.5.1 Klassische Budgetierungsverfahren

Da ein Budget die Ausprägungsform eines Plans darstellt, bildet die Budgetierung einen Planungsprozess. Dabei kommen in der Unternehmenspraxis verschiedene Methoden zum Einsatz, die vom Fortschreiben seitheriger Werte bis zur Anwendung von strukturierten

Planungsmethoden reichen. Nach der Vorgehensweise und der Form der Beteiligung untergeordneter Stellen lassen sich bei den strukturierten Budgetierungsverfahren die hierarchische, die Bottom-up- und die Gegenstrombudgetierung unterscheiden.

3.5.1.1 Fortschreibungsbudgetierung

Die Fortschreibungsbudgetierung orientiert sich an den Werten vergangener Perioden und schreibt diese als Planvorgabe für die neue Periode fort. Als Basis für die Vorgabewerte können entweder tatsächlich eingetretene Größen (Ist-Werte), bisherige Planvorgaben oder Durchschnittswerte dienen. Preissteigerungen oder konjunkturelle Einflüsse lassen sich mittels Korrekturfaktoren (z. B. in Form eines Inflationszuschlags) berücksichtigen.

Dieses Verfahren wird sowohl in der Unternehmenspraxis als auch bei der Aufstellung von öffentlichen Haushalten häufig eingesetzt, da es einfach anzuwenden ist. Es vermeidet Verteilungskonflikte, da durch die Fortschreibung bisheriger Budgetansätze keine Umverteilungen erfolgen. Das Verfahren ist am Input (also am bisherigen Bedarf), nicht am Output (d. h. den Leistungen) orientiert. Unwirtschaftlichkeiten bleiben nicht nur unentdeckt, sondern werden fortgeschrieben; neue Impulse ergeben sich bei dieser Form der Budgetierung nicht.

3.5.1.2 Hierarchische Budgetierung

Bei einer hierarchischen Budgetierung werden die verfügbaren Mittel ausgehend vom Unternehmensgesamtbudget den nachgeordneten Unternehmensbereichen nach dem Top-Down-Verfahren zugewiesen, die dann ihrerseits eine Verteilung auf die untergeordneten Organisationseinheiten vornehmen.

Durch eine hierarchische Budgeterstellung wird erreicht, dass die Unternehmensziele und die Vorgaben der Unternehmensleitung in den Budgets auf allen Ebenen Berücksichtigung finden. Diese Vorgehensweise ist für kleinere Unternehmen geeignet, die überschaubar sind, so dass die Budgeterstellung durch eine zentrale Stelle erfolgen kann.

Probleme können auftreten, wenn die tatsächlichen Notwendigkeiten und Erfordernisse auf unteren Budgetierungsebenen aufgrund der komplexen Strukturen und Zusammenhänge nur unzureichend berücksichtigt werden, so dass es zu erheblichen Fehlplanungen kommt. Zudem wirkt es für die Entscheidungsträger auf unteren Ebenen demotivierend, wenn sie keine Mitwirkungsmöglichkeiten besitzen.

Deutlich wird der Nachteil einer hierarchischen Budgetierung am Beispiel des öffentlichen Haushaltswesens, aus dem der Grundgedanke der Budgetierung ursprünglich stammt. Dort werden die zur Verfügung stehenden Mittel den einzelnen Dienststellen durch den Gesetzgeber (d. h. das Parlament) nach dem Top-Down-Prinzip vorgegeben. Die Mittel sind starr nach Einnahmen- und Ausgabentiteln gegliedert, die nicht miteinander verrechnet werden können. Dies kann dazu führen, dass im letzten Quartal eines Jahres für bestimmte Aufgaben keine Mittel mehr zur Verfügung stehen, während in anderen Bereichen überschüssige Mittel verpulvert werden.

3.5.1.3 Bottom-up-Budgetierung

Den entgegengesetzten Weg beschreibt die Bottom-up-Planung: Hier werden zunächst Bedarfsanforderungen auf unteren Ebenen gesammelt. Durch eine stufenweise Verdichtung erhält man schließlich das Gesamtbudget des Unternehmens.

Ein Vorteil des Verfahrens liegt darin, dass jede Organisationseinheit ihren Budgetbedarf einbringen kann. Dadurch fließen Kenntnisse der Mitarbeiter in den Budgetierungsprozess ein. Das lässt die Planungsprämissen realistischer werden und motiviert zudem die beteiligten Mitarbeiter.

Der große Nachteil ist jedoch, dass das ermittelte Gesamtbudget im Regelfall weit über den verfügbaren Mitteln liegt, so dass Korrekturen unvermeidbar sind. Auch die Abstimmung der Teilbudgets und die Ausrichtung auf ein gemeinsames Oberziel ist nicht sichergestellt. Daher wird dieses Verfahren selten eingesetzt.

3.5.1.4 Budgetierung im Gegenstromverfahren

Bei der Budgetierung im Gegenstromverfahren erfolgt zunächst eine Top-Down-Vorgabe von Eckwerten, Planungsprämissen oder von vorläufigen Budgetansätzen. Auf deren Basis können Teilbudgets und Detailplanungen dezentral auf unteren Unternehmensebenen erstellt und dann über einen Bottom-up-Rücklauf rückgekoppelt werden. Die Aufstellung der Teilbudgets erfolgt durch die zuständigen Verantwortungsträger (z. B. Abteilungs- oder Kostenstellenleiter). Das Controlling hat die Aufgabe, die erforderlichen Informationen und Planungsinstrumente zur Verfügung zu stellen sowie koordinierend einzugreifen.

Beim Zusammenfassen der Teilbudgets zu einem Unternehmensbudget sind Unstimmigkeiten zwischen den Teilplänen unter Beteiligung der betroffenen Entscheidungsträger auszuräumen. Die Koordination der Teilbudgets zu einem Gesamtbudget ist ein aufwendiger Prozess, der häufig mehrere Durchgänge („Iterationsschleifen") benötigt. Damit durch eine Gegenstromplanung termingerecht ein Budget erstellt wird, sind ein frühzeitiger Beginn sowie eine genaue Terminierung der einzelnen Budgetierungsschritte erforderlich.

3.5.2 Better Budgeting

Die traditionellen Verfahren der Budgetierung gemäß Kap. 3.5.1 stehen immer wieder im Kreuzfeuer der Kritik. Insbesondere wird bemängelt, dass diese Verfahren

- sehr zeitaufwendig (in manchen Unternehmen werden dadurch 50 % der Tätigkeit von Controllingabteilungen gebunden),
- zu teuer,
- unzureichend mit Steuerungsinstrumenten verknüpft (da nur an Finanzzahlen orientiert und nicht an Vergütungssysteme angebunden),
- inputorientiert,
- unflexibel (weil auf ein Jahr festgelegt) und daher
- ineffizient

sind. Deshalb wird gefordert, den Budgetierungsprozess zu verbessern (Better Budgeting, Advanced Budgeting) oder ganz abzuschaffen (Beyond Budgeting, vgl. Kap. 3.5.3).

Im Rahmen des **Better Budgeting** wird versucht, auf die Kritikpunkte einzugehen und einen starren Budgetierungsprozess durch eine flexiblere, outputorientierte Vorgehensweise abzulösen. Bekannte Verfahren des „Better Budgeting" sind das Zero-Base-Budgeting und das Activity-Base-Budgeting. Verbesserungen im Budgetierungsverfahren können auch durch den Übergang von einer jahresweisen Budgetierung zu eine rollierenden Quartalsplanung erreicht werden. Ein weiteres Ziel ist es, den zeitlichen und finanziellen Budgetierungsaufwand zu reduzieren, beispielweise durch eine Verminderung des Detaillierungsgrades der Planung.

3.5.2.1 Outputorientierte Budgetierung

Im Gegensatz zur Fortschreibungsbudgetierung (vgl. Kap. 3.5.1.1), die sich bei der Budgetfestlegung an den benötigten Ressourcen (d. h. am Input) orientiert, setzt die outputorientierte Budgetierung an den erstellten Leistungen, also am Ergebnis an. Dies erfolgt über den fiktiven „Kauf" der erstellten Leistungen. Dazu ist ein Preis für die Leistungen festzusetzen, abzuschätzen oder über ein Preismodell zu ermitteln. Es ist auch möglich, sich an Marktpreisen für vergleichbare Leistungen zu orientieren. Das Budget berechnet sich dann aus den Planwert für die erstellten Leistungen, der mit dem festgelegten Preis multipliziert wird.

> **BEISPIEL für eine outputorientierte Budgetierung:** Durch das Bundesland Hessen werden die Landesmittel für Hochschulen outputorientiert budgetiert. So erhalten die Hochschulen keine Mittel für Personal, Energie oder Bauunterhaltung zur Verfügung gestellt, sondern für das „Produkt" Studienplätze. Die Bemessung des Betrags, der je Studienplatz bereitgestellt wird, erfolgt auf der Grundlage einer jährlich durchgeführten Kostenrechnung.

3.5.2.2 Zero-Base-Budgeting

Die Festlegung der Budgetansätze für eine neue Periode orientiert sich häufig an vorangegangenen Budgetansätzen, die fortgeschrieben werden. Das führt zu Inflexibilität, zur Fortschreibung von früheren Planungsfehlern und damit zur Unwirtschaftlichkeit.

Zur Beseitigung dieser Unwirtschaftlichkeit und zur Senkung der Gemeinkosten wurde das Zero-Base-Budgeting (kurz: ZBB) entwickelt. Durch dieses Budgetierungsverfahren werden die Kostenstellenverantwortlichen dazu gezwungen, ihr Budget vollständig neu zu begründen. Dabei wird gedanklich davon ausgegangen, dass das Unternehmen neu zu gründen ist und somit keinerlei Zwänge bestehen (Ausgangsbasis ist die Stufe „Null").

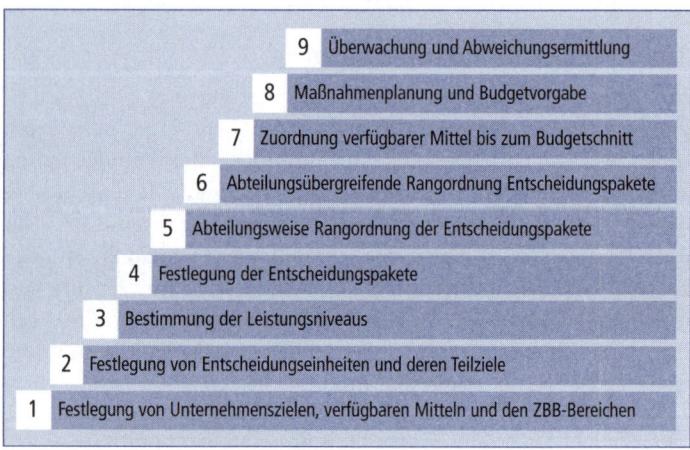

Abb. 3–11: Stufen des Zero-Base-Budgeting

Das ZBB wird im Regelfall nicht für das gesamte Unternehmen, sondern nur für Bereiche, die einen hohen Gemeinkostenanteil aufweisen, angewandt. Unter Verwendung eines neunstufigen Vorgehensschemas (vgl. Abb. 3–11) sind zunächst die Unternehmensziele zu fixieren und daraus schrittweise Teilaufgaben und ihre Bedeutung für die Zielerreichung herauszuarbeiten. Die Teilaufgaben werden unter Abwägung der Kosten und des Nutzens in eine Rangfolge gebracht, die die Grundlage für die Zuweisung der zur Verfügung stehenden Mittel bildet. Nur für die wichtigsten Teilaufgaben werden finanzielle Mittel bereitgestellt.

Die Durchführung des ZBB ist sehr zeitaufwendig und kann durch die Infragestellung aller Bereiche erhebliche Unruhe in ein Unternehmen bringen. Daher sollte das Verfahren nicht ständig zur Budgetierung angewandt werden. Es dient weniger der kurzfristigen Mitteleinsparung als dem Fokussieren des Unternehmens auf die Unternehmensziele. Durch die Einbeziehung von Führungskräften der unteren Hierarchieebenen lassen sich zusätzliche Potentiale nutzen.

3.5.2.3 Prozessorientierte Budgetierung (Activity-Based-Budgeting)

Die prozessorientierte Budgetierung, die auch als Activity-Based-Budgeting (abgekürzt: ABB) bezeichnet wird, knüpft an die Erkenntnisse der Prozesskostenrechnung an. Sie orientiert sich nicht (wie die traditionellen Budgetierungsverfahren) an Organisationseinheiten des Unternehmens und deren Budgetbedarf, sondern an den ablaufenden Prozessen. Ziel ist es, über den Budgetbedarf der notwendigerweise im Unternehmen ablaufenden Prozesse die Budgetverteilung abzuleiten.

Ähnlich wie die Zielkostenrechnung (vgl. Kap. 3.1.3.5) geht die prozessorientierte Budgetierung vom Endprodukt aus: Ausgangspunkt für den prozessorientierten Budgetierungsprozess bilden die gewünschten Ergebnisse, also der „Output" des Unternehmens, der zur Erreichung des Unternehmensziels erforderlich ist. Durch den prozessorientierten Budgetierungsprozess werden die dazu erforderlichen Prozesse identifiziert und in Aktivitäten bzw. Teilaktivitäten zerlegt. Die Aktivitäten lassen sich in die beiden Kategorien **wertschaffend** (sog. „primary activities") und **unterstützend** („secondary activities") unterscheiden. Alle sekundären Aktivitäten sind danach zu untersuchen, ob sie die wertschaffenden Aktivitäten tatsächlich unterstützen und damit auch zur Wertschöpfung beitragen oder ob sie überflüssig sind. So lassen sich überflüssige Aktivitäten identifizieren und eliminieren.

Für jede notwendige Aktivität sind anschließend die „Aktivitätsstückkosten" zu bestimmen. Sie werden als „Unit Costs" (d. h. „Einheitskosten") bezeichnet und stellen die Kosten dar, die bei der Durchführung bzw. der Erstellung einer Einheit (z. B. eines Stücks) anfallen. Im nächsten Schritt wird das „Outputniveau", also die gewünschte Ausbringungsmenge, festgelegt. Das erforderliche Budget errechnet sich aus der Aussummierung aller Aktivitätskosten, die sich für jede Aktivität aus der Multiplikation der festgelegten Menge mit den jeweiligen Unit Costs ergeben.

Traditionelle Budgetermittlung	
Budgetposition	Betrag
Personal	520.000 €
Personalnebenkosten	150.000 €
Büromaterial	40.000 €
Geräte	30.000 €
Reisekosten	25.000 €
Beratungskosten	70.000 €
Telefon	35.000 €
Porto	25.000 €
Sonstiges	5.000 €
Gesamtbudget	**900.000 €**

Prozessorientierte Budgetermittlung			
Aktivität	Einheitskosten	Anzahl	Aktivitätskosten
Kurzberatung	10 €	15.000	150.000 €
Beratungsgespräch	30 €	5.500	165.000 €
Kundenbesuche	250 €	180	45.000 €
Antragsprüfung	100 €	2.000	200.000 €
Kreditzusage	10 €	1.000	10.000 €
Vertragsanfertigung	30 €	1.000	30.000 €
Überwachung lfde. Verträge	20 €	12.000	240.000 €
Ablage	5 €	6.000	30.000 €
Abteilungsleitung			30.000 €
Gesamtbudget			**900.000 €**

Abb. 3–12: Vergleich von traditioneller und prozessorientierter Budgetermittlung (in grober Anlehnung an *Weber/Schäffer*, Controlling, S. 322)

In Abb. 3–12 ist für das Beispiel einer Privatkundenkreditabteilung einer Bank der Unterschied zwischen traditionellem und prozessorientiertem Budget gegenübergestellt. Beim klassischen Budget dienen Aufwandspositionen als Budgetierungsgrundlage, während beim prozessorientierten Budget die einzelnen Aktivitäten herausgearbeitet und deren Aktivitätskosten bestimmt werden. Das Gesamtbudget ergibt sich aus der Aufsummierung der Einzelpositionen.

Auch bei der prozessorientierte Budgetierung werden die gewünschten Budgets die tatsächlich bereitstehenden Mittel übersteigen. Um den Budgetbedarf und die zur Verfügung stehenden Mittel zu synchronisieren sind im Regelfall mehrere Iterationsschleifen erforderlich, bis das Budget endgültig verteilt ist.

Der Einsatz der prozessorientierten Budgetierung fördert das Denken in Prozessen und verdeutlicht Kapazitätsengpässe, die durch eine starke Inanspruchnahme einzelner Aktivitäten auftreten können. Wird in einem Unternehmen die Prozesskostenrechnung (vgl. Kap. 3.1.3.4) eingesetzt, stellt der Einsatz der prozessorientierten Budgetierung eine sinnvolle Ergänzung dar. Wesentlicher Nachteil des Verfahrens ist der Aufwand: Alle Aktivitäten, deren Kosten und deren Leistungsinanspruchnahme müssen für jede Planungsperiode neu geplant werden. Deshalb kann es ratsam sein, den Einsatz des Verfahrens auf besonders sensible Bereiche des Unternehmens zu begrenzen.

3.5.2.4 Rollierende Vorschau (Rolling Forcasts)

Die „rollierende Vorschau" (oder rollierende Prognose) ist kein eigenständiges Budgetierungsverfahren, sondern ein Hilfsmittel, das sich zur Unterstützung der übrigen Verfahren der Budgetierung einsetzen lässt.

Bei der traditionellen Budgetierung wird ein Budget für eine bestimmte Periode festgelegt (im Regelfall das Kalenderjahr) und die Einhaltung des Budgets für diese Budgetperiode überwacht: Durch die Begrenzung auf die aktuelle Budgetierungsperiode wird der Betrachtungshorizont immer kürzer, je weiter die Budgetierungsperiode ihrem Ende zuschreitet. Erwartungen bezüglich der nächsten oder übernächsten Budgetperiode bleiben unberücksichtigt.

Diesen Mangel beseitigt die rollierende Vorschau, bei der die Prognose zwar für einen jeweils konstanten Zeitraum von 12 oder 18 Monaten erfolgt, die jedoch durch eine mehrfache unterjährige Planung aktuell gehalten wird. Abb. 3–13 verdeutlicht die Vorgehensweise, die zu realitätsnäheren Ergebnissen führt.

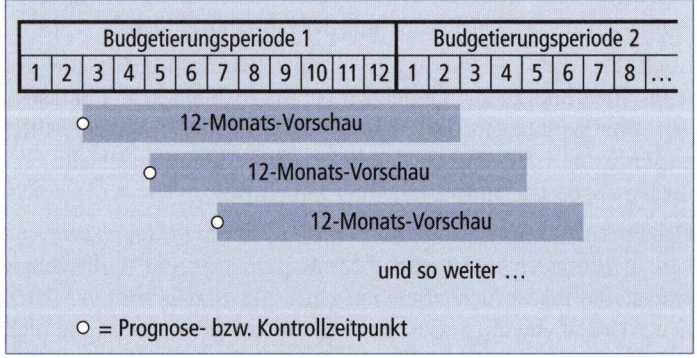

Abb. 3–13: Rollierende Vorschau

Die rollierende Vorschau ist kein umfassendes Planungsverfahren, sondern eine auf einer aktuellen Datenbasis und wenigen zentralen Größen aufbauende Hochrechnung. Dabei soll die gesamte Unternehmensentwicklung berücksichtigt werden. Durch eine Gegenüberstellung der Vorschaurechnung mit den relevanten Budgetwerten werden die Auswirkungen deutlich, so dass sich kurzfristig Konsequenzen für die laufende Periode ziehen lassen.

3.5.3 Beyond Budgeting

Die Vertreter des Beyond Budgeting (= „jenseits der Budgetierung") gehen radikal vor: Sie empfehlen, auf traditionelle Budgets ganz zu verzichten. Damit dies funktioniert ist eine organisatorische und mentale Umorientierung des Unternehmens erforderlich. Hierarchien sind abzubauen, Verantwortung ist konsequent zu delegieren und die lokale Autonomie zu stärken. Stattdessen sollen unbürokratische, netzwerkartige Strukturen und flexible Steuerungsprozesse die Anpassungsfähigkeit des Unternehmens steigern. Durch größtmögliche Transparenz sollen die Mitarbeiter motiviert und Misstrauen beseitigt werden. Investitionsentscheidungen werden dezentral getroffen, die Steuerung der Mittelbereitstellung erfolgt über einen „unternehmensinternen Markt" mit Hilfe eines internen Zinssatzes. Als Hilfsmittel zur Umsetzung dienen Zielvereinbarungen mit den Unternehmensbereichen, monatliche oder quartalsweise Voraussagen („Forecasts") sowie der Einsatz von Controllinginstrumenten wie dem Benchmarking (Kap. 5.4) oder der Balanced Scorecard (Kap. 2.5.7.5).

Während das Better Budgeting als sinnvoller Reformansatz auf breiter Ebene begrüßt wird, gibt es beim Beyond Budgeting zum einen eifrige Befürworter und zum anderen große Skeptiker. Unternehmen, die auf eine Budgetierung verzichten, haben dadurch Schwierigkeiten bei der Abstimmung der einzelnen Unternehmensbereiche, der Nutzung von Synergieeffekten sowie bei der Liquiditätssicherung. Deshalb erscheint das Verfahren bei Unternehmen mit einem großen Koordinationsbedarf eher ungeeignet.

3.6 Operative Kontrollinstrumente

Kontrolle ist eine Form des Vergleichs, bei dem einer zu prüfenden Größe (dem sog. Prüf- oder Kontrollwert) eine Referenzgröße (Vergleichswert) gegenübergestellt wird. Die Referenzgröße ist die Normvorgabe, mit der während eines Kontrollvorgangs der Prüfwert beurteilt wird.

Im Rahmen der Kontrolle werden Ist-, Wird- oder Soll-Größen unterschieden. **Ist-Werte** sind tatsächlich eingetretene, durch die Unternehmenstätigkeit realisierte Größen. **Wird-Größen** stellen eine Prognose dar, wie beispielsweise eine nach sechs Monaten durchgeführte Hochrechnung der Personalkosten für das Gesamtjahr. **Soll-Größen** ergeben sich im Rahmen der Planung und bilden eine gesetzte Vorgabe, die angestrebt wird. Wenn Planung und Wirklichkeit exakt übereinstimmen, entsprechen die Ist-Werte exakt den Soll-Werten; doch dieser Fall tritt in der Realität nur sehr selten auf.

Bei der Durchführung einer Kontrolle lassen sich Ist-, Wird- und Soll-Größen sowohl als Vergleichs- als auch als Kontrollgröße einsetzen. Wie Abb. 3–14 verdeutlicht, ergeben sich aus der Kombination von Ist-, Wird- und Soll-Größen insgesamt sechs sinnvolle Kontrollformen. Bei der Benennung eines Verfahrens wird die in der Rubrik „Vergleichswert" stehende Bezeichnung zuerst genannt: Beispielsweise wird die Ergebniskontrolle als Soll-Ist-Vergleich bezeichnet.

Kontrollwert	Vergleichswert		
	Ist-Größe	Wird-Größe	Soll-Größe
Ist-Größe	Ex-Post-Kontrolle (vgl. Kap. 3.6.1)	Prämissenkontrolle	Ergebniskontrolle (vgl. Kap. 3.6.2)
Wird-Größe	–	Prognosekonsistenzkontrolle	Fortschrittskontrolle (vgl. Kap. 3.6.3)
Soll-Größe	–	–	Zielkonsistenzkontrolle

Abb. 3–14: Formen der Kontrolle (nach *Amshoff*, Controlling, S. 265)

Im operativen Controlling werden überwiegend Ex-Post-, Ergebnis- und Fortschrittskontrollen eingesetzt, die in den nachfolgenden Abschnitten (3.6.1 ff.) erläutert werden. Die übrigen drei Kontrollformen lassen sich eher im strategischen Controlling und zur Validierung der Planung einsetzen, da sie die zugrunde liegenden Prämissen und die Konsistenzen der Verfahren überprüfen. Durch die **Prämissenkontrolle** wird anhand der vorliegenden Istgrößen überprüft, ob die ursprünglichen Planungsgrundlagen noch gültig sind oder zwischenzeitlich von der Wirklichkeit überholt wurden. Durch eine Wird-Wird-Kontrolle lassen sich die Ergebnisse von Prognosen auf ihre Verträglichkeit untereinander überprüfen. Soll-Soll-Kontrollen zeigen hingegen, ob die einzelnen Planungen und die daraus resultierenden Sollgrößen zusammenpassen.

Das Feststellen von Abweichungen ist aber nur der erste Schritt eines Kontrollprozesses. Danach muss analysiert werden, wieso es zu den Abweichungen kam. Mit dieser wichtigen Aufgabe befasst sich Abschnitt 3.6.4. Außerdem können Kontrollen auf Stichproben begrenzt (Kap. 3.6.5) oder auf Profitcenter ausgeweitet (Kap. 3.6.6) werden.

3.6.1 Ex-Post-Kontrolle

Bei der Gegenüberstellung von Istgrößen (Ist-Ist-Vergleiche) werden realisierte Größen aus verschiedenen Bereichen oder aus verschiedenen Perioden miteinander verglichen. Da mit realisierten Größen gearbeitet wird, lassen sich diese Vergleiche nur im Nachhinein, also „ex post", durchführen. Im Controlling bilden Betriebs- oder Zeitvergleiche eine Form der Ex-Post-Kontrolle.

Ein **Betriebsvergleich** nimmt einen Vergleich von verschiedenen Bereichen innerhalb eines Unternehmens oder einen Vergleich zwischen verschiedenen Unternehmen vor. So lässt sich die eigene Kostensituation mit der eines Konkurrenten oder des Branchendurchschnitts vergleichen. Das Instrument des Benchmarking (vgl. Kap. 5.4) basiert auf derartigen Betriebsvergleichen.

Zeitvergleiche betrachten die Veränderung von Ist-Größen im Zeitverlauf. So stellt jede Zeitreihe wie z. B. die Umsatzentwicklung eines Unternehmens einen Zeitvergleich dar, bei dem Ist-Größen der letzten Perioden in Bezug gestellt werden. Zeitvergleiche lassen sich mit Betriebsvergleichen kombinieren, wenn beispielsweise die Umsatzentwicklung des eigenen und die der drei wichtigsten Konkurrenten in den letzten zehn Jahren verglichen werden.

Bei Zeitvergleichen besteht die Gefahr, dass „Schlendrian mit Schlendrian" verglichen wird, so dass durch eine Orientierung an schlechten Werten aus der Vergangenheit bestehende Mängel nicht erkannt und nicht abgestellt werden. Ist-Ist-Kontrollen gelten als nicht zukunftsgerichtet, da Zielvorgaben durch den fehlenden Planungsbezug ausgeblendet sind.

3.6.2 Ergebniskontrolle

Die Ergebniskontrolle, die auch als Zielerreichungs- oder als Realisationskontrolle bezeichnet wird, ist eine im Rahmen des operativen Controlling sehr häufig eingesetzte Kontrollform. Basis der Ergebniskontrolle bildet der Soll-Ist-Vergleich, bei dem geplante Sollgrößen tatsächlich eingetretenen Ist-Größen gegenübergestellt werden. So wird deutlich, inwieweit die Planung des Unternehmens auch tatsächlich umgesetzt und die vorgegebenen Ziele erreicht wurden.

> **BEISPIEL Soll-Ist-Vergleich:** Im Monat März beträgt die Plan-Vorgabe (=Soll-Vorgabe) für die Ausbringungsmenge einer Kostenstelle 7.400 Mengeneinheiten (ME) eines Produkts. Tatsächlich wurden in diesem Monat aber nur 6.988 Mengeneinheiten produziert. Damit ergibt der Soll-Ist-Vergleich ein Defizit von 6.988 ME – 7.400 ME = – 412 ME, das vorgegebene Produktionsziel wurde nicht erreicht.

3.6.3 Fortschrittskontrolle

Durch (Plan-)Fortschrittskontrollen lässt sich während einer laufenden Planungsperiode überprüfen, ob die Planungen für die gesamte Periode voraussichtlich eingehalten werden. Dazu wird der geplanten Soll-Größe eine prognostizierte Wird-Größe gegenübergestellt. So lassen sich bereits frühzeitig Abweichungen aufdecken, so dass noch rechtzeitig Gegenmaßnahmen eingeleitet werden können. Dies ist ein großer Vorteil gegenüber der Ergebniskontrolle, bei der erst am Periodenende, also wenn es bereits zu spät ist, eine Abweichung festgestellt wird. Problematisch kann es sein, ein geeignetes Prognoseverfahren zu finden, mit dem sich gute Wird-Größen ermitteln lassen.

> **BEISPIEL Soll-Wird-Vergleich:** Das Personalbudget einer Kostenstelle beträgt für ein Jahr 282.000 €. Bis zum 30.6. sind Ist-Personalkosten in Höhe von 130.000 € angefallen. Eine Prognose der Personalkosten für das zweite Halbjahr ergibt einen Wert von 175.000 €.
> **Lösung:** Die Sollkosten betragen 282.000 €, die Wird-Kosten für das Gesamtjahr errechnen sich aus den Ist-Kosten für das erste Halbjahr und der Prognose für die zweite Jahreshälfte: 130.000 € + 175.000 € = 305.000 €. Der Soll-Wird-Vergleich zeigt, dass dringend Einsparungen erforderlich sind, damit das Budget eingehalten wird:
> 282.000 € – 305.000 € = – 23.000 €

3.6.4 Abweichungsanalyse

Abweichungsanalysen haben die Aufgabe, die Ursachen für Abweichungen näher zu ergründen. Sehr gut lassen sich Abweichungsanalysen auf Grundlage eines Soll-Ist-Vergleichs bei der flexiblen Plankostenrechnung (vgl. Kap. 3.2) durchführen.

Im Rahmen der Abweichungsanalyse werden für eine Kostenstelle die tatsächlich realisierten Istkosten K_{IST} den geplanten Sollkosten K_{SOLL} gegenüber gestellt. Die sich ergebende Gesamtabweichung wird in drei Bereiche („Abweichungsarten") unterteilt, mit denen sich die Verantwortung für die Abweichungen zuordnen lässt.

- **Preisabweichungen** treten durch Änderungen bei den Beschaffungspreisen, durch Lohn- und Gehaltssteigerungen sowie durch Wechselkursschwankungen ein. Sie lassen sich leicht durch eine Gegenüberstellung von Planwerten und Istwerten identifizieren. Preisabweichungen sind extern vorgegeben und daher nicht von dem Leiter der jeweiligen Kostenstelle zu vertreten, gleichwohl aber für das Unternehmen und dessen Preisgestaltung von großer Bedeutung. Verantwortung für diese Abweichung besitzt ggf. der Einkauf, der zu ungünstigen Konditionen die Beschaffung tätigte.

- Die **Verbrauchsabweichung** ergibt sich durch Mehr- oder Minderverbrauch und damit durch Unwirtschaftlichkeiten in einer Kostenstelle. Bei der Ermittlung der Verbrauchsabweichung wird ein gleichbleibendes Preisniveau zugrunde gelegt; deshalb sind die Ursachen ausschließlich in der Kostenstelle selbst zu suchen. Somit ist die Verbrauchsabweichung ein Maßstab für die Wirtschaftlichkeit einer Kostenstelle.

Die Verbrauchsabweichung ist definiert als Differenz aus Istkosten und Sollkosten. Es gilt:

Verbrauchsabweichung = (Istkosten K_{IST}) – (Sollkosten K_{SOLL})

Ein positiver Wert für die Verbrauchsabweichung weist auf Unwirtschaftlichkeit in der Kostenstelle hin, bei einem negativen Wert wurde durch die Kostenstelle günstiger gearbeitet als geplant.

Die Verbrauchsabweichung lässt sich in mehrere „Spezialabweichungen" zerlegen, die eine genauere Analyse ermöglichen und für Planungs- und Steuerungsaufgaben von großer Bedeutung sind. Spezialabweichungen entstehen durch Ausschuss, innerbetriebliche Unwirtschaftlichkeiten, Planungsfehler sowie durch Abweichungen bezüglich der Fertigungsintensität, der Seriengröße und bei der Maschinenbelegung.

- Die **Beschäftigungsabweichung** ist planungsbedingt und von der Kostenstelle nicht zu vertreten. Sie ergibt sich bei der flexiblen Plankostenrechnung auf Vollkostenbasis durch die Verrechnung der Fixkosten mittels des Plankostenverrechnungssatzes. Die Beschäftigungsabweichung bildet den Verrechnungsfehler, der entsteht, wenn die geplante und die tatsächlich eingetretene Ausbringungsmenge voneinander abweichen. Bei der Teilkostenversion der flexiblen Plankostenrechnung entfällt die Beschäftigungsabweichung, da bei diesem Verfahren keine Fixkostenverrechnung erfolgt.

Grafisch lässt sich die Beschäftigungsabweichung gemäß Abb. 3–15 als Differenz zwischen der Geraden der verrechneten Plankosten und der Sollkostenfunktion darstellen. Es gilt also die Gleichung:

Beschäftigungsabweichung
= (Sollkosten K_{SOLL}) – (Verrechnete Plankosten K_{VER})

Je größer die Beschäftigungsabweichung wird, desto größer ist der Planungsfehler, der bei der Festlegung der geplanten Ausbringungsmenge gemacht wurde. Größere Beschäftigungsabweichungen müssen zu einer gründlichen Überarbeitung der Planungsgrundlagen führen.

BEISPIEL zur Abweichungsanalyse: Für das Beispiel zur flexiblen Plankostenrechnung auf Vollkostenbasis sind Preis-, Beschäftigungs- und Verbrauchsabweichung zu berechnen (vgl. die Zahlenangaben und die Gleichungen aus Kap. 3.2.1; zusätzlich sind die Istkosten zu Istpreisen $K_{IST}*$ = 78.500 € und die Istkosten zu Planpreisen K_{IST} = 76.000 € gegeben):

3.6 Operative Kontrollinstrumente

Preisabweichung: $K_{IST}^* - K_{IST}$ = 78.500 € – 76.000 € = 2.500 €
Verbrauchsabweichung: $K_{IST} - K_{SOLL}$ = 76.000 € – 67.500 € = 8.500 €
Beschäftigungsabweichung: $K_{SOLL} - K_{VER}$ = 67.500 € – 60.000 € = 7.500 €
In Abb. 3–15 sind diese Abweichungen grafisch dargestellt.

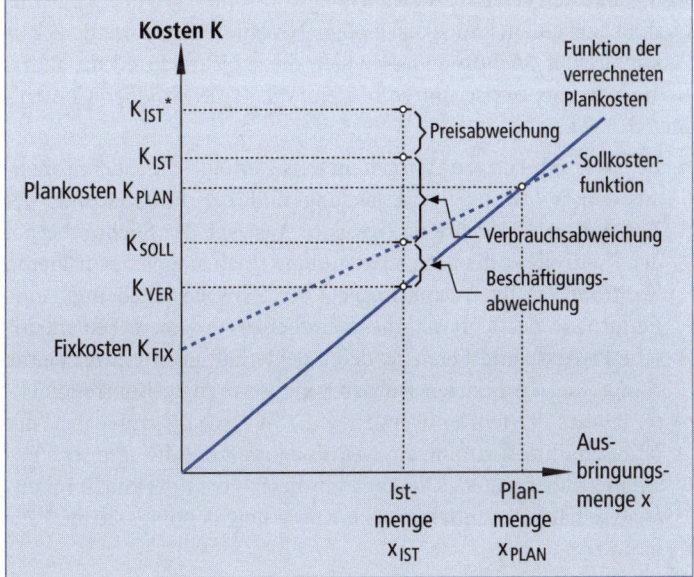

Abb. 3–15: Abweichungen bei der flexiblen Plankostenrechnung auf Vollkostenbasis

In der Praxis werden Abweichungsanalysen nur dann durchgeführt, wenn Abweichungen bestimmte Grenzwerte übersteigen. Auf diese Weise können blinder Aktionismus durch ggf. überhastet eingeleitete Maßnahmen vermindert und die Kosten, die für die Kostenkontrolle entstehen, niedrig gehalten werden.

3.6.5 Stichprobenanalyse

In vielen Bereichen eines Unternehmens sind flächendeckende Kontrollen zu zeit- oder kostenintensiv. Deshalb werden Kontrollen auf eine Teilmenge, die sog. Stichprobe, beschränkt. Dabei sollen die Kontrollkosten gesenkt, zugleich aber Kontrollnutzen und Kontrollqualität auf einem möglichst hohen Niveau gehalten werden. Zur Auswahl einer Stichprobe lassen sich die subjektive und die statistische Vorgehensweise unterscheiden (vgl. *Weber/Schäffer*, Controlling, S. 327 f.).

- Bei der **subjektiven Vorgehensweise** erfolgt die Stichprobenauswahl auf Basis der Erfahrung und der Einschätzung des Kontrolleurs. Durch eine bewusste Auswahl der Stichprobe hat der Kontrolleur die Möglichkeit, seine Erfahrungen aus früheren Kontrollen, seine Vermutungen über Schwachstellen und seine Kenntnisse des Unternehmens einfließen zu lassen. Fehlerkritische Prozesse und Bereiche, deren Fehlerhaftigkeit weitreichende Konsequenzen besitzen würden, sind bevorzugte Kontrollobjekte. Dieses Verfahren wenden z. B. Wirtschaftsprüfer bei der Jahresabschlussprüfung an, wenn sie bevorzugt die „großen" Positionen überprüfen. Die Qualität dieser Form der Stichprobenanalyse hängt unmittelbar vom Know-how des eingesetzten Prüfers ab.

- Bei der **statistischen Vorgehensweise** wird aufgrund einer angenommenen statistischen Verteilung (z. B. die Gauß'sche Normalverteilung) ein Fehlermaß festgelegt. Anschließend erfolgt die Überprüfung einer willkürlichen Stichprobe. Wird das Fehlermaß unterschritten, gilt die Gesamtheit als regelgerecht; bei einer Überschreitung des Fehlermaßes ist die Gesamtheit hingegen als nicht korrekt zu beurteilen. Im Rahmen der Jahresabschlussprüfung lässt sich dieses Verfahren z. B. bei der stichprobenartigen Überprüfung von Buchungen einsetzen.

Beide Vorgehensweisen besitzen Vor- und Nachteile; deshalb werden sie häufig kombiniert eingesetzt.

3.6.6 Profitcenter-Konzept

Während in den vorangegangenen Abschnitten davon ausgegangen wurde, dass die Kontrolle auf Kostenstellenebene erfolgt, weitet das Profitcenter-Konzept den Kontrollbereich auf größere Einheiten aus.

Grundlage des Konzepts bildet die Abgrenzung von größeren, „Profitcentern" genannten Bereichen aus dem Gesamtunternehmen, die mit den notwendigen Ressourcen ausgestattet sind und die dann relativ eigenständig als „Unternehmen im Unternehmen" geführt werden. Die Abgrenzung von Profitcentern kann sich an bestimmten Produkten, Projekten, Kundengruppen oder Regionen orientieren.

Die Verknüpfung mit dem Gesamtunternehmen geschieht über den „Profit" des Teilbereichs, also durch die Vorgabe von zu erzielenden Periodengewinnen, von zu erwirtschaftenden Deckungsbeiträgen oder der Optimierung von Kenngrößen (wie z. B. des „Return on Investment", vgl. Kap. 2.5.1.4). Der Weg, der zur Erreichung der Zielvorgaben beschritten wird, kann von den Profitcenter-Managern selbständig gewählt werden. An die Stelle einer zentralistischen Steuerung des Unternehmens treten dadurch dezentrale Organisationsstrukturen mit einer dezentralen Gewinnverantwortung. Derartige eigenverantwortlich geleitete Unternehmensteilbereiche werden auch als „Responsibility Center" bezeichnet.

Eine Umsetzung dieses Konzeptes ist nur möglich, wenn Kosten und Erlöse des Unternehmens verursachungsgerecht dem Profitcenter und seinen Leistungen zugerechnet werden können. Das setzt das Bestehen einer leistungsfähigen Kostenstellenrechnung voraus, bei der mehrere Kostenstellen zu einem Profitcenter zusammengefasst werden. Ferner sollten alle Größen, die das Periodenergebnis des Profitcenters beeinflussen, weitgehend durch Entscheidungen des Profitcenter-Managements beeinflusst werden können.

Günstige Voraussetzungen für die Anwendung des Profitcenter-Konzepts liegen bei Unternehmen mit Spartenorganisation vor, wenn die Sparten jeweils einen eigenen Beschaffungs- und Absatzmarkt besitzen und zudem weitgehend unabhängig von anderen Bereichen des Unternehmens sind. Jede Sparte kann dann als Profitcenter geführt werden. Schwieriger ist die Umsetzung des Profitcenter-Konzepts, wenn starke innerbetriebliche Leistungsverflechtungen vorliegen. Hierbei besteht das Problem, dass fiktive Verrechnungspreise für die Verrechnung der Leistungen festgesetzt werden müssen, die eventuell nicht den tatsächlichen Marktpreisen entsprechen. Ist ein Profitcenter gezwungen, bestimmte Leistungen innerbetrieblich zu nicht marktgerechten Preisen „einzukaufen", schränkt das die Entscheidungsfreiheit des Profitcenter-Managements ein; dies kann zu Konflikten führen, wenn die zu zahlenden innerbetrieblichen Verrechnungspreise höher sind als entsprechende Angebote von Lieferanten außerhalb des Unternehmens. Ein ähnlicher Effekt tritt ein, wenn das Profitcenter-Management aus gesamtunternehmenspolitischen Überlegungen gezwungen ist, bei bestimmten Lieferanten einzukaufen.

Aus dieser Problematik werden die beiden gegenläufigen Grundbedingungen eines Profitcenters deutlich: Zum einen bildet die Unabhängigkeit des Profitcenter-Managements einen wesentlichen Bestandteil des Konzepts. Zum anderen müssen die Ziele, die durch das Profitcenter verfolgt werden, vereinbar („kompatibel") mit den übergeordneten Unternehmenszielen sein. Ansonsten besteht die Gefahr, dass die einzelnen Profitcenter gegeneinander arbeiten und dadurch die einzelnen Bereiche des Unternehmens auseinanderdriften.

Als Vorteile des Profitcenter-Konzepts gelten die

- Steigerung der Motivation der Profitcenter-Mitarbeiter durch die größere Eigenverantwortung,

- Entlastung des Top-Managements von operativen Aufgaben sowie die

- Schaffung von kleinen, überschaubaren Organisationseinheiten, die eine größere Marktnähe, eine höhere Flexibilität und schnellere Reaktionsmöglichkeiten besitzen.

Problematisch sind die Koordination zwischen den einzelnen Profitcentern und dem Gesamtunternehmen, die eher kurzfristige Gewinnorientierung des Profitcenter-Managements sowie die häufig einseitige Ausrichtung auf wenige Steuergrößen.

Literaturempfehlungen zu Kapitel 3:

Horváth, Péter: Controlling. 12. Auflage. München: Vahlen 2011.
Küpper, Hans-Ulrich, u. a.: Controlling. Konzeption, Aufgaben und Instrumente. 6. Auflage. Stuttgart: Schäffer-Poeschel 2013.
Weber, Jürgen/Schäffer, Utz: Einführung in das Controlling. 14. Auflage. Stuttgart: Schäffer-Poeschel 2014.

4. Kapitel

Instrumente zur unternehmensinternen Analyse

Die folgenden Instrumente dienen der Beurteilung von Produkten und Produktgruppen, von Entscheidungsalternativen, von Unternehmensbereichen oder von strategischen Geschäftseinheiten. Sie sind eher dem strategischen Controlling zuzuordnen.

4.1 Produktlebenszykluskonzept

Das (Produkt-)Lebenszykluskonzept basiert auf der Beobachtung, dass sich die meisten Produkte nicht unbegrenzt auf einen Markt behaupten können, sondern eine begrenzte Lebensdauer besitzen, während der sie mehrere charakteristische Phasen durchlaufen. Aufgrund der vorliegenden Nachfragesituation lassen sich folgende „Lebenszyklusphasen" eines Produkts oder einer Produktgruppe unterscheiden:

- **Vorlauf:** Diese Phase liegt vor dem eigentlichen „Marktzyklus" und bleibt daher im Schrifttum häufig unberücksichtigt. Sie dient der Produktenwicklung und der Vorbereitung der Produktion. In der Vorlaufphase fallen erhebliche Kosten an, ohne dass diesen Kosten Einnahmen gegenüberstehen.
- **Einführung:** Das Produkt wird eingeführt und muss zunächst bekannt gemacht werden. Dazu sind Entscheidungen bezüglich der Produktpositionierung und der Werbestrategie zu treffen.

Die Entwicklung von Wachstumsrate und Marktpotential sind zunächst unklar. Die Anzahl der Wettbewerber ist zunächst klein. Aufgrund der Werbekosten und der noch geringen Umsätze wird in dieser Phase kein Gewinn erzielt.

- **Wachstum:** Es setzt eine starke Nachfrage ein, so dass die Umsätze steigen und hohe Gewinne erzielt werden. Durch Investitionen ist sicherzustellen, dass die Nachfrage befriedigt und ggf. kostengünstiger produziert werden kann. Allerdings treten nun Konkurrenten auf, die das Produkt nachahmen.

- **Reife:** Der Umsatz nimmt zwar noch zu, doch die Umsatzzuwachszahlen nehmen ab. Steigende Konkurrenz lässt die Preise fallen, so dass sich die Gewinnmargen und die Rentabilität vermindern. Das Management wird versuchen, durch Werbemaßnahmen den Marktanteil zu verteidigen oder neue Märkte zu erschließen.

- **Sättigung:** Der Markt ist gesättigt, der Umsatz stagniert. Aufgrund des Konkurrenzkampfes sinken die Preise und die Werbekosten steigen an. Zudem treten erste Nachfolgeprodukte auf, zu denen Kunden abwandern. Durch gezielte Maßnahmen (Produktdifferenzierung, Verpackungsgestaltung, neues Design) kann versucht werden, diese Phase für das Produkt zu verlängern, um ein Abfallen in die Rückgangsphase hinauszuzögern.

- **Rückgang (Degeneration):** Der Markt schrumpft, der Absatz geht zurück, das Produkt wird immer weiter vom Markt verdrängt, bis es aufgegeben werden muss.

Für die einzelnen Phasen liegen charakteristische Verläufe von Umsatz, Gewinn, Cashflow, Deckungsbeitrag und Kosten vor. In Abb. 4–1 sind in Form einer „Lebenszykluskurve" der typische Verlauf von Umsatz und Gewinn für ein Produkt dargestellt.

Ein Problem bei der praktischen Anwendung des Produktlebenszykluskonzepts ist die Zuordnung eines Produkts zu einer bestimmten Phase. Denn Konjunkturschwankungen und andere externe Einflüsse tragen dazu bei, dass meistens kein idealtypischer Kurvenverlauf vorliegt.

4.1 Produktlebenszykluskonzept

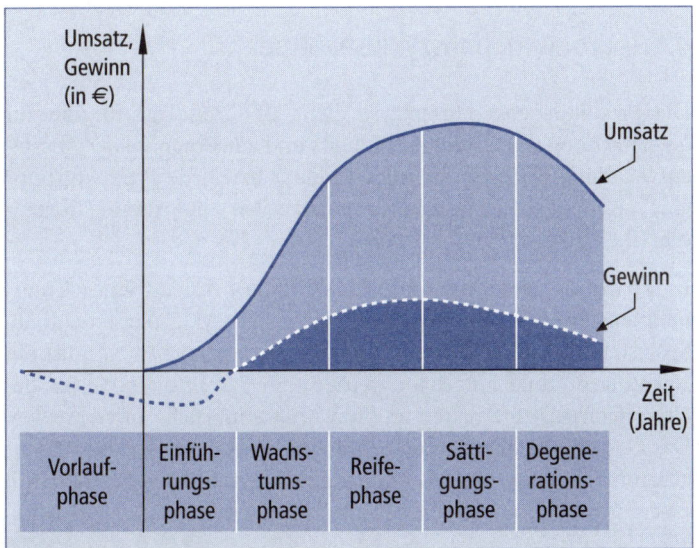

Abb. 4–1: Lebenszykluskurve für ein Produkt

Das Produktlebenszykluskonzept trifft keine Aussage darüber, wie lange die einzelnen Phasen andauern. Dies kann je nach Produkt sehr unterschiedlich sein: Elektronische Geräte haben beispielsweise einen viel kürzeren Lebenszyklus als Automobile oder Landmaschinen. Daneben gibt es Produkte, die seit Jahrzehnten unverändert in der Sättigungsphase verweilen. Klassische Beispiele dafür sind Coca-Cola, Maggi oder Nivea-Creme. Je kürzer der Lebenszyklus eines Produkts, umso schneller müssen sich die Kosten der Produktentwicklung amortisieren.

Zudem müssen nicht alle Phasen durchlaufen werden, die erhofften Gewinne aus der Wachstums- und Reifephase lassen sich nicht garantieren: So kann bei einer gescheiterten Produkteinführung auf die Einführungsphase unmittelbar die Degenerationsphase folgen.

4.1.1 Produktlebenszyklusanalyse

Die Produktlebenszyklusanalyse dient als Grundlage für die zur Überwachung des Produktsortiments und zur Prognose der Absatzentwicklung. Dazu ist für jedes Produkt bzw. jede Produktgruppe eine eigene Lebenszykluskurve aufzustellen und ständig fortzuschreiben.

Es ist darauf zu achten, dass das Produktsortiment eines Unternehmens Produkte aus verschiedenen Lebenszyklusphasen enthält. Spätestens, wenn ein Produkt die Reifephase erreicht hat, muss ein Nachfolgeprodukt aufgebaut werden, um das Erfolgspotential des Unternehmens zu erhalten und um Absatzeinbrüche zu vermeiden. Das Controlling hat eventuelle Mängel in der Lebenszyklusphasenzusammensetzung der Produkte aufzuzeigen und auf Bereiche mit einem Produktinnovationsbedarf hinzuweisen.

So hält die Produktlebenszyklusanalyse das Bewusstsein wach, dass ein Unternehmen gezwungen ist, durch Fortentwicklungen oder Produktinnovationen kontinuierlich neue Produkte auf den Markt zu bringen, um seitherige Produkte, die am Ende ihres „Lebenszyklus" stehen, ablösen zu können.

Erfolgreich eingesetzt wird die Produktlebenszyklusanalyse in der Automobilindustrie. Abb. 4–2 zeigt für die Automarke „VW Golf" die Lebenszyklen der ersten drei Produktgenerationen, die als Golf I, II und III bezeichnet werden. Als Indikator für die Nachfrage dient der Marktanteil, den das Produkt „Golf" in seiner Wagenklasse („Golfklasse") besitzt.

Die Abbildung verdeutlicht den Anstieg der Nachfrage nach der Markteinführung, die Wachstums-, Reife- und Sättigungsphase. Während die Produktlebenszykluskurve des Produkts „Golf I" eine lange Sättigungsphase besitzt, zeigen die Nachfolgemodelle einen stärkeren Anstieg, aber auch einen schnelleren Abfall der Kurve, wobei die Ankündigung einer Nachfolgegeneration den Absatzrückgang verstärkt, da die potentiellen Käufer auf das neue Modell warten.

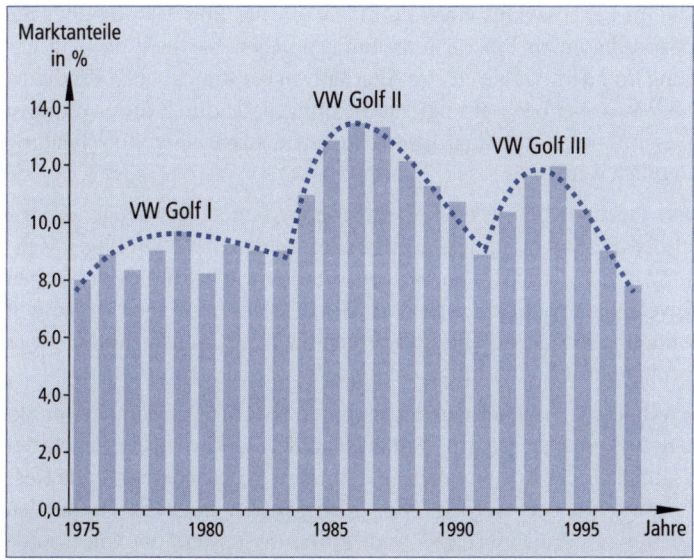

Abb. 4–2: Produktlebenszykluskurven für die ersten drei Generationen der Automarke „VW Golf" (auf der Grundlage von Daten aus *Meffert*, Marketing, S. 1319)

In der Automobilindustrie beträgt der Entwicklungszeitraum für ein neues Modell vier bis sechs Jahre. Abb. 4–2 zeigt, dass sich die Lebenszyklen der Modellgenerationen verkürzen. Um den Marktanteil halten zu können, erfolgt rechtzeitig, bevor die Nachfrage unter einen kritischen Wert sinkt, die Einführung eines Nachfolgeprodukts, durch das verlorene Marktanteile wieder zurückerobert werden.

4.1.2 Produktlebenszykluskostenrechnung (Life-Cycle-Costing)

Die Produktlebenszykluskostenrechnung, die auch als Life-Cycle-Costing bezeichnet wird, basiert auf dem im vorangegangenen Kapitel vorgestellten Produktlebenszykluskonzept. Ziel der Produktlebenszykluskostenrechnung ist die Ermittlung aller Produktkosten, die im Lebenszyklus eines Produkts von der Entwicklung über die Marktphasen bis hin zur Entsorgung anfallen. Sie dient der Beurteilung und dem Vergleich von Alternativen bei strategischen Produkt-, aber auch bei Beschaffungsentscheidungen, da durch die ermittelten Gesamtkosten die langfristigen Konsequenzen einer Entscheidung deutlich werden.

Die Produktlebenszykluskostenrechnung betrachtet weniger Kosten als Auszahlungen und die Zeitpunkte, zu denen die jeweiligen Zahlungen fällig sind. Daher werden, ähnlich wie bei der dynamischen Investitionsrechnung (vgl. Kap. 3.4.2), Zahlungsreihen aufgestellt und abgezinst. Und ebenso wie bei der Investitionsrechnung ist es problematisch, zukünftige Zahlungen abzuschätzen.

Produktlebenszykluskosten können entweder nach dem Zeitpunkt der Kostenentstehung in Anfangs- und Folgekosten oder nach der Häufigkeit des Kostenanfalls in einmalige und wiederkehrende Kosten untergliedert werden. Die Anfangskosten ergeben sich aus den Planungs-, Projektierungs- und Initiierungskosten, die Folgekosten aus dem laufenden Betrieb, aber auch aus den Kosten der Stilllegung und Entsorgung. Ziel der Produktlebenszykluskostenrechnung ist die Verminderung der Folgekosten bzw. der wiederkehrenden Kosten. So können durch die Verwendung von höherwertigen Materialien die Anfangskosten gesteigert, die wiederkehrenden Betriebskosten jedoch gesenkt werden.

4.2 Erfahrungskurvenkonzept

Das Erfahrungskurvenkonzept basiert auf dem **Lernkurveneffekt.** Eine Lernkurve verdeutlicht für bestimmte Arbeitsprozesse, dass bei zunehmender Ausbringungsmenge die benötigte Arbeitszeit pro Stück und damit die Produktionskosten pro Stück sinken. Ursache sind Lerneffekte bei den mit der Fertigung betrauten Mitarbeitern durch die wiederholte Ausführung einer Tätigkeit.

Das **Erfahrungskurvenkonzept** erweitert diese Aussage und bezieht neben dem Lerneffekt auch Größendegressionseffekte ein. Demnach treten mit zunehmender Ausbringungsmenge folgende Vorteile auf:

- Rationellere Fertigungsorganisation (Übergang zu Kleinserienfertigung oder Fließbandfertigung)
- Sinkende Fixkostenbelastung je Stück (sog. Fixkostendegression)
- Stückzahlenabhängiger Betriebsgrößeneffekt (sog. „Economies of Scale") z. B. durch günstigere Beschaffungskonditionen

Die Kernaussage des Erfahrungskurvenkonzepts besagt, dass bei bestimmten Produkten bei einer Verdoppelung der kumulierten Produktionsmenge (d. h. der seit Produktionsaufnahme insgesamt hergestellten Produkte) die Stückkosten um einen konstanten Prozentsatz zurückgehen. Er liegt je nach Produktart zwischen 20 und 30 Prozent. Dieser Prozentsatz konnte für verschiedene Produkte, sowohl im industriellen wie auch im Dienstleistungsbereich empirisch nachgewiesen werden. In Abb. 4–3 sind Beispiele für derartige Erfahrungskurven dargestellt; dabei wurde bei dem rechten Diagramm ein doppellogarithmischer Maßstab gewählt, so dass die Kurven zu Geraden werden.

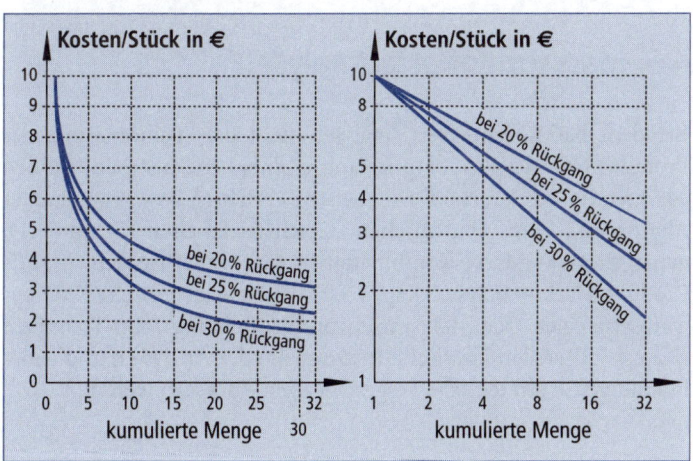

Abb. 4–3: Erfahrungskurven in arithmetischer (links) und doppellogarithmischer (rechts) Darstellung (Quelle: *Thommen/Achleitner*, Allgemeine Betriebswirtschaftslehre, S. 996)

Absenken lassen sich nur wertschöpfungsbezogene Kostenkomponenten, d. h. auf Materialkosten hat der Effekt keinen Einfluss. Der Rückgang der Stückkosten tritt nicht automatisch in diesem Umfang auf; die durch das Erfahrungskurvenkonzept aufgezeigten Kostensenkungspotentiale müssen durch entsprechende operative Rationalisierungsmaßnahmen gefördert werden, damit Einsparungen erzielt werden.

Aus dem Erfahrungskurvenkonzept kann die Schlussfolgerung gezogen werden, dass es für ein Unternehmen vorteilhaft ist, mit einem Produkt möglichst schnell große Marktanteile zu erobern, weil durch einen hohen Output die internen Kosten sinken und dadurch Wettbewerbsvorteile erlangt werden können. Damit begründet das Erfahrungskurvenkonzept den hohen Stellenwert von Marktanteil und Marktwachstum als strategische Erfolgsfaktoren.

Das Erfahrungskurvenkonzept lässt sich im Bereich des Marketings, aber auch im Rahmen des Controllings einsetzen, um Preis- und Marktstrategien festzulegen und um Rationalisierungskonzepte zu entwickeln.

4.3 Marktorientierte Analysen

Bei den marktorientierten Analysen steht die Positionierung der Produkte bzw. des Produktprogramms eines Unternehmens auf den Märkten im Vordergrund. Die meisten Verfahren basieren auf einer Abgrenzung von strategischen Geschäftseinheiten (Kap. 4.3.1), denen Produkt-Markt-Kombinationen zugeordnet werden. Ansoffs Produkt-Markt-Analyse (Kap. 4.3.2), Porters generische Wettbewerbsstrategien (Kap. 4.3.3) und vor allem die Portfolio-Techniken (Kap. 4.3.4) stellen klassische Instrumente der Analyse dar, die insbesondere für strategische Fragestellungen eingesetzt werden.

4.3.1 Strategische Geschäftseinheiten (SGE)

Aufgrund der Komplexität des Unternehmensumfeldes, der Vielfalt der Produkte und der Unternehmensgröße ist es schwieg, eine einheitliche Strategie für das Gesamtunternehmen festzulegen. Daher hat es sich als sinnvoll erwiesen, ein Unternehmen in homogene Teileinheiten zu zerlegen, die jeweils für eine bestimmte Produkt-Markt-Kombination zuständig sind und für die geeignete, „maßgeschneiderte" Strategien gefunden werden können. Solche Teileinheiten werden als **strategische Geschäftseinheit** (SGE) oder als Strategic Business Unit (SBU) bezeichnet.

Organisatorisch kann es sich bei strategischen Geschäftseinheiten um eine Sparte, eine Abteilung, ein Tochterunternehmen oder ein Profitcenter (vgl. Kap. 3.6.6) handeln. Es ist aber auch möglich, strategische Geschäftseinheiten abzugrenzen, die nicht identisch mit traditionellen Organisationseinheiten und daher im Organigramm eines Unternehmens nicht erkennbar sind. In diesem Fall entsteht eine „Duale Organisation", bei der neben der bestehenden Organisation (der sog. „Primären Organisation") eine zweite Struktur eingeführt wird (vgl. punktierte Linien in Abb. 4–4). Die geschaffenen strategischen Geschäftseinheiten sollten überschneidungsfrei und voneinander unabhängig sein.

Als Einteilungskriterien für strategische Geschäftseinheiten dienen in den meisten Fällen Produkte und Märkte; daneben lassen sich Kundengruppen, die Fertigungstechnologie sowie Vertriebsregionen oder -kanäle zur Abgrenzung heranziehen. Strategische Geschäftseinheiten bilden häufig den Ausgangspunkt für marktorientierte Analysen.

Mehr als drei Viertel der strategisch planenden Unternehmen in Deutschland grenzen strategische Geschäftseinheiten ab. Sie ermöglichen nicht nur ein flexibles, zielgerichtetes Handeln, sie stärken auch die Eigenverantwortlichkeit und damit die Motivation der Mitarbeiter. Die Autonomie der strategischen Geschäftseinheiten kann sich allerdings auch als Nachteil erweisen, wenn nicht mehr das Gesamtwohl des Unternehmens, sondern Teilinteressen verfolgt werden.

4. KAPITEL Instrumente zur unternehmensinternen Analyse

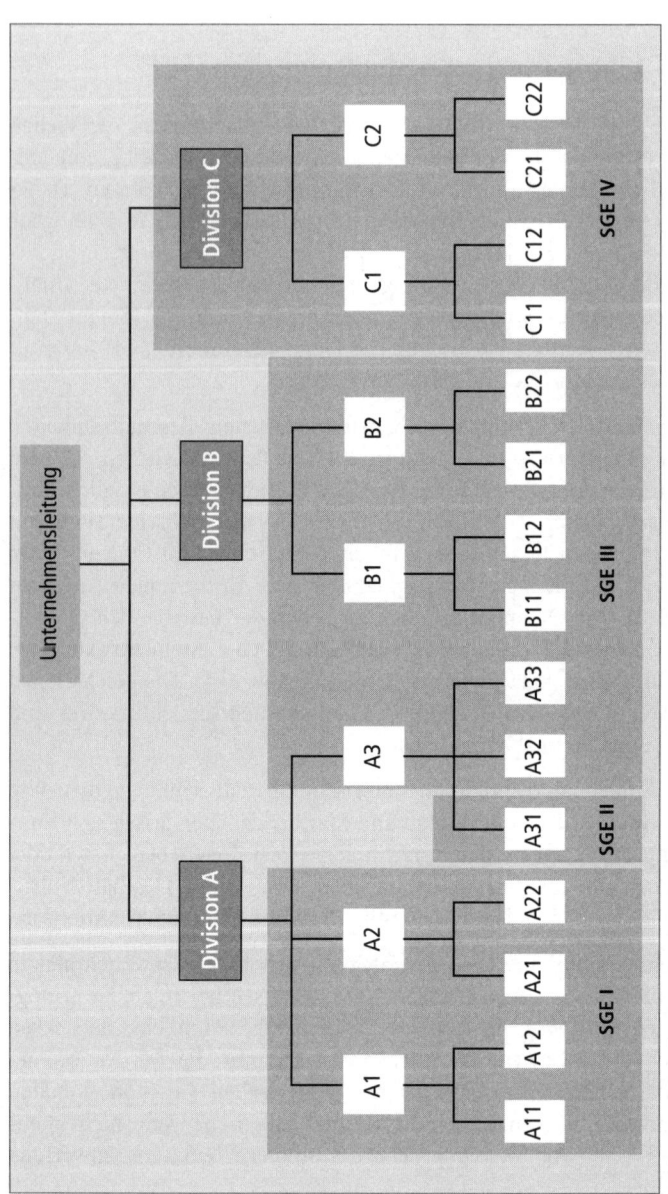

Abb. 4-4: Duale Organisationsstruktur

4.3 Marktorientierte Analysen

> **BEISPIEL zur Bildung von Strategischen Geschäftseinheiten (SGE):**
> Ein Unternehmen setzt fünf unterschiedliche Fertigungstechnologien ein. Die Fertigungstechnologien A, B und C betreffen Produkte, die direkt an Endverbraucher geliefert werden, während die mit den Fertigungstechnologien D und E hergestellten Produkte industrielle Abnehmer besitzen. Das Unternehmen unterscheidet als Vertriebsregionen Deutschland, das restliche Europa und Übersee.
>
> Die Abgrenzung von Strategischen Geschäftseinheiten könnte wie in Abb. 4–5 vorgenommen werden: Am deutschen Markt bilden die Technologien A und B gemeinsam die SGE I, für den europäischen Markt wird eine eigene SGE III abgegrenzt, die zusätzlich auch Technologie C beinhaltet. Für die Technologien D und E wird eine gemeinsame SGE V für den deutschen und den europäischen Markt gebildet. Den gesamten Überseebereich betreut für alle Technologiebereiche SGE IV.

Fertigungs-technologie	Kundentyp	Vertriebsregion		
		Deutschland	Europa	Übersee
A	Endverbraucher	SGE I	SGE III	SGE IV
B	Endverbraucher	SGE I	SGE III	SGE IV
C	Endverbraucher	SGE II	SGE III	SGE IV
D	Industrieunternehmen	SGE V	SGE V	SGE IV
E	Industrieunternehmen	SGE V	SGE V	SGE IV

Abb. 4–5: Beispiel für eine Abgrenzung von strategischen Geschäftseinheiten

Neben der Bezeichnung „Strategisches Geschäftseinheit" besteht auch der Begriff **„Strategisches Geschäftsfeld"** (SGF). In der Literatur werden die beiden Begriffe teilweise synonym verwendet. Einige Autoren verstehen unter einem strategischen Geschäftsfeld jedoch ein Marktsegment, in das das Unternehmensumfeld zerlegt wird, so dass eine SGE die Aufgabe besitzt, mehrere SGF zu bearbeiten.

4.3.2 Produkt-Markt-Analyse

Die Produkt-Markt-Analyse basiert auf der Zuordnung der Produkte oder der strategischen Geschäftseinheiten eines Unternehmens zu einer von vier möglichen Produkt-Markt-Kombinationen, die sich in Form einer **Produkt-Markt-Matrix** darstellen lassen. Die Matrix wurde von *Igor Ansoff*, dem Begründer des strategischen Managements, im Jahre 1965 entwickelt und trägt daher auch die Bezeichnung **„Ansoff-Matrix"**.

In der Produkt-Markt-Matrix sind die Produkte eines Unternehmens und die Märkte, in denen das Unternehmen tätig ist, gegenübergestellt. Dabei werden Produkte und Märkte jeweils den beiden Fallgruppen „vorhanden" und „neu" zugeordnet, so dass die in Abb. 4–6 dargestellte Vierfelder-Matrix entsteht.

		Märkte in denen das Unternehmen tätig ist	
		vorhanden	neu
Produkte des Unternehmens	vorhanden	① Marktdurchdringung	② Marktentwicklung
	neu	③ Produktentwicklung	④ Diversifikation

Abb. 4–6: Produkt-Markt-Matrix nach *Ansoff*

Je nachdem, welchem Feld der Ansoff-Matrix eine Produkt-Markt-Kombination zuzuordnen ist, ergeben sich unterschiedliche Empfehlungen für die einzuschlagende Strategie:

(1) **Marktdurchdringung** (Market Penetration): Wenn ein Unternehmen mit vorhandenen Produkten in seinem aktuellen Marktsegment wachsen möchte, sind die bestehenden Produkte besser zu positionieren (z. B. durch Intensivierung der Werbemaßnahmen), neu zu gestalten (z. B. neues Verpackungsdesign) oder ausstattungsmäßig zu verbessern. Das Risiko einer derartigen Strategie ist relativ niedrig, allerdings bieten sich auch nur begrenzte Wachstumschancen, da sich zusätzliche Umsätze nur über einen Verdrängungswettbewerb mit Konkurrenten erzielen lassen. Ein Beispiel für die Anwendung dieser Strategie bietet der Waschmittelbereich, der seit Jahren von wenigen Markenprodukten beherrscht wird.

(2) **Marktentwicklung** (Market Development): Unternehmenswachstum wird durch die Erschließung neuer Märkte für bereits vorhandene Produkte erzielt. Beispiel für eine Marktentwicklung ist die geographische Ausweitung des Angebots, indem Produkte, die bislang nur auf dem deutschen Markt erhältlich sind, nun auch in anderen europäischen Ländern oder in Übersee angeboten werden. Ein Risiko besteht bei fehlenden oder unzureichenden Kenntnissen der neuen Märkte. Allerdings bindet die Schaffung von logistischen Voraussetzungen, um die Versorgung der neuen Kunden sicherzustellen, erhebliche finanzielle Ressourcen.

(3) **Produktentwicklung** (Product Development): Das Unternehmen erweitert seine Produktpalette um neue Produkte, die im vorhandenen Markt angeboten werden. Damit können zusätzliche Kundengruppen angesprochen und ggf. von Konkurrenzprodukten abgeworben werden. Das bietet zusätzliche Chancen, aber natürlich auch das Risiko eines „Flops". Diese Strategie wurde beispielsweise von Waschmittelherstellern angewandt, als Waschmittelkonzentrate entwickelt und eingeführt wurden.

(4) **Diversifikation** (Diversification): Das Unternehmen entwickelt neue Produkte für neue Märkte. Diese Strategie ist angesagt, wenn die angestammten Tätigkeitsfelder eines Unternehmens keine Wachstumschancen mehr bieten oder sogar schrumpfen. Allerdings ist auch das Risiko hoch, da das Management nicht

auf Erfahrungen zurückgreifen kann. Deshalb wird diese Strategie häufig über den Erwerb von anderen Unternehmen eingeleitet, die sich in den neuen Märkten auskennen.

Die Ansoff-Matrix ist nur am Wachstum orientiert und liefert daher nur Strategieempfehlungen für Wachstumsmärkte. Durch eine Erweiterung der Matrix auf neun Felder lassen sich auch Märkte bzw. Produkte einbeziehen, die stagnieren bzw. abgebaut werden sollen (vgl. *Müller-Stewens/Lechner*, Strategisches Management, S. 257). Strategische Empfehlungen sind hierbei entweder die Aufgabe des Produktes (Rückzugsstrategie) oder eine Konzentration auf die wesentlichen Produkte bzw. Märkte (Verdichtungsstrategien).

4.3.3 Wettbewerbsstrategien

Eine Ergänzung erfahren die aus der Produkt-Markt-Matrix abgeleiteten Strategien durch die **„generischen Wettbewerbsstrategien"**, die auf den Erkenntnissen der Erfahrungskurve (vgl. Kap. 4.2) basieren. Nach diesem Ansatz des US-amerikanischen Ökonomen *Michael E. Porter* besitzt ein Unternehmen zwei Möglichkeiten, um einen nennenswerten Wettbewerbsvorteil gegenüber seinen Konkurrenten zu erzielen: Ein Unternehmen muss entweder einen **hohen Marktanteil** anstreben oder eine **Marktnische** einnehmen. Nur Unternehmen, die sich eindeutig für einen der beiden Wege entscheiden, werden erfolgreich am Markt bestehen; eine Position dazwischen sollte vermieden werden. Porter unterscheidet drei Normstrategien:

- Die **Kostenführerschafts- oder Volumenstrategie** zielt darauf ab, einen hohen Marktanteil zu erreichen, um so die Effekte der Erfahrungskurve (vgl. Kap. 4.2) ausnutzen zu können. Demnach besitzt der Wettbewerber mit der größten kumulierten Ausbringungsmenge (d. h. dem höchsten Marktanteil) aufgrund von Erfahrungseffekten das niedrigste Kostenniveau und erlangt dadurch die sog. Kostenführerschaft.

  Ein hoher Marktanteil kann durch den Einsatz der Massenproduktion (Herstellung von standardisierten Produkten in möglichst hohen Stückzahlen) und von Produktionsanlagen mit einer effizienten Größe sowie durch das Ausnutzen aller Kostensenkungspotentiale erreicht werden. Es setzt aber voraus, dass die finanziellen Mittel zur Umsetzung dieser Vorgaben vorhanden sind. Daran scheitert es bei vielen Unternehmen, so dass diese Strategie nicht erfolgreich umgesetzt werden kann.

Lässt sich die Kostenführerschaft nicht erreichen, ist es nicht sinnvoll, dennoch den Marktanteil steigern zu wollen. Stattdessen sollte eine Spezialisierungs- oder eine Differenzierungsstrategie gewählt werden.

- Die **Spezialisierungsstrategie** richtet sich auf ein bestimmtes, homogenes Marktsegment, das als Marktnische abgegrenzt werden kann. Durch die Spezialisierung auf eine bestimmte Region, Berufs- oder Kundengruppe können individuelle Leistungen erbracht werden, ohne dass das eigentliche Produkt verändert wird. Beispiel für die Spezialisierungsstrategie sind z. B. Studenten-Reisebüros, die auf die speziellen Wünsche dieser Klientel eingestellt sind.

- Die **Differenzierungsstrategie** kann bei Luxusgütern, Nischenprodukten und besonderen Dienstleistungen eingesetzt werden, indem durch die Schaffung eines Zusatznutzens ein Wettbewerbsvorteil vor Konkurrenzanbietern erlangt wird. Dieser Zusatznutzen kann beispielsweise durch ein exklusives Produktdesign, eine außergewöhnliche Produktfunktionalität, hochqualitative Produktverarbeitung, kurze Lieferzeiten oder besseren Kundenservice geschaffen werden. Wenn die Strategie gelingt, eröffnet das dem Unternehmen monopolartige Preisspielräume. Hohe Marktanteile lassen sich mit dieser Strategie allerdings nicht erlangen, da nicht alle Kunden bereit sind, für den Zusatznutzen die damit verbundenen höheren Preise zu zahlen.

Die Wettbewerbsstrategien zeigen grundsätzliche Handlungsalternativen auf und verdeutlichen, dass konsequentes Handeln erforderlich ist. Doch die Empfehlungen sind recht vage und undifferenziert. Als weitere Kritik wird vorgebracht, dass in der Praxis aufgrund sich rasch ändernder Wettbewerbsbedingungen generelle Strategieempfehlungen zu pauschal sind; um Unternehmen wirklich unterstützen zu können, sollte differenzierter vorgegangen werden.

4.3.4 Portfolio-Analysen

Der Begriff des „Portfolio" oder „Portefeuille" stammt aus dem Bereich des Wertpapier-Managements. Ein Wertpapierdepot sollte so zusammengestellt sein, dass unter Abwägung von Risiken und Erfolgsaussichten eine optimale Mischung verschiedener Wertpapiere vorliegt. Dieser Gedanke wurde auf die Bewertung der Zusammensetzung der Produktpalette bzw. der strategischen Geschäftseinheiten (vgl. Kap. 4.3.1) eines Unternehmens übertragen.

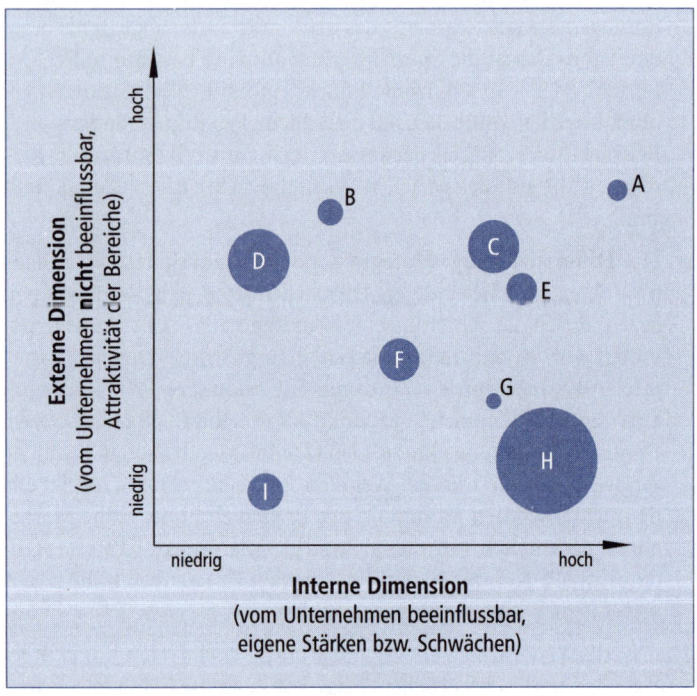

Abb. 4–7: Grundprinzip der Portfolioanalyse

Das Kernstück der Portfolio-Analyse bildet die **Portfolio-Matrix,** in der zwei Beurteilungskriterien (sog. „Dimensionen") gegenübergestellt werden (vgl. Abb. 4–7): Eine externe Dimension, die vom

Umfeld des Unternehmens vorgeben ist und die das Unternehmen selbst nicht beeinflussen kann (wie z. B. das Wachstum eines Marktes), sowie eine durch das Unternehmen beeinflussbare Dimension (wie z. B. der eigene Marktanteil). In dieser Matrix werden nun die zu beurteilenden Größen (also z. B. Produkte oder strategische Geschäftseinheiten) in Form von Kreisen platziert. Durch die Größe der Kreise lässt sich das Umsatzvolumen oder die Bedeutung einer Geschäftseinheit darstellen.

Durch die Portfolio-Analyse wird transparent, ob die Produktpalette eines Unternehmens eine ausgewogene Zusammensetzung besitzt bzw. wo Schwachpunkte bestehen. Zugleich gibt die Portofolio-Analyse für die einzelnen Bereiche der Matrix Handlungsempfehlungen in Form von **„Normstrategien"** vor, wie mit dort plazierten Objekten weiter umgegangen werden soll.

Die Urform der Portfolio-Analyse ist das Marktwachstums-Marktanteils-Portfolio (vgl. Kap. 4.3.4.1), das 1966 von der US-amerikanischen Unternehmensberatung „Boston Consulting Group" zur Analyse von strategischen Geschäftseinheiten entwickelt wurde. Seit dem entstanden verschiedene Varianten der Portfolio-Analyse, die teilweise den Ansatz der Boston Consulting Group nur geringfügig modifizieren, teilweise aber auch völlig andere Aspekte betrachten (wie z. B. Technologie-, Qualitäts- oder Ökologie-Portfolios) und mit dem ursprünglichen Ansatz nur die Darstellung in Matrixform gemeinsam haben. Die wichtigsten Ansätze werden im Folgenden erläutert.

4.3.4.1 Marktwachstums-Marktanteils-Portfolio

Das älteste Portfolio-Analyse-Konzept ist die 1966 erstmals veröffentlichte **Marktwachstums-Marktanteils-Portfolio-Matrix** der Boston Consulting Group. Das theoretische Fundament dieser Portfolioanalysenvariante bilden das Produktlebenszyklus- und das Erfahrungskurvenkonzept. Nach diesen Konzepten durchwandern Produkte mehrere Lebensphasen, durch die der Gewinn und der Cashflow beeinflusst werden. Durch die Portfolio-Analyse werden diese Informationen verdichtet, in übersichtlicher Matrixform dargestellt und mit Handlungsempfehlungen verknüpft.

Aufgrund der beiden Dimensionen „Marktwachstum" und „relativem Markanteil" werden die einzelnen Produkte, Produktgruppen oder strategischen Geschäftseinheiten eines Unternehmens in einer Vierfeldermatrix positioniert. Das **Marktwachstum** bildet die extern vorgegebene Dimension, die vom Unternehmen nicht beeinflusst werden kann. Durch das Marktwachstum wird die Attraktivität eines Marktes ausgedrückt. Durch das Unternehmen beeinflussbar ist hingegen der **Marktanteil,** der die Wettbewerbssituation des eigenen Unternehmens widerspiegelt. Dabei wird nicht der absolute Marktanteil, sondern der relative Marktanteil eines Unternehmens angesetzt, der als Verhältnis des eigenen Marktanteils zu dem Marktanteil des stärksten Wettbewerbers (oder der drei stärksten Wettbewerber) definiert ist. Für jede Dimension werden die Ausprägungsformen „niedrig" und „hoch" unterschieden, so dass aus der Kombination der beiden Dimensionen eine Vierfeldermatrix entsteht.

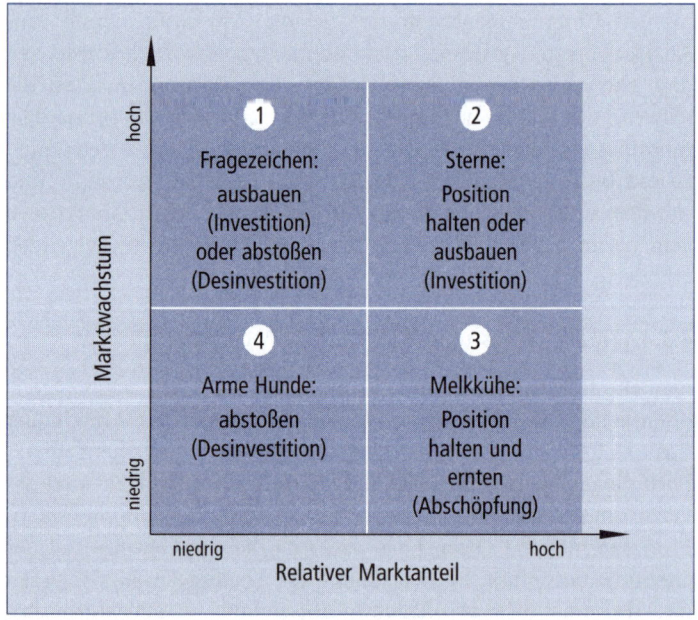

Abb. 4–8: Marktwachstums-Marktanteils-Portfolio: Normstrategien

Die vier Felder stehen jeweils für einen „Grundtyp" einer Geschäftstätigkeit, dem eine plakative Bezeichnung, aber auch eine Normstrategie als Empfehlung für die weitere Vorgehensweise zugewiesen ist. In diese Vierfeldermatrix sind nun die einzelnen Produkte, Produktgruppen oder strategischen Geschäftseinheiten des Unternehmens zu positionieren. Abb. 4–8 zeigt eine solche Portfolio-Matrix mit den Bezeichnungen der Felder und den empfohlenen Normstrategien.

Das Ziel eines Unternehmens ist es, sich in Märkten mit hohem Marktwachstum zu etablieren. Wenn ein neues Produkt in einem Wachstumsmarkt platziert wird, wird dessen Marktanteil zunächst gering sein, so dass ein derartiges Produkt in Feld (1) zu positionieren ist. Ob sich dieses Produkt am Markt bewährt, muss sich zeigen. Aufgrund ihres unklaren Entwicklungsweges tragen derartige Nachwuchsprodukte die Bezeichnung **„Fragezeichen"** („Questionmark"). Bei diesen Produkten sollte differenziert vorgegangen werden: Bei neuen „Zukunftsprodukten" sollte eine Offensivstrategie beschritten werden, indem durch Investitionen und eine gezielte Förderung versucht wird, einen höheren Marktanteil zu erreichen, damit das Produkt in Feld (2) wechselt und zu einem „Stern" wird. Ist diese Strategie nicht erfolgreich, so dass ein Produkt keine weiteren Marktanteile erobert oder sich in einer aussichtslosen Marktsituation befindet, wird die Konsequenz daraus der Einsatz einer Desinvestitionsstrategie sein.

Am günstigsten sind Produkte oder Geschäftseinheiten zu beurteilen, die in Feld (2) liegen und als **„Sterne"** (Stars) bezeichnet werden. Sie befinden sich nicht nur in einem Wachstumsmarkt, sondern konnten dort eine führende Marktposition erreichen. Der Cashflow für diese Produkte ist ausgeglichen, sie können ihren Finanzmittelbedarf selbst erwirtschaften. Als Normstrategie gilt für diese Produkte, dass durch gezielte Investitionen der Marktanteil gehalten oder ggf. sogar ausgebaut werden sollte (Investitionsstrategie).

Produkte, die in Feld (3) platziert sind (**„Melkkühe"** oder „Cash Cows"), besitzen eine starke Marktstellung in einem Markt, der sich in einer späten Lebenszyklusphase befindet und daher nur geringe Wachstumschancen bietet. Aufgrund ihrer Marktstellung besitzen diese Produkte aber einen positiven Cashflow, der sie zum „Zahlmeister" für das übrige Unternehmen werden lässt. Als Normstrategie wird empfohlen, den Marktanteil zu halten und die Gewinne abzuschöpfen (Abschöpfungsstrategie). Da der Markt nicht mehr wächst, sollten Investitionen in diesem Bereich jedoch nicht mehr erfolgen.

Produkte in Feld (4) werden als **„Arme Hunde"** („Poor Dogs") bezeichnet. Es handelt sich um Problemfälle, die Verluste oder unterdurchschnittliche Gewinne erwirtschaften, da sie in Märkten ohne Wachstumschancen agieren und zudem noch einen geringen Marktanteil aufweisen. Deshalb sollten diese Produkte aufgegeben werden, die Strategieempfehlung lautet „Desinvestition".

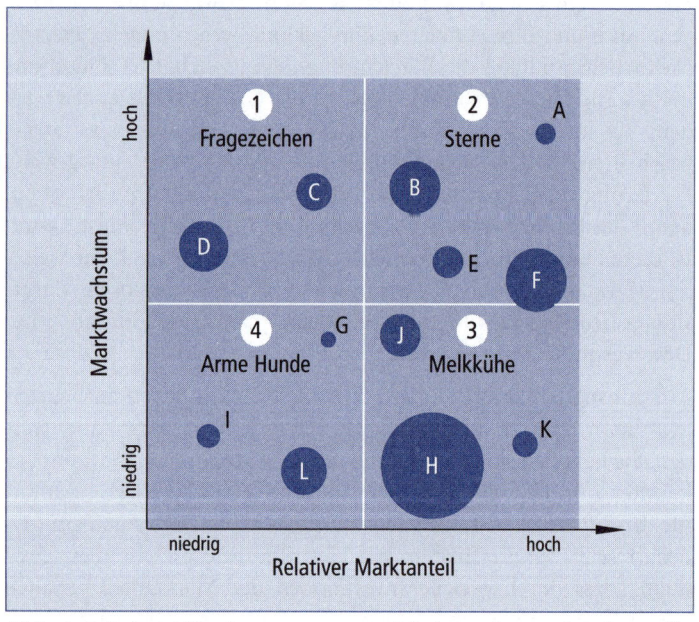

Abb. 4–9: Beispiel für ein ausgewogenes Marktwachstums-Marktanteils-Portfolio

Ein Produkt durchwandert im Laufe seines Lebenszyklus die Matrix: Im Idealfall beginnt es als Fragezeichen, wird dann zum Stern, der in der Reifephase „gemolken" wird, um schließlich als „Armer Hund" wieder aus dem Markt zu verschwinden. Im ungünstigsten Fall wird das Produkt direkt vom „Fragezeichen" zu einem „armen Hund".

In Abb. 4–9 sind die einzelnen Produkte eines Unternehmens in Form von Kreisen dargestellt, deren Größe das Umsatzvolumen oder deren Bedeutung für das Unternehmen widerspiegelt. Ein Unternehmen besitzt ein ausgewogenes Portfolio, wenn ein hoher Anteil an „Melkkühen" und an „Sternen" vorhanden ist. Die „Melkkühe" erwirtschaften die Finanzüberschüsse, die für das Überleben des Unternehmens und für Investitionen in die Sternprodukte erforderlich sind. Die Sternprodukte sind die Grundlage für das Zukunftsgeschäft, das aufgebaut werden muss.

BEISPIEL zur Portfolio-Analyse: Ein Unternehmen besitzt drei strategische Geschäftseinheiten (SGE) A, B und C, für die folgende Daten vorliegen:

SGE A: Marktanteil: 8 %,
Marktanteil des stärksten Wettbewerbers: 40 %,
geschätztes Marktwachstum: 14 %,
Marktvolumen: 250 Mio. €/Jahr

SGE B: Marktanteil: 12 %,
Marktanteil des stärksten Wettbewerbers: 24 %,
geschätztes Marktwachstum: 12 %,
Marktvolumen: 625 Mio. €/Jahr

SGE C: Marktanteil: 30 %,
Marktanteil des stärksten Wettbewerbers: 20 %,
geschätztes Marktwachstum: 10 %,
Marktvolumen: 500 Mio. €/Jahr

Aufgrund dieser Angaben ist eine Portfolio-Analyse durchzuführen.
Lösung:

SGE A: Relativer Marktanteil: 8/40 = 0,2;
Umsatz der SGE: 8 % * 250 Mio. €/Jahr = 25 Mio. €/Jahr

SGE B: Relativer Marktanteil: 12/24 = 0,5;
Umsatz der SGE: 12 % * 625 Mio. €/Jahr = 75 Mio. €/Jahr

SGE C: Relativer Marktanteil: 30/20 = 1,5;
Umsatz der SGE: 30 % * 500 Mio. €/Jahr = 150 Mio. €/Jahr

Damit ergibt sich die in Abb. 4–10 dargestellte Portfolio-Matrix, die ein sehr unausgewogenes Bild zeigt: Das Unternehmen hat zwar mit SGE C einen „Stern" und mit den SGE A und B zwei Nachwuchsbereiche, doch „Melkkühe" und „arme Hunde" fehlen völlig. Das Fehlen von Melkkühen verursacht ggf. Liquiditätsprobleme und kann dazu führen, dass das Unternehmen trotz aussichtsreicher Nachwuchsprodukte insolvent wird. Das Unternehmen muss sich um zusätzliche Finanzquellen bemühen oder eine der beiden Nachwuchs-Geschäftseinheiten veräußern, um mit dem Verkaufserlös die notwendigen Investitionen in die verbleibenden SGE zu finanzieren.

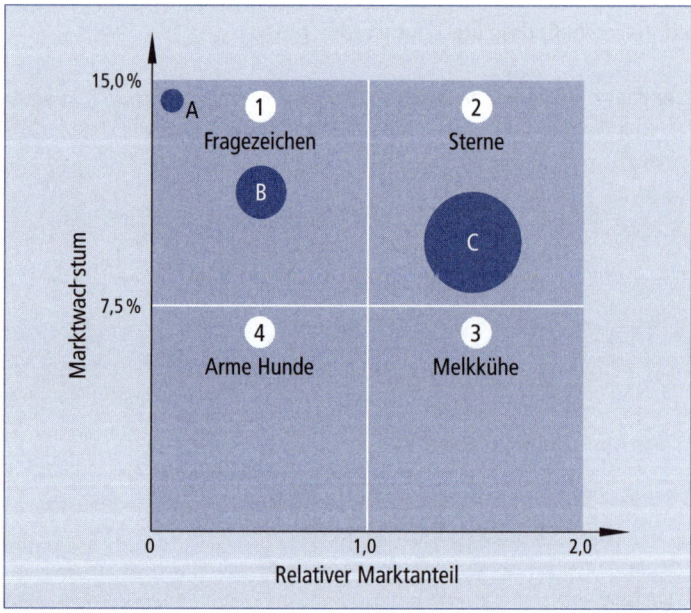

Abb. 4–10: Beispiel für ein Portfolio mit Wachstumschance und Liquiditätsrisiko

Portfolio-Matrizen mit einer Verteilung wie in Abb. 4–10 sind typisch für innovative Existenzgründungen, die zukunftsträchtige und marktgängige Neuprodukte entwickelt haben, die eine gute Wachstumschance besitzen. Oft besitzen diese Unternehmen aber keine finanzielle Basis, um Anlaufdefizite zu decken und die Produkte erfolgreich vermarkten zu können. Dieses Liquiditätsrisiko kann trotz hervorragender Produkte zum Scheitern des Unternehmens führen.

4.3.4.2 Marktattraktivitäts-Wettbewerbspositions-Portfolio

Das Marktattraktivitäts-Wettbewerbspositions-Portfolio des Beratungsunternehmens McKinsey stellt eine Fortentwicklung des im vorangegangenen Kapitel erläuterten Marktwachstums-Marktanteils-Portfolios dar. Es dient ebenfalls der Produkt-Markt-Analyse und arbeitet mit einer den Markt beschreibenden externen Dimension („Marktattraktivität"), der eine die Situation des eigenen Unternehmens widerspiegelnde interne Dimension („Wettbewerbsposition") gegenübergestellt wird. Um die Beschränkung auf lediglich zwei Beurteilungsfaktoren, die kennzeichnend für das Marktwachstums-Marktanteils-Portfolio-Konzept ist, zu beseitigen, wurde ein Mehr-Faktoren-System geschaffen, das die Einbeziehung von qualitativen und quantitativen Größen ermöglicht. Dazu steht für jede der beiden Dimensionen ein ganzer Katalog von möglichen Beurteilungsaspekten zur Verfügung, der eine große Flexibilität bei der Analyse ermöglicht. Denn es müssen nicht alle im Katalog genannten Kriterien einfließen, sondern nur diejenigen Faktoren, die bei einer konkreten Analyse Relevanz besitzen.

Zur Beurteilung der **Marktattraktivität** dienen folgende Aspekte:

- **Marktpotential:** Größe des Marktes und Abschätzung des künftigen Wachstums

- **Marktqualität:** Rentabilität, Position in der Lebenszykluskurve, künftige Abnehmer, Wettbewerbsbedingungen, Spielräume bei der Preisgestaltung

- **Energie- und Rohstoffversorgung:** Lieferanten und Störungen, die in diesem Bereich drohen können

- **Umfeldsituation:** Gesetzgebung, staatliche Eingriffe

Zur Beurteilung der **Wettbewerbsposition** bzw. der **Wettbewerbsstärke** des eigenen Unternehmens fließen neben dem Marktanteil weitere Größen ein. Hierbei wird nur mit relativen Größen gearbeitet, indem die Position des eigenen Unternehmens in Bezug zum jeweils stärksten Wettbewerber gestellt wird. Die berücksichtigten Bereiche sind:

- Relative Marktposition
- Relatives Produktionspotential
- Relatives Forschungs- und Entwicklungspotential
- Relative Qualifikation der Mitarbeiter

Um die Vielzahl der Einzelfaktoren zu den zwei Dimensionen einer Portfoliomatrix zu verdichten, werden die Faktoren zur Beurteilung der Marktattraktivität und die Faktoren für die Wettbewerbsposition jeweils zu einer Größe zusammengefasst. Dies geschieht dadurch, dass für jeden Einzelfaktor dessen Zielerreichungsgrad ermittelt wird. Diese Zielerreichungsgrade werden dann, ggf. unter Berücksichtigung einer unterschiedlichen Gewichtung, zusammengefasst. Als Ergebnis erhält man für jedes Produkt bzw. jede strategische Geschäftseinheit einen Zielerreichungsprozentsatz für dessen Marktattraktivität und für dessen Wettbewerbsposition, der dann in die Portfoliomatrix eingetragen werden kann.

> **BEISPIEL Marktattraktivität und Wettbewerbsposition:** Für eine strategische Geschäftseinheit A wird eine Marktattraktivität von 75 % und eine Wettbewerbsposition von 55 % ermittelt. Dies bedeutet: Die zusammengefassten Einzelfaktoren erreichen bei der Marktattraktivität einen Anteil von 75 % der maximal möglichen Bewertung, bei der Wettbewerbssituation werden 55 % der maximal möglichen Bewertung erreicht.

Die Marktattraktivitäts-Wettbewerbspositions-Portfolio-Matrix, in die diese Werte eingetragen werden, besteht aus insgesamt neun Feldern, da für jede der beiden Einflussgrößen eine niedrige, mittlere oder hohe Ausprägungsform eingetragen werden kann (vgl. Abb. 4–11).

Mit den einzelnen Feldern sind wiederum Normstrategien verknüpft, die als Handlungsempfehlung zur Fortentwicklung für die positionierten strategischen Geschäftseinheiten dienen. Aufgrund des Übergangs von einer Vier-Felder- zu einer Neun-Felder-Matrix sind wesentlich differenziertere Normstrategien möglich.

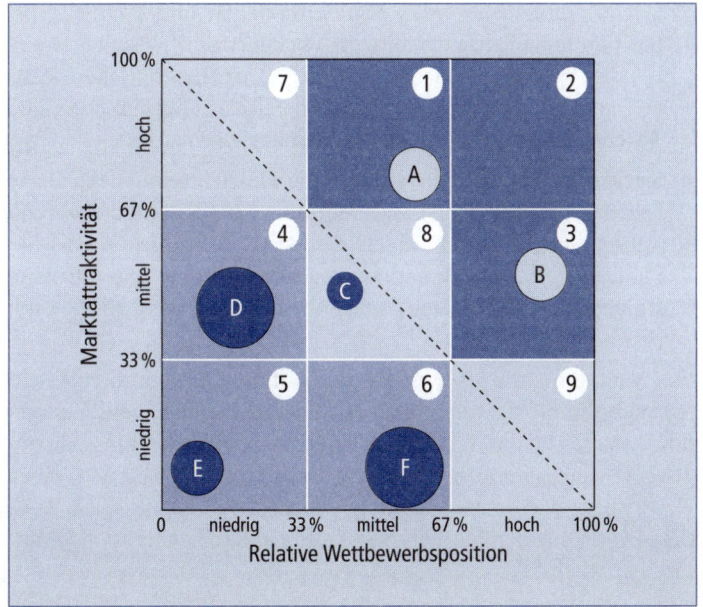

Abb. 4–11: Marktattraktivitäts-Wettbewerbspositions-Portfolio: Normstrategiefelder ((1) bis (9)) und platzierte strategische Geschäftseinheiten (A–F)

Die Matrix lässt sich in zwei Bereiche untergliedern, die durch eine als **„Risikolinie"** bezeichnete Diagonale voneinander getrennt werden. Aufgrund dieser Teilung lassen sich drei Strategiebereiche definieren:

- **Expansionsbereich** (Zone der Mittelbindung): Oberhalb der Risikolinie liegen Felder (in Abb. 4–11 die Felder (1), (2) und (3)), bei denen Marktattraktivität und Wettbewerbsposition eine mittlere bis hohe Ausprägung besitzen. Bei diesen für ein Unternehmen sehr attraktiven Geschäftseinheiten sollte die erreichte Position verteidigt oder sogar weiter ausgebaut werden, so dass ein Einsatz von Investitions- und Wachstumsstategien zu empfehlen ist.

- **Abschöpfungsbereich** (Zone der Mittelfreisetzung): Bei Geschäftseinheiten unterhalb der Risikolinie (in Abb. 4–11 Felder

(4), (5) und (6)) werden Marktattraktivität und Wettbewerbsposition nur niedrig bis mittelmäßig beurteilt. Ziel sollte es sein, aus diesem Bereich finanzielle Mittel abzuziehen und diese stattdessen zum Aufbau des Expansionsbereichs zu nutzen. Dazu sind Abschöpfungs- und Desinvestitionsstategien einzusetzen.

- **Selektiver Bereich:** Für strategische Geschäftseinheiten, die in Feldern positioniert sind, die durch die Risikolinie zerteilt werden (in Abb. 4–11 Felder (7), (8) und (9)), gelten selektive Strategien: Je nach Situation ist abzuwägen, ob eine Offensivstrategie, Defensivstrategie oder eine Übergangsstrategie gewählt wird.

Das Marktattraktivitäts-Wettbewerbspositions-Portfolio berücksichtigt mehr Einflussfaktoren und besitzt dadurch eine höhere Aussagefähigkeit. Nachteilig ist der hohe Anteil an subjektiven Einschätzungen, der durch die Auswahl der zu berücksichtigen Faktoren, deren Gewichtung und deren Bewertung unbemerkt eine Rolle spielt. Auch die Abgrenzung der Beurteilungsfaktoren untereinander ist nicht unproblematisch.

4.3.4.3 Markt-Produktlebenszyklus-Portfolio

Das Markt-Produktlebenszyklus-Portfolio des Beratungsunternehmens Arthur D. Little stellt auf die Phasen des Produktlebenszyklus ab. Die einzelnen Produkte oder strategischen Geschäftseinheiten eines Unternehmens werden nach ihrer Lebenszyklusphase und nach der Wettbewerbssituation eingeordnet. Als **Lebenszyklusphasen** werden die vier Stufen Entstehung, Wachstum, Reife und Alter unterschieden, es sind also im Vergleich zum Produktlebenszykluskonzept (vgl. Kap. 4.1) die beiden Phasen Sättigung und Rückgang zu einer Stufe „Alter" zusammengefasst. Zur Klassifizierung der **Wettbewerbssituation,** in der sich ein Produkt befindet, werden fünf Stufen (schwach, haltbar, günstig, stark und dominant) eingesetzt. Daraus ergibt sich eine Matrix mit insgesamt 20 Feldern (vgl. Abb. 4–12).

Wie bei den vorangegangenen Portfolio-Methoden werden auch beim Markt-Produktlebenszyklus-Portfolio den einzelnen Feldern Normstrategien zugeordnet. Wenn das Unternehmen eine starke

4.3 Marktorientierte Analysen

Wettbewerbsposition	Entstehung	Wachstum	Reife	Alter
dominant	Marktanteile hinzugewinnen	Position halten, mit Wettbewerb wachsen	Position halten	Position halten
stark	Marktanteile hinzugewinnen	Marktanteile hinzugewinnen	Position halten, mit Wettbewerb wachsen	Position halten, „ernten"
günstig	Position selektiv verbessern	Marktanteile selektiv hinzugewinnen	Position halten	„Ernten" bzw. stufenweise reduzieren
haltbar	Position selektiv verbessern	Aufsuchen Nischenposition	Aufsuchen Nischenposition oder reduzieren	Stufenweise reduzieren bzw. beenden
schwach	Starke Verbesserung oder Beendigung	Reduzieren oder Engagement beenden	Reduzieren oder Engagement beenden	Engagement beenden

Lebenszyklusphase

Abb. 4–12: Markt-Produktlebenszyklus-Portfolio: Normstrategien

oder dominante Wettbewerbsposition besitzt, empfiehlt sich bei allen Produktlebenszyklusphasen das Halten der Position. Bei den Produktlebenszyklusphasen „Entstehung" und „Wachstum" ist dies zusätzlich mit der Empfehlung verbunden, durch Investitionen die Position auszubauen. Bei einer schwachen oder „haltbaren" Wettbewerbssituation sollte das Engagement stufenweise vermindert werden, wenn keine Nischenposition eingenommen werden kann.

Das Hauptproblem dieses Instruments ist die Zuordnung eines Produkts zu einer Lebenszyklusphase, da dies nicht immer eindeutig erfolgen kann. Dieser Effekt verstärkt sich bei strategischen Geschäftseinheiten, wenn diese eine größere Heterogenität besitzen.

4. KAPITEL — Instrumente zur unternehmensinternen Analyse

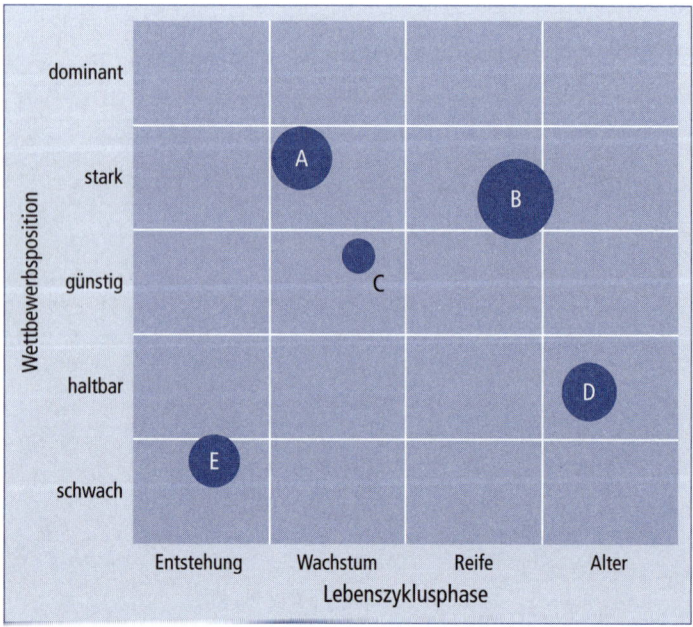

Abb. 4–13: Beispiel für ein Markt-Produktlebenszyklus-Portfolio

4.3.4.4 Technologie-Portfolio

In den letzten Jahrzehnten kann beobachtet werden, dass sich in fast allen Branchen für neue Produkte die **Entwicklungszeiten verlängern** und die Entwicklungskosten steigen. Ursachen für dieses Phänomen sind die steigende Produktkomplexität, die wachsende Produktvielfalt und verschärfte gesetzliche Rahmenbedingungen. Zugleich haben Unternehmen mit zunehmend gesättigten Märkten und sich **verkürzenden Marktzyklen** zu kämpfen. Produkte veralten schneller und müssen durch Neuentwicklungen ersetzt werden, wenn das Unternehmen seine Position am Markt behaupten möchte. Durch diese Tendenzen erhöhen sich die Entwicklungskosten; zugleich steht ein kürzerer Zeitraum zur Verfügung, in dem sich die Kosten amortisieren können.

Es wird somit für Unternehmen immer wichtiger, frühzeitig die richtigen Felder zu identifizieren, in denen Nachwuchsprodukte entwickelt werden sollen. Die in den vorangegangenen Kapiteln vorgestellten Portfolio-Verfahren betrachten nur die Marktphase eines Produktes und sind deshalb für eine derartige Analyse ungeeignet: Ein Produkt wird bei diesen Verfahren erst dann betrachtet, wenn es in den Markt eintritt; die Frage, für welche „Produktideen" der vor einem Markteintritt nötige Forschungs- und Entwicklungsaufwand überhaupt betrieben werden soll, beantworten sie nicht.

Als Hilfsmittel zur Identifizierung künftiger Entwicklungsaktivitäten eines Unternehmens lässt sich die Technologie-Portfolio-Analyse einsetzen. Bei diesem Instrument werden keine Produkte oder strategische Geschäftseinheiten, sondern **Technologien** analysiert, die sich hinter einem Produkt oder einem Fertigungsprozess verbergen. Diese **funktionale Betrachtung** stellt sicher, dass das Beurteilungsfeld nicht frühzeitig eingeschränkt wird und ist allgemeingültiger, als es eine Produktbetrachtung je sein kann.

> **BEISPIEL zur funktionalen Betrachtungsweise:** Hauptfunktion des Produktes „Schreibmaschine" ist die Textverarbeitung. Eine produktbezogene Analyse würde nur das Produkt Schreibmaschine und dessen Entwicklungsmöglichkeiten betrachten. Bei einer funktionalen Betrachtung der „Textverarbeitung" sind neben der klassischen Schreibmaschine auch die Möglichkeiten der EDV-gestützten Textverarbeitung im Blickpunkt.

Als **Technologiebereiche** lassen sich Produkt- und Prozesstechnologien unterscheiden. Bei der Fortentwicklung von Produkttechnologien geht es um Aspekte wie die Erweiterung der Produktfunktionen, eine bessere ökologische Verwertbarkeit oder um ein ansprechenderes Design. Bei den Prozesstechnologien werden hingegen die Fertigungsverfahren und deren Optimierung betrachtet.

Wie bei den Portfolio-Methoden üblich erfolgt die Analyse durch die Gegenüberstellung einer externen, durch das Umfeld vorgegebenen Dimension und einer unternehmensbezogenen, internen Dimension mittels einer Matrix. Als externe Einflussgröße dient die

Technologie-Attraktivität und als interne Größe die Technologieposition des Unternehmens. Zur Beurteilung der **Technologie-Attraktivität** lassen sich die folgenden Kriterien hinzuziehen (vgl. *Lorson/Quick/Wurl*, Controlling, S. 97):

- Weiterentwicklungspotential (Möglichkeiten der technischen Weiterentwicklung)
- Marktchancen (Erschließung von neuen Einsatzmöglichkeiten in anderen Bereichen)
- Synergetischer Nutzen (Positive Synergieeffekte auf andere Technologien oder Produkte)
- Bedrohung durch Substitutionstechnologien (Gefahr von Konkurrenztechnologien, baldiges Veralten der Technologie)
- Technikfolgenabschätzung (gesellschaftliche und ökologische Auswirkungen)

Die **Technologieposition** des Unternehmens spiegelt die **Ressourcenstärke,** die das eigene Unternehmen bezüglich einer Technologie besitzt, wider. Sie kann durch folgende Größen beschrieben werden:

- Beherrschbarkeit (Stand des Know-how im eigenen Unternehmen)
- Ressourcenverfügbarkeit (Finanzielle und personelle Ressourcen, die für die Fortentwicklung der Technologie bereitstehen)
- Erkenntnisstand im Vergleich zur Konkurrenz

Welche Kriterien zur Beurteilung tatsächlich herangezogen werden, ist unternehmensindividuell zu entscheiden. Für jedes Kriterium ist ein Zielerreichungsgrad abzuschätzen. Anschließend wird (ähnlich wie bei der Marktattraktivitäts-Wettbewerbspositions-Portfolio-Analyse, vgl. Kap. 4.3.4.2) für jede der beiden Dimensionen ein Gesamtzielerreichungsgrad bestimmt. Auch hier fließen subjektive Beurteilungen ein, so dass die Qualität des Verfahrens stark von dem mit der Durchführung der Analyse beauftragten Personenkreis abhängt.

Jede Dimension wird in drei Beurteilungsstufen unterteilt, so dass sich eine Neun-Felder-Matrix ergibt (vgl. Abb. 4–14).

4.3 Marktorientierte Analysen

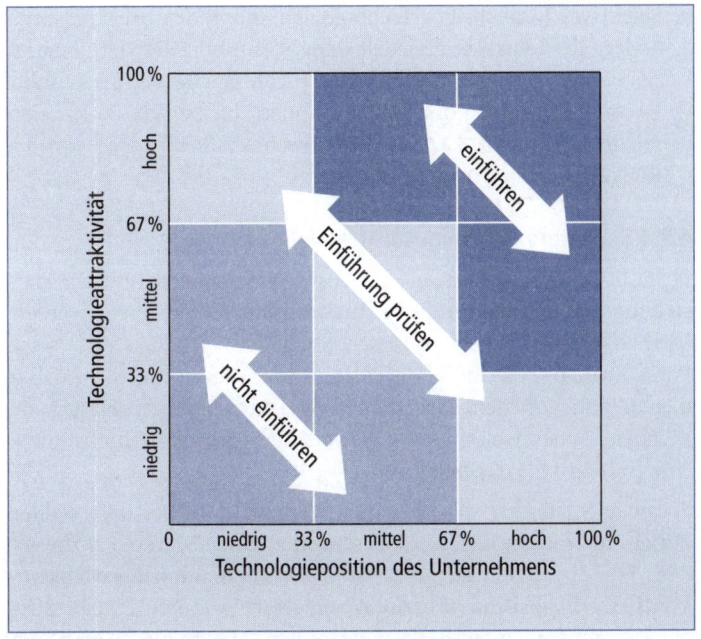

Abb. 4–14: Technologie-Portfolio: Normstrategien

Für die einzelnen Felder der Matrix sind wieder **Normstrategien** vorgegeben:

- **Technologieeinführung:** Technologien, bei denen Technologieattraktivität und Technologieposition eine mittlere bis hohe Ausprägung besitzen, sollten eingeführt werden. Um die dazu notwendigen Investitionen zu tätigen, sind die erforderlichen Mittel bereitzustellen.

- **Keine Technologieeinführung:** Von der Einführung von Technologien mit einer geringen bis mittleren Attraktivität und Technologieposition sollte ein Unternehmen Abstand nehmen. Die Ausdehnung der Unternehmensaktivitäten in diesem Bereich würde dessen Leistungsfähigkeit überfordern. Ein eventuell vorhandenes Engagement sollte aufgegeben und die dafür gebundenen Ressourcen für andere Aufgaben eingesetzt werden.

- **Selektiver Bereich:** Für Technologien, die in den drei Diagonalfeldern der Matrix angesiedelt sind, ist eine eingehendere Analyse notwendig, um eine Handlungsempfehlung abgeben zu können. Es ist zu prüfen, ob durch Investitionen eine bessere Position erreichbar erscheint. Ist dies eher unwahrscheinlich, erscheint der Rückzug aus diesem Bereich sinnvoll.

4.3.4.5 Weitere Portfolio-Ansätze

Portfolio-Matrizen besitzen den Vorteil einer übersichtlichen Darstellung und können für grobe Analysen sinnvoll eingesetzt werden. Viele Unternehmensberatungsgesellschaften propagieren eigene Portfolioanalyseverfahren, die entweder der Produkt-Markt-Analyse dienen und von den dargestellten Varianten nur geringfügig abweichen, andererseits auch eigenständige Methoden für spezielle Anwendungsfälle darstellen.

Spezielle Strategien, die über den Bereich der bisher dargestellten Verfahren hinausgehen, sind bei schrumpfenden Märkten anzuwenden. Für diesen Einsatzzweck kann das **„Schrumpfungsstruktur-Wettbewerbspositions-Portfolio"** eingesetzt werden. Es gibt Strategieempfehlungen zum Ausnutzen von Nischenpositionen, zur Verminderung der vorhandenen Produktionskapazitäten durch den Aufkauf von Wettbewerbern, zu Umstrukturierungsmaßnahmen oder zur gezielten Desinvestition (vgl. *Baum/Coenenberg/Günther*, Strategisches Controlling, S. 275 ff.).

Das **Wertschöpfungs-Risiko-Portfolio** stellt der Wertschöpfung einer strategischen Geschäftseinheit (z. B. gemessen durch den „Economic Value Added", vgl. Kap. 2.5.1.7) das dort vorhandene Risiko gegenüber. Damit wird versucht, den Aspekt der Risikofrüherkennung mit der Portfoliotechnik zu verbinden (vgl. *Lorson/Quick/Wurl*, Controlling, S. 99 f.).

4.4 Wertorientierte Analysen

Bei den wertorientierten Analysen stehen nicht die Marktchancen von Produkten, sondern die Werte der Produkt-Komponenten oder die Wertschöpfung, die im Unternehmen stattfindet, im Vordergrund.

Wertorientierte Betrachtungen nahmen im Jahre 1947 ihren Anfang, als die Urform der Wertanalyse in den USA zur Verminderung von Kosten im Beschaffungsbereich entwickelt worden war. In den letzten Jahrzehnten sind verschiedene Verfahren entstanden, die unterschiedliche Aspekte eines Unternehmens wertanalytisch untersuchen. In diesem Kapitel werden mehrere Methoden, bei denen die Wertermittlung im Mittelpunkt der Analyse stehen, vorgestellt.

4.4.1 Wertanalyse

Die Wertanalyse („Value Analysis") lässt sich zur Ergebnisverbesserung von verschiedenen Bereichen eines Unternehmens einsetzen. **Objekte** der Wertanalyse können Produkte und Dienstleistungen, aber auch (Produktions-)Prozesse und Organisationsstrukturen darstellen. Insbesondere im technischen Bereich ist sie als Instrument zur Rationalisierung weit verbreitet. Schon zu Beginn der 1970er Jahre erfolgte eine Normung der Wertanalyse (VDI-Richtlinie 2801 und DIN 69910, inzwischen EN 12937 bzw. EN 1325), durch die eine weitgehende Standardisierung des Verfahrens erreicht wurde.

Den Ausgangspunkt einer Wertanalyse bilden die **Funktionen,** die durch das zu analysierende Objekt erfüllt werden, und den **Wert,** den diese Funktionen aus der Perspektive eines Käufers besitzen. Ziel ist es, zum einen nicht benötigte Funktionen zu eliminieren und zum anderen die verbleibenden Funktionen kostengünstiger zu realisieren. Eine weitere Zielsetzung kann darin bestehen, dass eine Verbesserung des Kundennutzens durch die Hinzunahme von zusätzlich gewünschten Funktionen angestrebt wird.

Zur Durchführung der Wertanalyse wird ein mehrstufiges Verfahren eingesetzt, in dessen Zentrum die Anwendung von Kreativitätstechniken steht. Die Wertanalyse lässt sich in folgende Arbeitsschritte untergliedern:

- **Vorbereitung:** Die Analyseaufgabe wird definiert, das zu erreichende Ziel der Analyse und der Ablauf der Untersuchung festgelegt. Da eine Wertanalyse grundsätzlich in Teamarbeit durchgeführt wird, sind aus den betroffenen Fachabteilungen (Forschung und Entwicklung, Einkauf, Produktion, Marketing, Controlling) Fachleute zu benennen und zu Teams zusammenzustellen. Es muss ein Moderator gefunden werden, der das Verfahren zielgerichtet steuert.

- Analyse der **Ausgangssituation** (Ist-Zustand): Zur Erfassung des Ist-Zustandes werden die Funktionen, die das untersuchte Objekt besitzt, ermittelt. Auch Schwachstellen sind aufzuzeigen. Anschließend sind den einzelnen Funktionen Kosten zuzuordnen („Funktionenkosten"). So werden funktionsbezogene Kostenschwerpunkte transparent und Missverhältnisse zwischen den Kosten einer Funktion und der Bedeutung, die die Kunden dieser Funktionen beimessen, deutlich.

- Festlegung des **Soll-Zustands:** Der anzustrebende Zustand des Objektes („Wunschzustand") wird definiert.

- Entwicklung von **Lösungsideen:** In dieser Phase wird nach Lösungsalternativen gesucht, die sich an den zu erfüllenden Funktionen, nicht unbedingt an der seitherigen Realisation orientieren. Ein Hilfsmittel dazu sind **Kreativitätstechniken.** Um möglichst viele und verschiedenartige Ideen zu finden, werden starre Denkmuster durch moderierte Gruppendiskussionen in Form des „Brainstorming" oder durch ein systematisches Suchen und Kombinieren von Lösungsvarianten (z. B. durch die Methode des morphologischen Kastens) aufgelöst.

- **Auswahl** von Lösungen: Alle im vorherigen Schritt ermittelten Lösungsvarianten, die technisch realisierbar erscheinen, werden klassifiziert und bewertet, um die optimale Lösung herauszufiltern. Die Entscheidung trifft die Unternehmensleitung.

- **Realisierung** der ausgewählten Lösung: Die ausgewählte Lösung ist detailliert zu planen und zu verwirklichen.

Die Wertanalyse hat sich als effizientes Verfahren zur Reduzierung der Kosten von Produkten, Dienstleistungen und (Produktions-) Prozessen bewährt. In der Praxis wurden Kostensenkungen von bis zu 50 Prozent erreicht.

4.4.2 Gemeinkostenwertanalyse

Die Gemeinkostenwertanalyse (Overhead Value Analysis) ist eine Variante der Wertanalyse, die zur Verminderung von Gemeinkosten insbesondere im Verwaltungsbereich eingesetzt wird. Dazu erfolgt eine kritische Gegenüberstellung der anfallenden Kosten und des entstehenden Nutzens von einzelnen Unternehmensaufgaben mit dem Ziel, unnötige Kosten zu identifizieren und zu eliminieren, ohne dass der Nutzen vermindert wird.

Unter Beteiligung von externen Beratern wird versucht, die Kreativität von Mitarbeitern des betroffenen Unternehmens zum Auffinden von Lösungswegen zu mobilisieren und systematisch (Gemein-)Kosten durch die Verminderung von unnötigen Leistungen zu reduzieren. Dazu wird kurzzeitig das gesamte mittlere Management eines Unternehmens mobilisiert, um das Kostenniveau auf ein gerade noch vertretbares Niveau abzusenken.

Das Verfahren setzt sich aus drei **Phasen** zusammen:

- **Vorbereitungsphase:** Schaffung der organisatorischen Grundlage zur Verfahrensdurchführung und der Schulung der Beteiligten.

- **Analysephase:** Im Rahmen der Analysephase werden die Kosten und Leistungen der betrachteten Kostenstelle gegenübergestellt und in Gruppendiskussionen versucht, Einsparungsmöglichkeiten zu entwickeln. Als Zielvorgabe werden üblicherweise Kosteneinsparungen in Höhe von 40 Prozent vorgegeben. Einsparungen lassen sich insbesondere durch den Wegfall oder die Reduzierung von Leistungen erzielen. Daneben sind neue Lösungswege zu erarbeiten, wobei durch den Einsatz von **Kreativitätstechniken** das Entwickeln von unkonventionellen Lösungen gefördert wird.

- **Umsetzungsphase:** Nachdem die Unternehmensleitung entschieden hat, welche der herausgearbeiteten Maßnahmen tatsächlich umgesetzt werden sollen, erfolgt die Realisierung der beschlossenen Maßnahmen und Pläne. Dafür ist ein Zeitraum von bis zu drei Jahren anzusetzen.

Die Gemeinkostenwertanalyse ist ein effizientes und vielfältig einsetzbares Verfahren zur Ermittlung des vorhandenen Kosteneinsparungspotentials. Es lassen sich Einsparungen von bis zu 20 Prozent erreichen. Es ist aber zu bedenken, dass das Verfahren auf mittelfristige Einsparungen abstellt. Langfristige, strategische Überlegungen spielen keine Rolle. Daher empfiehlt sich der Einsatz bei Unternehmenskrisen, wenn drastische Kosteneinsparungen für das Überleben des Unternehmens erforderlich sind.

Bei der Umsetzung der Vorschläge treten häufig Akzeptanzprobleme auf. Dazu trägt auch der Personalabbau bei, der im Regelfall aus den Kosteneinsparungsvorschlägen resultiert.

4.4.3 Wertschöpfungsketten-Analyse

Das Konzept der Wertschöpfungsketten-Analyse wurde 1985 durch den US-amerikanischen Ökonomen *Michael E. Porter* vorgestellt. Es handelt sich um einen wertbezogenen Ansatz zur Bestimmung des strategischen Potentials eines Unternehmens, wobei das Potential über die Wertschöpfung des Unternehmens bestimmt wird.

Die **Wertschöpfung,** also der in einer Periode geschaffene „Mehrwert", zeigt den eigenen Anteil eines Unternehmens an der Leistungserbringung. Alle Tätigkeiten in einem Unternehmen, die einen Nutzen für den Kunden des Unternehmens schaffen, stellen eine Wertschöpfung dar. Sie errechnet sich, wenn von der Gesamtleistung (dem Output) eines Unternehmens die eingesetzten Vorleistungen (der Input) abgezogen werden.

Eine **Wertschöpfungskette** (die in Anlehnung an ihren englischen Namen **„Value Chain"** in der Literatur teilweise auch als „Wertkette" bezeichnet wird) bildet die Zusammenfassung aller wertschöpfenden Tätigkeiten, die zur Erstellung eines Produktes erforderlich sind und

4.4 Wertorientierte Analysen

durch die ein Nutzen für die Abnehmer der Produkte erzeugt wird. Abb. 4–15 zeigt die Grundstruktur der Porter'schen Wertschöpfungskette.

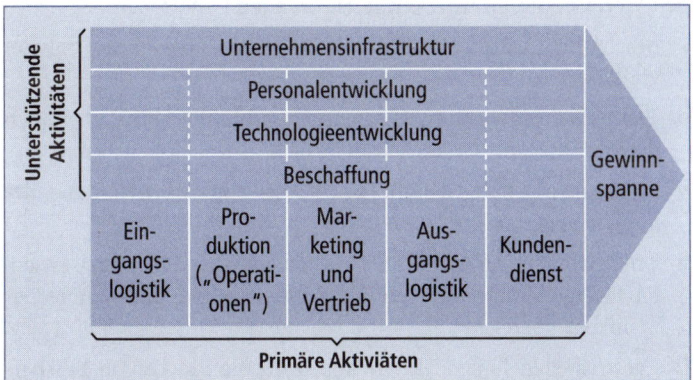

Abb. 4–15: Wertschöpfungskette nach *Porter* (in Anlehnung an *Porter*, Wettbewerbsvorteile, S. 66)

Porter unterscheidet innerhalb der Wertschöpfungskette primäre und sekundäre Aktivitäten sowie die Gewinnspanne (vgl. *Porter*, Wettbewerbsvorteile, S. 70 ff.). Die **primären Aktivitäten** dienen unmittelbar der Herstellung der Produkte und deren Übermittlung an den Abnehmer. Dazu zählt *Porter* die folgenden Bereiche:

- Eingangslogistik (Warenannahme und -lagerung, innerbetriebliche Materialtransporte)
- Produktion (maschinelle Bearbeitung, Montage, Verpackung); *Porter* bezeichnet diesen Bereich als „Operationen" (engl. Operations)
- Marketing und Vertrieb (Werbung, Verkaufsförderung, Preisfestsetzung)
- Ausgangslogistik (Fertigproduktlagerung, Auftragsabwicklung, Auslieferung)
- Kundendienst (Installation, Reparaturen, Ersatzteillieferung)

Die Bedeutung der einzelnen Bereiche ist bei verschiedenen Branchen sehr unterschiedlich: Handelsunternehmen besitzen einen Schwerpunkt im Bereich von Eingangs- und Ausgangslogistik, während in Unternehmen des Maschinenbaus Produktionsprozesse dominieren.

Bei den **sekundären Aktivitäten** handelt es sich um die folgenden, den Wertschöpfungsprozess unterstützenden Funktionen:

- Beschaffung (sämtliche Einkaufstätigkeiten, aber ohne Logistikvorgänge)
- Technologieentwicklung (Forschung und Entwicklung, aber auch die Verbesserung der Verfahren in allen Unternehmensbereichen)
- Personalwirtschaft (einschließlich Aus- und Weiterbildung der Mitarbeiter)
- Unternehmensinfrastruktur (Geschäftsführung, Rechnungswesen, Finanzen, Controlling, Planung, Rechtsabteilung und weitere Gemeinkostenbereiche)

Die gestrichelten Linien, die in Abb. 4–15 die Blöcke von Beschaffung, Technologieentwicklung und Personalwirtschaft untergliedern, sollen andeuten, dass diese drei Bereiche neben ihrer übergeordneten Unterstützungsfunktion für die gesamte Wertschöpfungskette auch eine enge Verknüpfung mit einzelnen primären Aktivitäten besitzen.

Die **Gewinnspanne** bildet die Differenz zwischen dem Preis eines Produktes und der Summe der Stückkosten aller primären und sekundären Aktivitäten.

Eine Wertschöpfungskette kann für ein Produkt, für Produktgruppen, aber auch für strategische Geschäftseinheiten erstellt werden. In allen Fällen erfolgt die Aufstellung in drei Schritten:

- **Einzeltätigkeiten erfassen und bündeln:** Einzelne Tätigkeiten, die zur Erstellung eines Produktes oder zur Erbringung einer Dienstleistung erforderlich sind, werden herausgearbeitet. Anschließend sind sie zu Komponenten zu bündeln.
- **Zuordnung von Kosten:** Den ermittelten Komponenten sind Kosten zuzuordnen. Dabei können absolute Kostenbeträge oder prozentuale Kostenanteile zugeordnet werden
- **Zusammenfassung zu Aktivitätengruppen:** Die einzelnen Komponenten werden den primären bzw. sekundären Aktivitäten der Wertschöpfungskette zugeordnet.

4.4 Wertorientierte Analysen

> **BEISPIEL zur Wertschöpfungskettenerstellung:** In einem Maschinenbauunternehmen werden für die Produktion eines Aggregats Zukaufteile benötigt. Für den Beschaffungsprozess fallen die Tätigkeiten „Angebotsvergleich durchführen", „Zukaufteile bestellen" und „Wareneingang prüfen" an. Diese Tätigkeiten lassen sich zu der Komponente „Bestellvorgang" zusammenfassen. Im Sinne einer Prozesskostenrechnung (vgl. Kap. 3.1.3.4) können diesen Tätigkeiten bzw. der Komponente „Bestellvorgang" Kosten zugerechnet werden. Anschließend wird die Komponente „Bestellvorgang" zusammen mit anderen Komponenten wie z. B. „Lagerung", „Rechnung bezahlen" der Aktivität „Eingangslogistik" zugeordnet.

Eine so für einen Unternehmensteilbereich erstellte Wertschöpfungskette lässt sich mit weiteren Wertschöpfungsketten zu einem „Wertschöpfungskettensystem" verknüpfen, das in Form eines Netzwerks die gesamten wertschöpfungsbezogenen Tätigkeiten eines Unternehmens zusammenfasst.

Abb. 4–16 stellt ein Beispiel für eine Wertschöpfungskette für ein konkretes Produkt dar, bei der den einzelnen Aktivitäten prozentuale Anteile am Nettopreis des Produktes zugeordnet wurden. Die Größe der Felder der einzelnen Aktivitäten spiegelt in Abb. 4–16 deren prozentualen Anteil am Nettopreis wider, so dass die Grafik für jede Aktivität unmittelbar deren Beitrag zur Wertschöpfung verdeutlicht. Zugleich wird der Anteil der fremden Wertschöpfung, also der zugekauften Leistungen, transparent. In Abb. 4–16 ist die fremde Wertschöpfung dunkelblau hinterlegt.

Nach der Erstellung der Wertschöpfungsketten folgt die **Analysephase.** Dabei steht die Wettbewerbsfähigkeit des Unternehmens, die Kostenstruktur und der Kundennutzen im Vordergrund. Durch die Analyse wird die Verkettung der Wertschöpfungsaktivitäten deutlich, Überschneidungen und Doppelarbeiten lassen sich identifizieren. Durch die Einbeziehung von Lieferanten- und Kundenbeziehungen lassen sich unternehmensübergreifende Effizienzsteigerungspotentiale aufzeigen. Schritt für Schritt erfolgt eine kritische Analyse der Wettbewerbsfähigkeit aller Aktivitäten im Wertschöpfungsprozess eines Unternehmens.

4. KAPITEL Instrumente zur unternehmensinternen Analyse

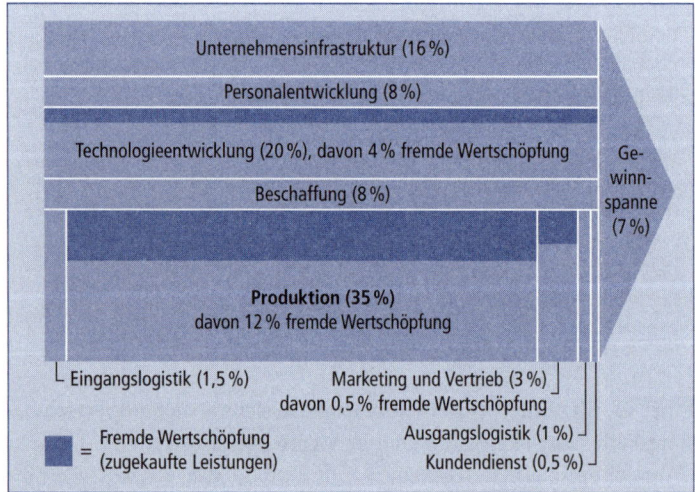

Abb. 4–16: Beispiel für eine Wertschöpfungskette mit relativen Kostengrößen (in Anlehnung an *Porter*, Wettbewerbsvorteile, S. 104)

Es lassen sich Funktionalitäten herausarbeiten, die keinen Nutzen für den Kunden besitzen und auf die deshalb verzichtet werden kann. Auch bei der Entscheidung, welche Aktivitäten durch das eigene Unternehmen ausgeführt und welche Leistungen zugekauft werden sollten, liefert die Wertschöpfungskettenanalyse Unterstützung.

Der Vorteil der Wertschöpfungskettenanalyse liegt in der prozessbezogenen Vorgehensweise und ihrer Ausrichtung auf den gesamten Wertschöpfungsprozess. Sie kann wichtige Impulse zur Sicherung oder Verbesserung der Wettbewerbssituation eines Unternehmens geben. Allerdings sind die Untergliederung des Wertschöpfungsprozesses und die Kostenzuordnung nicht unproblematisch. Die Abgrenzung von bestimmten Aktivitäten (z. B. die Trennung von Eingangslogistik und Beschaffung) ist nicht immer sinnvoll.

Wird das Wertschöpfungskettensystem eines Unternehmens mit den vor- und nachgelagerten Wertschöpfungsketten der Lieferanten und Abnehmer verknüpft, erhält man eine Wertschöpfungskette, die vom Hersteller bis zum Endkunden reicht (vgl. Abb. 4–17). Eine solche Kette wird als „Logistikkette", „Beschaffungskette" oder

"**Supply Chain**" bezeichnet. Die Optimierung von Logistikketten ist die Aufgabe des Supply-Chain-Managements.

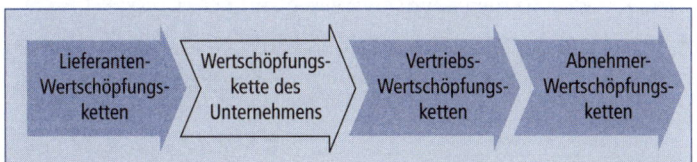

Abb. 4–17: Verknüpfung von Unternehmenswertschöpfungsketten zu einer Logistikkette (in Anlehnung an *Porter*, Wettbewerbsvorteile, S. 64)

4.4.4 Nutzwertanalyse

Die Nutzwertanalyse dient zur Beurteilung von Handlungsalternativen. Bei der Nutzwertanalyse können sowohl quantitative (monetäre) wie auch qualitative Größen in den Entscheidungsprozess einbezogen werden. Die Beurteilung der einzelnen Kriterien erfolgt über Bewertungspunkte (Scores), die zu einem Gesamtwert zusammengefasst werden. Daher spricht man auch von einem Punktbewertungsmodell oder Scoring-Modell.

Die Nutzwertanalyse eignet sich sowohl zum Vergleich von verschiedenen Realisierungsalternativen oder Projekten als auch zur Beurteilung von Einzelvorhaben. Entscheidungskriterium ist der **Nutzwert**. Diejenige Alternative, für die der höchste Nutzwert ermittelt wird, ist am günstigsten.

Der Nutzwert wird in einem mehrstufigen Verfahren bestimmt:

- Festlegung der **Beurteilungskriterien**: Die **Beurteilungskriterien** K_j werden aus den Zielsetzungen und den gestellten Anforderungen abgeleitet. Dabei lassen sich sowohl quantitative als auch qualitative Kriterien berücksichtigen.

- Festlegung der **Kriteriengewichte**: Wenn nicht alle Kriterien die gleiche Bedeutung haben, kann für jedes Kriterium dessen Einfluss auf die Gesamtentscheidung in Form eines **Kriteriengewichts** g_j festgelegt werden.

- Bestimmung der **Kriterienerfüllung**: Auf einer mehrstufigen Skala (z. B. fünf oder zehn Stufen) wird für jede Alternative i und jedes Kriterium j der Grad der Kriterienerfüllung (Zielerreichung) in Form eines **Punktwertes** w_{ij} bestimmt. Auch qualitative Kriterien werden auf diese Weise quantifiziert.

- Errechnen des **Nutzwertes:** Der Nutzwert N_i für die Alternative i errechnet sich aus der Aufsummierung aller n gewichteten Punktwerte:

$$N_i = \sum_{j=1}^{n} (w_{ij} \cdot g_j)$$

Der Vorteil der Nutzwertanalyse besteht darin, dass eine Entscheidung systematisch, unter Berücksichtigung von qualitativen Einflussgrößen und unter Einbeziehung eines mehrdimensionalen Zielsystems („Zielvielfalt") getroffen werden kann. Auch unterschiedliche Alternativen werden durch das Herausarbeiten von gemeinsamen Kriterien vergleichbar gemacht.

Nachteilig ist, dass die Entscheidung wesentlich durch die einbezogenen Kriterien, die Festlegung der Kriteriengewichte sowie durch die subjektive Abschätzung der Kriterienerfüllung bestimmt wird. Damit kann das Ergebnis subjektiv beeinflusst sein, ohne dass dies allen Beteiligten deutlich wird.

BEISPIEL zur Nutzwertanalyse: Es sollen drei Alternativen A_i anhand von vier Kriterien K_j bewertet werden. Die Kriterien sollen mit unterschiedlichem Gewicht in die Beurteilung einfließen. Die Berechnungsschritte sind in Abb. 4–18 eingetragen:
In der ersten Zeile stehen die vier Kriterien K_j, in der nächsten Zeile die festgelegten Gewichtungsfaktoren g_j, mit denen die Kriterien in die Nutzwertberechnung eingehen. In den folgenden drei Zeilen wird für jede Alternative der abgeschätzte Punktwert w_{ij} ermittelt und der gewichtete Punktwert errechnet: Für Alternative A_1 wird das Kriterium K_1 „befriedigend" erfüllt, daher beträgt gemäß der vorgegebenen Beurteilungsskala der zugehörige Punktwert w_{11} = 2. Das Gewicht für das Kriterium K_1 beträgt g_1 = 6, somit errechnet sich der gewichtete Punktwert zu 2 · 6 = 12. Die Addition aller vier gewichteten Punktwerte für die Alternative A_1 ergibt den Nutzwert N_1 von 26.
Alternative A_3 besitzt den höchsten Nutzwert und gilt daher als die „beste" Variante.

4.4 Wertorientierte Analysen

Beurteilungs-kriterium K_j	Kriterium K_1: Kapitalwert	Kriterium K_2: Auswirkung auf Mitarbeiterzahl	Kriterium K_3: Spätere Erweiterungsmöglichkeiten	Kriterium K_4: Öffentlichkeitswirksamkeit	Nutzwert N_i
Gewicht g_j	$g_1 = 6$	$g_2 = 3$	$g_3 = 2$	$g_4 = 1$	
Alternative A_1	befriedigend $\rightarrow w_{11} = 2$ $w_{11} \cdot g_1 = 12$	gut $\rightarrow w_{12} = 3$ $w_{12} \cdot g_2 = 9$	befriedigend $\rightarrow w_{13} = 2$ $w_{13} \cdot g_3 = 4$	ausreichend $\rightarrow w_{14} = 1$ $w_{14} \cdot g_4 = 1$	$N_1 = 26$
Alternative A_2	sehr gut $\rightarrow w_{21} = 4$ $w_{21} \cdot g_1 = 24$	ausreichend $\rightarrow w_{22} = 1$ $w_{22} \cdot g_2 = 3$	gut $\rightarrow w_{23} = 3$ $w_{23} \cdot g_3 = 6$	befriedigend $\rightarrow w_{24} = 2$ $w_{24} \cdot g_4 = 2$	$N_2 = 35$
Alternative A_3	gut $\rightarrow w_{31} = 3$ $w_{31} \cdot g_1 = 18$	sehr gut $\rightarrow w_{32} = 4$ $w_{32} \cdot g_2 = 12$	befriedigend $\rightarrow w_{33} = 2$ $w_{33} \cdot g_3 = 4$	gut $\rightarrow w_{34} = 3$ $w_{34} \cdot g_4 = 3$	$N_3 = 37$

Skala zur Beurteilung der Punktwerte w_{ij}: Sehr gut = 4, gut = 3, befriedigend = 2, ausreichend = 1, unzureichend = 0

Abb. 4–18: Beispiel zur Nutzwertanalyse (in Anlehnung an *Hahn/Hungenberg*, PuK, S. 67)

4.4.5 ABC-Analyse

Die ABC-Analyse ist ein **Instrument zur Schwerpunktsetzung,** das aus der Materialwirtschaft stammt. Sie basiert auf der Erkenntnis, dass der wertmäßige und der mengenmäßige Anteil am Materialverbrauch ungleichgewichtig verteilt ist: Der größte Teil an den Gesamtmaterialkosten entfällt auf nur wenige Materialien. Auf der Grundlage dieser Erkenntnis werden nach dem **wertmäßigen Anteil am Verbrauch** die folgenden **drei Kategorien** unterschieden: A-Material besitzt einen hohen wertmäßigen, aber geringen mengenmäßigen Verbrauch, bei B-Material liegt der Verbrauch im Mittelfeld, während bei C-Material ein geringer wertmäßiger, aber hoher mengenmäßiger Verbrauch vorliegt. Nach der Bezeichnung der drei Kategorien erhielt die ABC-Analyse ihren Namen.

Die Einteilung in die drei Kategorien hat für die Materialwirtschaft folgende **Bedeutung:** Bei **A-Materialien** sollte eine detaillierte Planung bei Beschaffung und Lagerhaltung erfolgen, da hier das meiste Kapital gebunden ist und Rationalisierungseffekte zu erwarten sind. Bei **C-Materialien** genügen hingegen grobe Abschätzungen. Wegen ihres geringen Wertes und des hohen Bedarfs können bei diesen Gütern größere Reservebestände in den Lagern vorgesehen werden. Bei **B-Material** ist im Einzelfall abzuwägen, mit welcher Intensität eine Analyse erfolgen soll. Ein Zahlenbeispiel zur ABC-Analyse findet sich bei *Schultz*, Basiswissen Betriebswirtschaft, S. 224 f.

In ähnlicher Weise lässt sich die ABC-Analyse auch zum **Zeitmanagement** einsetzen, indem die anfallenden Aufgaben in folgende drei Kategorien eingeteilt werden: A-Aufgaben sind wichtig und dringlich (z. B. Beschwerde von wichtigem Kunden); sie sollten sofort selbst erledigt werden. B-Aufgaben sind zwar wichtig, aber weniger dringlich. Daher kann ihre Erledigung in Ruhe geplant, terminiert und umgesetzt werden. C-Aufgaben sind weniger wichtig, aber dringlich (z. B. Angebot für unwichtigen Kunden erstellen). Hier ist eine Delegierung an Mitarbeiter angebracht. Alles, was nicht in dieses Schema passt, also weder wichtig noch dringlich ist (z. B. überflüssige Werbung), kann getrost dem Papierkorb überantwortet werden.

4.4 Wertorientierte Analysen

Im Bereich des Controllings lässt sich die ABC-Analyse zur Identifizierung von Unternehmens- oder Produktbereichen, die näher betrachtet werden müssen, nutzen: Nach ihrer Bedeutung lassen sich auch hier die drei Kategorien „wichtig" (A-Kategorie), „weniger wichtig" (B-Kategorie) und „unwichtig" (C-Kategorie) unterscheiden.

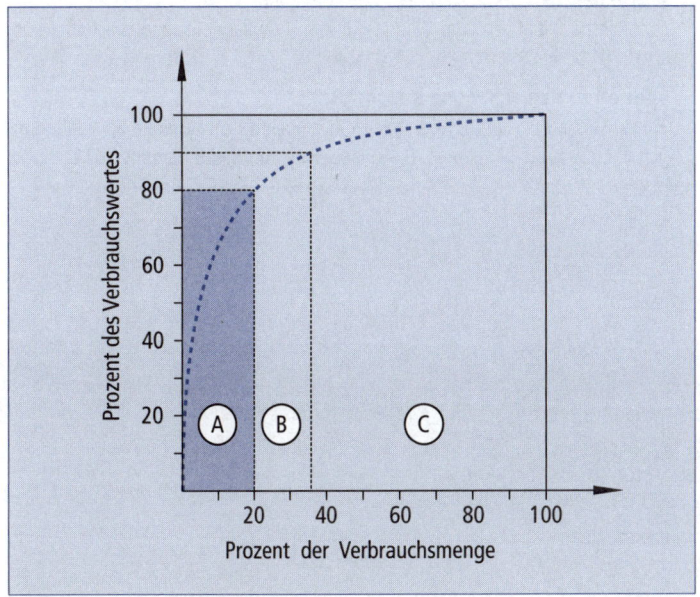

Abb. 4–19: ABC-Analyse: A-, B- und C-Kategorie

In Abb. 4–19 ist die ABC-Analyse in Kurvenform dargestellt. Sie verdeutlicht, dass die Analysegegenstände der Kategorie A einen Anteil von etwa 20 Prozent am mengenmäßigen und von 80 Prozent am wertmäßigen Verbrauch besitzen. Dies bedeutet, dass bei einer Konzentration der Controllingaktivitäten auf Untersuchungsgegenstände der Kategorie A der wichtigste Teil des Unternehmens erfasst wird. Die Gegenstände der Kategorie C, die zwar einen hohen mengenmäßigen Anteil besitzen, vom Wert aber kaum ins Gewicht fallen, bleiben bei Analysen und detaillierten Untersuchungen unberücksichtigt. Bei Gegenständen der B-Kategorie ist abzuwägen, ob sie näher betrachtet werden sollen oder nicht.

Literaturempfehlungen zu Kapitel 4:

Baum, Heinz-Georg/Coenenberg, Adolf G./Günther, Thomas: Strategisches Controlling. 5. Auflage. Stuttgart: Schäffer-Poeschel 2013.

Hungenberg, Harald: Strategisches Management in Unternehmen. 7. Auflage. Wiesbaden: Springer Gabler 2012.

Müller-Stewens, Günter/Lechner, Christoph: Strategisches Management. Wie strategische Initiativen zum Wandel führen. 4. Auflage. Stuttgart: Schäffer-Poeschel 2011.

Speziell zu Kap. 4.3.3 und Kap. 4.4.3:

Porter, Michael E.: Wettbewerbsvorteile (Competitive Advantage): Spitzenleistungen erreichen und behaupten. 8. Auflage. Frankfurt/Main: Campus 2014.

5. Kapitel

Instrumente zur Analyse von Rahmenbedingungen

Zur langfristigen Sicherstellung des Unternehmenserfolgs müssen die vorhandenen unternehmensinternen Informationen ständig durch externe Informationen aus dem Unternehmensumfeld ergänzt werden. Dazu sind die Absatzmärkte und die Aktivitäten der Konkurrenzunternehmen zu beobachten und anschließend in ein Verhältnis zum eigenen Unternehmen zu setzen, so dass sich die Position des eigenen Unternehmens bestimmen lässt. Die systematische Sammlung von Informationen und deren Interpretation, aber auch die Abschätzung von zukünftigen Entwicklungen lässt sich mit den folgenden Instrumenten vornehmen.

5.1 Umfeldanalysen

Schwerpunkt von Umfeldanalysen, die im englischsprachigen Schrifttum als „environmental scanning" bezeichnet werden, bilden Informationen über die relevanten Märkte und die wichtigsten Konkurrenten eines Unternehmens. Es lassen sich verschiedene Vorgehensweisen bei der Informationsbeschaffung unterscheiden, die von einem ungerichteten, eher zufälligen Informationserwerb („Undirected Viewing") bis hin zu einer gezielten Suche nach einer festen Vorgehensweise („Formal Search") reichen. Dabei werden sowohl strukturierte als auch unstrukturierte Informationen verarbeitet.

Aus der Sicht eines Unternehmens lassen sich drei Umfeldbereiche unterscheiden:

- **Fernes Umfeld** (globales Umfeld): Hierzu zählen alle Faktoren, die nicht durch das Unternehmen kontrolliert oder beeinflusst werden können, wie beispielsweise rechtliche, ökonomische, technologische oder gesellschaftliche Rahmenbedingungen. Eine Einflussnahme ist bestenfalls durch Lobbyismus möglich.
- **Nahes Umfeld:** Das nahe Umfeld lässt sich durch das Unternehmen zwar nicht kontrollieren, aber beeinflussen. Hierzu zählen Kunden, Lieferanten und direkte Konkurrenten des Unternehmens.
- **Internes Umfeld:** Das interne Umfeld steht unter der Kontrolle der Unternehmensleitung. Zum internen Umfeld zählen Mitarbeiter, Grundstücke, Gebäude, Anlagen und Maschinen, aber auch die ablaufenden Prozesse und die Organisation des Unternehmens.

5.1.1 PEST-Analyse

Die PEST-Analyse dient der Analyse des fernen Umfelds eines Unternehmens, also von Bereichen, die außerhalb der Kontrolle des Unternehmens liegen, von denen aber Gefährdungen für das Unternehmen ausgehen können. Es werden die vier Analysebereiche **Po**litical, **E**conomic, **S**ocial und **T**echnological unterschieden, aus deren Anfangsbuchstaben sich die Bezeichnung des Verfahrens herleitet. Da alle vier Analysebereiche außerhalb der Kontrolle eines Unternehmens liegen, stellen sie häufig Gefährdungen dar, es können aber auch Chancen erwachsen. Da der Begriff „Pest" im Englischen wie im Deutschen einen negativen Beigeschmack besitzt, wird das Verfahren durch eine andere Anordnung der vier Buchstaben auch als **STEP-Analyse** bezeichnet.

Die PEST- oder STEP-Analyse schärft das Bewusstsein für zu untersuchende Bereiche und zeigt mögliche Indikatoren checklistenartig auf.

Politische Faktoren ergeben sich aufgrund der Gesetzgebung eines Staates. Die Attraktivität eines Unternehmensstandorts ist durch das

Steuer- und Arbeitsrecht maßgeblich beeinflusst. Daneben sind Auflagen bezüglich des Umwelt- und Verbraucherschutzes und durch das Wettbewerbsrecht zu beachten. Die politische Stabilität, die agierenden Parteien und deren Programme, der Einfluss von Verbänden, Interessengruppen, Organisationen oder sonstigen Gruppierungen (z. B. Familienclans) sind ebenfalls in die Analyse einzubeziehen.

Ökonomische Faktoren bilden die wirtschaftliche Entwicklung (Konjunktur, Inflation, Zinsniveau) ab. Kenngrößen wie Arbeitslosenquote, Bruttosozialprodukt, Wechselkurse sind leicht zu ermittelnde Faktoren aus diesem Bereich. Die Analyse sollte wenn möglich auch Besonderheiten der Branche oder der relevanten Märkte beinhalten.

Soziale Faktoren berücksichtigen auch demographische und kulturelle Aspekte. Gerade dieser Bereich ist einem ständigen Wertewandel unterworfen, so dass sich die Einstellung der Bevölkerung zu sozialen Fragestellungen in kurzer Zeit fundamental verändern kann. Das Bildungsniveau, die Alterszusammensetzung, die Einkommensverteilung, aber auch die Bevölkerungsentwicklung sind leicht messbare Kenngrößen aus diesem Bereich. Weiche Faktoren sind z. B. die Einstellung zu Beruf, Freizeit und Lebensqualität, der Lebensstil, das Gesundheitsbewusstsein und daraus resultierend das Konsumentenverhalten.

Durch die **technologischen Faktoren** wird der Stand der Technik abgebildet. Indikatoren dafür sind die F+E-Ausgaben, der Stand der Informations- und Kommunikationssysteme, die Technologiepolitik oder der Grad der Automation.

5.1.2 Branchenstrukturanalyse

Zur Analyse des Wettbewerbsumfeldes lässt sich die Branchenstrukturanalyse einsetzen, die auf dem Branchenstrukturmodell des Harvard-Professors *Michael E. Porter* basiert. Die Branchenstrukturanalyse trifft eine Aussage über die Wettbewerbsintensität und damit über die Attraktivität einer Branche. Zugleich werden die Stärken und Schwächen des eigenen Unternehmens im Verhältnis zur Branche aufgezeigt.

Nach Porter wird die Attraktivität einer Branche durch **fünf Wettbewerbskräfte** („Five Forces") bestimmt:

- **Rivalität** zwischen den existierenden Wettbewerbern („brancheninterner Wettbewerb"): Je höher die Rivalität, desto geringer ist die Branchenrendite. Die Rivalität ist hoch, wenn sich die Produkte der Wettbewerber kaum unterscheiden, in einer Branche Überkapazitäten bestehen oder ein geringes Marktwachstum vorliegt.

- Bedrohung durch **neue Anbieter:** Neue Anbieter vermindern den Umsatz der bisherigen Anbieter und stellen daher für diese eine Gefahr dar. Je niedriger die Markteintrittsbarrieren eines Marktes sind, desto größer ist die Bedrohung durch neue Anbieter. Hohe Markteintrittsbarrieren ergeben sich beispielsweise durch einen hohen Kapitalbedarf, einen schwierigen Zugang zu bestehenden Vertriebskanälen oder staatliche Protektionsmaßnahmen.

- **Verhandlungsmacht** der **Abnehmer:** Wird ein Markt durch wenige Kunden oder durch Großkunden dominiert, können diese ihre Marktmacht ausnutzen und Preissenkungen durchsetzen.

- **Verhandlungsstärke** der **Lieferanten:** Ebenso problematisch sind mächtige Zulieferer, die ihre Macht zur Verbesserung ihrer Lieferkonditionen nutzen. Die Stärke eines Lieferanten wächst, wenn es nur wenige Konkurrenten gibt oder wenn das zu liefernde Produkt eine große Bedeutung besitzt und nicht substituiert werden kann.

- Bedrohung durch **Ersatzprodukte:** Durch Substitutions- oder Ersatzprodukte entsteht eine Preisobergrenze, nach deren Überschreiten die Kunden zu einem Ersatzprodukt wechseln. Je geringer die Kosten eines Wechsels anzusetzen sind, desto höher ist die Bereitwilligkeit der Kunden, diesen Wechsel zu vollziehen.

Eine Branche ist für ein Unternehmen attraktiv, wenn von den fünf Wettbewerbskräften keine oder nur geringe Bedrohungen ausgehen. Die Branchenstrukturanalyse erleichtert es Unternehmen, eine Branche mit möglichst geringen Bedrohungen auszuwählen.

5.1 Umfeldanalysen

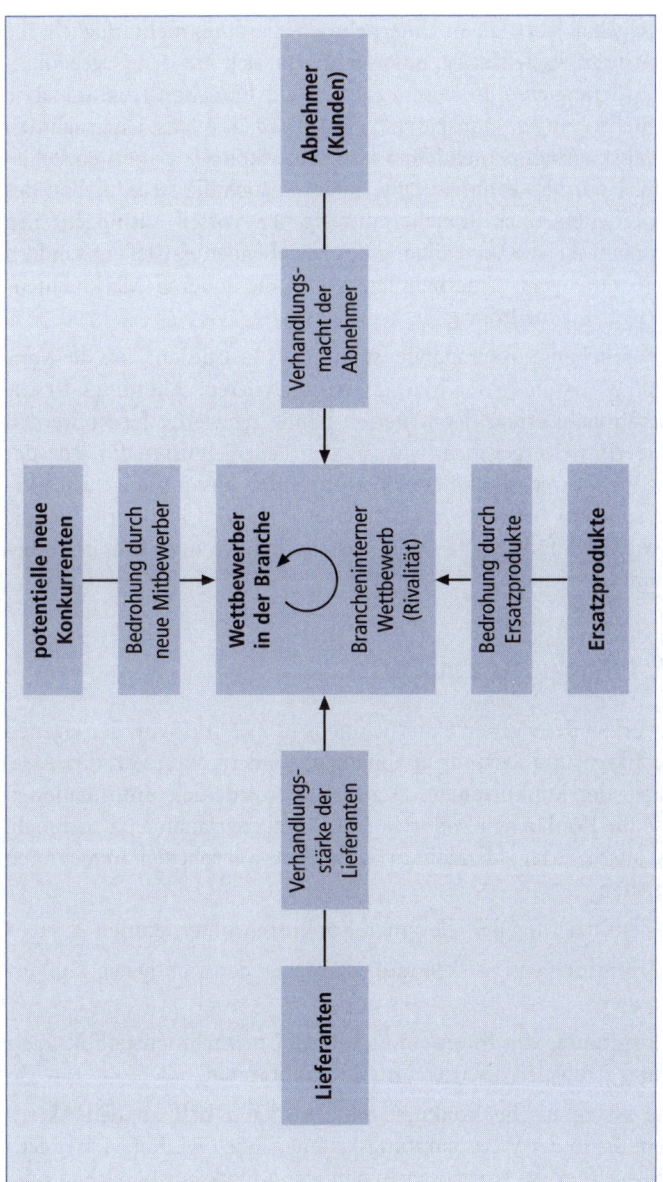

Abb. 5–1: Branchenstrukturmodell von *Porter* (in Anlehnung an *Porter*, Wettbewerbsvorteile, S. 29)

Im Regelfall ist es einem Unternehmen allerdings nicht möglich, die Branche zu wechseln: Es muss versuchen, sich mit den Gegebenheiten zu arrangieren. In diesem Fall lässt die Branchenstrukturanalyse die Bedrohungen transparent werden, so dass das Unternehmen Abwehrmaßnahmen einleiten und seine Strategie darauf einstellen kann. Natürlich kann ein Unternehmen auch die strukturellen Besonderheiten einer Branche zum eigenen Vorteil ausnutzen, also sich nicht auf die Verteidigung des Bestehenden einstellen, sondern durch die eigene Unternehmenspolitik die anderen Marktteilnehmer aggressiv bedrohen.

Die Branchenstrukturanalyse ist ein gutes Instrument, um die Konkurrenzsituation eines Marktes zu analysieren. Allerdings ist die Operationalisierung der Kriterien häufig schwierig; ferner werden keine Hinweise gegeben, wie aus den Teilergebnissen für jede der fünf Wettbewerbskräfte ein Gesamtergebnis zusammengefasst werden soll. Aus betriebswirtschaftlicher Sicht wird kritisiert, dass die Auswahl der fünf Kräfte weder wissenschaftlich noch empirisch begründet ist.

5.1.3 Konkurrenzanalyse

Der Erfolg des eigenen Unternehmens ist nicht nur von den eigenen Produkten und Leistungen abhängig, sondern auch von den Aktivitäten der Konkurrenten. Dazu ist es erforderlich, Informationen über die Konkurrenten durch eine Konkurrenzanalyse zu sammeln und auszuwerten. Die Konkurrenzanalyse vollzieht sich in mehreren Schritten:

- Identifizierung der relevanten Konkurrenzunternehmen
- Ermittlung von Stärken und Schwächen der wichtigsten Konkurrenten
- Sammlung von Informationen über Unternehmenspolitik, Ziele und Strategien der wichtigsten Konkurrenten

Eine systematische Konkurrenzanalyse kann sich an den Aktivitäten, die in der Wertschöpfungskettenanalyse (vgl. Kap. 4.4.3) definiert werden, an betriebswirtschaftlichen Funktionsbereichen oder an den erbrachten Produkten und Leistungen orientieren. Für jeden definierten Beobachtungsbereich sind Kenngrößen oder qualitative Informationen zu ermitteln, die der Beurteilung oder dem Vergleich der Konkurrenzunternehmen dienen. Eine Konkurrenzanalyse sollte regelmäßig durchgeführt werden.

Als Informationsquellen lassen sich neben dem Internetauftritt des Konkurrenten dessen Geschäftsberichte, Prospekte, Presseberichte, Interviews, Vorträge oder Messeauftritte nutzen. Viele Unternehmen beauftragen die eigenen Vertriebsmitarbeiter, Informationen über die Konkurrenz zusammenzutragen. Auch das Auswerten von Stellenanzeigen („welche Mitarbeiter sucht die Konkurrenz?") und die Nutzung von Wirtschaftsinformationsdiensten liefern Erkenntnisse.

Ebenfalls zur Konkurrenzanalyse zählt das Gewinnen von Erkenntnissen über die Beschaffenheit und die technologische Qualität der Produkte von Konkurrenzunternehmen durch die Zerlegung von am freien Markt erworbenen Konkurrenzprodukten (sog. „Reverse Engineering"). Leider verlassen manche Unternehmen den legalen Weg und setzen zusätzlich Methoden der Industriespionage ein, um zu Informationen zu gelangen.

5.1.4 Umfeldanalyse mit dem EAP-Modell

Durch das **EAP-Modell** (Environmental-Assessment-Process-Modell) von *Friedrich Neubauer* und *Norman Solomon* erfolgt eine systematische Umfeldanalyse, bei der Entwicklungstrends und deren Bedeutung für das Unternehmen ermittelt werden. Das Ergebnis bildet eine sogenannte „Impact Matrix", aus der abgelesen werden kann, welche Auswirkungen (engl. „Impact") die ermittelten Umweltfaktoren (in Form von Erwartungen, die die Umwelt z. B. in Form von Kundenwünschen an das Unternehmen stellt, und von Umwelttrends) auf die verfolgten Strategien und die vorhandenen Marktaufträge des Unternehmens besitzt.

> **BEISPIEL zur Auswahl der Beurteilungskriterien:** Eine Hochschule möchte eine Umfeldanalyse mit dem EAP-Modell durchführen. Dazu sind zunächst Umwelteinflüsse festzulegen, die eine Auswirkung auf die

> Hochschule haben und die im Rahmen des Modells untersucht werden sollen.
>
> Als Trends T lassen sich beispielsweise die zunehmende Konkurrenz zwischen den Hochschulen (T_1), die Beendigung des Studiums bereits nach der Bachelor-Phase (T_2) und ein wachsender Weiterbildungsmarkt (T_3) erkennen. Erwartungen E bestehen bezüglich steigernder Studierendenzahlen (E_1), aufgrund der Altersstruktur eine Pensionierungswelle von erfahrenen Professoren (E_2), der Rückgang von Forschungsmitteln (E_3) und der zunehmenden Mobilität der Studierenden (E_4).
>
> Diesen externen Größen sind die Strategien der Hochschule und die bestehenden „Marktaufträge" gegenüberzustellen. Als Strategien S kann beispielsweise das Ziel verfolgt werden, sich als „Exzellente Hochschule" auszuzeichnen (S_1), den Forschungsbereich auszuweiten (S_2) oder die Internationalisierung voranzutreiben (S_3). Marktaufträge M ergeben sich aus dem Studienangebot (M_1) und dem Angebot an Weiterbildungsveranstaltungen (M_2); weitere Marktaufträge sind im Erzielen von guten Rankingergebnissen (M_3) sowie in der Verbesserung der Infrastruktur für Studierende (M_4) zu sehen.

Nach Festlegung der betrachteten Beurteilungskriterien erfolgt die Bewertung der wechselseitigen Einflüsse. Dazu werden für jeden Umwelttrend T_i und jede Erwartung E_i sämtliche Strategien und sämtliche Marktaufträge des Unternehmens mit einer Bewertungsziffer zwischen –5 (sehr hohes Risiko) und +5 (sehr große Chance) bewertet. Die Bewertung erfolgt durch eine speziell für diesen Zweck zusammengestellte Expertenrunde. Das Ergebnis wird in Form einer Matrix, der sogenannten Impact Matrix dargestellt (vgl. Abb. 5–2).

Die in die Matrix eingetragenen Bewertungsziffern werden dann zeilen- und spaltenweise aufaddiert, und zwar getrennt nach positiven und negativen Werten. Durch die **Zeilensummen** (in Abb. 5–2 Auswirkung A_1) werden die Chancen und Risiken eines Unternehmens deutlich. Es zeigt sich, welche Umweltfaktoren für das Unternehmen einen besonders positiven oder negativen Einfluss haben und daher besonders aufmerksam betrachtet werden sollten. Aus den **Spaltensummen** (in Abb. 5–2 Auswirkung A_2) lassen sich Stärken und Schwächen bei den vorhandenen Strategien und Aufträgen des Unternehmens ablesen.

5.1 Umfeldanalysen

| | | | Interne Einflussgrößen ||||||| Auswirkung A_1 ||
| | | | Strategien ||| Marktaufträge |||| + | − |
			S_1 Exzellente Hochschule	S_2 Ausweitung Forschung	S_3 Ausweitung Internationalisierung	M_1 Studienangebot	M_2 Größeres Weiterbildungsangebot	M_3 Gute Rankings	M_4 Verbesserung Infrastruktur	Chancen	Risiken
Trends	T_1	Zunahme Konkurrenz zwischen Hochschulen	−2	−3	−1	+1	+2	+2	+3	+8	−6
	T_2	Studierende nach Bachelorabschluss	−2	−2	−2	−2	+1	0	0	+1	−8
	T_3	Wachsender Weiterbildungsmarkt	+2	0	0	+2	+5	+1	0	+10	0
Erwartungen	E_1	Steigende Studierendenzahlen	−2	−3	+1	−2	−2	−3	+2	+3	−12
	E_2	Pensionierungswelle erfahrener Professoren	−4	−2	−3	−1	−2	−5	0	0	−17
	E_3	Rückgang Forschungsmittel	−3	−5	−1	0	+2	−2	0	+2	−11
	E_4	Zunehmende Mobilität der Studierenden	+1	0	+3	0	0	+2	+2	+8	0
Auswirkung A_2	+	Stärken	+3	0	+4	+3	+10	+5	+7		
	−	Schwächen	−13	−15	−7	−5	−4	−10	0		
Externe Einflussgrößen												

Abb. 5–2: Beispiel für eine „Impact Matrix"

> **BEISPIEL bezüglich der Analyse der Ergebnisse:** Aus den Zahlen in Abb. 5–2 können die folgenden Schlüsse gezogen werden: Aufgrund der betragsmäßig hohen Werte in den +/– Spalten von A_1 bietet Trend T_3 eine große Chance, während E_2 ein großes Risiko für die Hochschule darstellt. Der Wert bei A_2 lässt die Umsetzung von Strategie S_2 problematisch erscheinen, während aus Marktauftrag M_2 eine Stärke abgeleitet werden kann.

5.2 Erfolgsfaktorenanalyse

Unter **strategischen Erfolgsfaktoren** werden diejenigen Größen verstanden, die einen maßgeblichen Einfluss auf den Erfolg eines Unternehmens besitzen. Durch die Analyse der Erfolgsfaktoren eines Unternehmens und dem anschließenden Vergleich der gewonnen Ausprägungsformen lässt sich die Position des Unternehmens im Vergleich zu den Hauptkonkurrenten oder zu den Unternehmen der gleichen Branche bestimmen.

Als strategische Erfolgsfaktoren gelten Kenngrößen, die die Produktions- und Kostensituation des Unternehmens sowie seine Position in den Märkten abbilden. Dazu können Kenngrößen aus dem externen und internen Rechnungswesen herangezogen werden. Zusätzliche Informationen lassen sich durch Marktforschung gewinnen. Welche Faktoren für ein Unternehmen einen strategischen (d. h. langfristigen) Einfluss auf den Erfolg besitzen, muss aufgrund langjähriger Erfahrung ermittelt werden.

Um an Vergleichswerte von anderen Unternehmen zu gelangen, kann auf veröffentlichte Unterlagen (z. B. Jahresberichte) von einzelnen Wettbewerbern, aber auch auf Statistiken (z. B. des Statistischen Bundesamtes) zurückgegriffen werden.

Erleichtert wird eine Analyse der strategischen Erfolgsfaktoren durch Datenbanken, die speziell für diesen Zweck aufgebaut werden. So hat im Jahre 1960 das US-amerikanische Unternehmen General Electric das „Profit Impact of Market Strategies Projekt" (abgekürzt: **PIMS**) ins Leben gerufen, das heute als unabhängiges Institut fortbesteht. In einer Studie wurden 37 strategische Erfolgsfaktoren herausgearbeitet, die einen Einfluss auf den Gewinn von strategischen Geschäftseinheiten (vgl. Kap. 4.3.1) besitzen sollen. Als Spitzenkennzahlen der **PIMS-Studie** fungieren der Return on Investment (ROI, vgl. Kap. 2.5.1.4) und der Cashflow (vgl. Kap. 2.5.1.1).

Die im Rahmen der PIMS-Studie berücksichtigten Faktoren beziehen sich auf die Wettbewerbsposition (z. B. Preis, Produktqualität, Marktanteil), das Marktumfeld (z. B. Wachstum, Kundenmerkmale) sowie auf die Produktionsstruktur (z. B. Produktivität, Investitionsintensität) von strategischen Geschäftseinheiten. Die Ergebnisse sind in einer Datenbank gespeichert, mit deren Hilfe Voraussagen über den Erfolg von Geschäftseinheiten getroffen und künftige Strategien abgeleitet werden können. Heute sind in der PIMS-Datenbank vergangenheitsbezogene Informationen von etwa 3000 strategischen Geschäftseinheiten aus ca. 450 überwiegend US-amerikanischen Mitgliedsunternehmen gespeichert, die ständig aktualisiert werden. Diese Mitgliedsunternehmen besitzen einen direkten Zugang zu den PIMS-Regressionsmodellen und können außerdem verschiedene Auswertungen („Reports") zur Beurteilung des Erfolgspotentials ihrer strategischen Geschäftsfelder anfordern.

Das ursprüngliche Ziel der PIMS-Studie, aus den Daten Marktgesetze herzuleiten, konnte nicht erreicht werden. Trotz des hohen Komplexitätsgrads der angewandten Regressionsmodelle konnten lediglich Korrelationen zwischen einzelnen Daten hergestellt werden, eine theoretische Fundierung fehlt. Kritik wird an der einseitig marktorientierten Auswahl der berücksichtigten Einflussgrößen und der Orientierung am Return on Investment, der Dominanz der Daten von großen US-amerikanischen Unternehmen sowie der mangelnden Transparenz des mathematischen Modells geübt. Dennoch bietet das Verfahren Chancen durch den Zugriff auf eine große Zahl von empirischen Vergleichsdaten. Die Erkenntnisse der PIMS-Studie können die Strategiefindung und die Analyse der Erfolgschancen eines Unternehmens unterstützen.

5.3 Stärken-Schwächen-Analysen

Es ist für die Unternehmensführung von höchster Bedeutung, die Stärken und Schwächen des eigenen Unternehmens zu kennen. Zur Analyse stehen verschiedene Verfahren zur Verfügung, von denen die drei wichtigsten im Folgenden erläutert werden.

5.3.1 SOFT-Analyse

Den Ausgangspunkt der **SOFT-Analyse** (Abkürzung für Strength-Opportunities-Failures-Threats-Analysis, d. h. Stärken-Chancen-Schwächen-Risiken-Analyse) bildet ein Kriterienkatalog, der so aufgebaut ist, dass er die ganzheitliche Beurteilung eines Unternehmens, eines Unternehmensbereichs oder einer strategischen Geschäftseinheit ermöglicht. Bei der Aufstellung des Katalogs kann auf unternehmenseigene Anforderungen und Schwerpunkte, auf ermittelte strategische Erfolgsfaktoren (vgl. Kap. 5.2), aber auch auf Beispiele aus dem Schrifttum zurückgegriffen werden.

Im nächsten Schritt ist für jedes Kriterium auf einer mehrstufigen Bewertungsskala die Position des Unternehmens festzulegen. Als Maßstab zur Bewertung des eigenen Unternehmens kann ein Konkurrenzunternehmen oder ein Mittelwert aus den Beurteilungen der wichtigsten Konkurrenten herangezogen werden.

Das Ergebnis der Bewertung wird anschließend in ein sogenanntes **Stärken-Schwächen-Profil** eingetragen und dadurch visualisiert. In Abb. 5–3 sind die Stärken-Schwächen-Profile für zwei Wettbewerber dargestellt.

Durch eine ständige Fortschreibung der SOFT-Analyse können Entwicklungstendenzen aufgezeigt und dokumentiert werden. Ein wesentlicher Mangel des Verfahrens liegt in der Subjektivität bei der Bewertung der einzelnen Kriterien. Dieser Mangel lässt sich durch langjährige Erfahrung der mit der Stärken-Schwächen-Analyse betrauten Mitarbeiter oder durch die Vorgabe von Beurteilungsrastern vermindern.

5.3 Stärken-Schwächen-Analysen

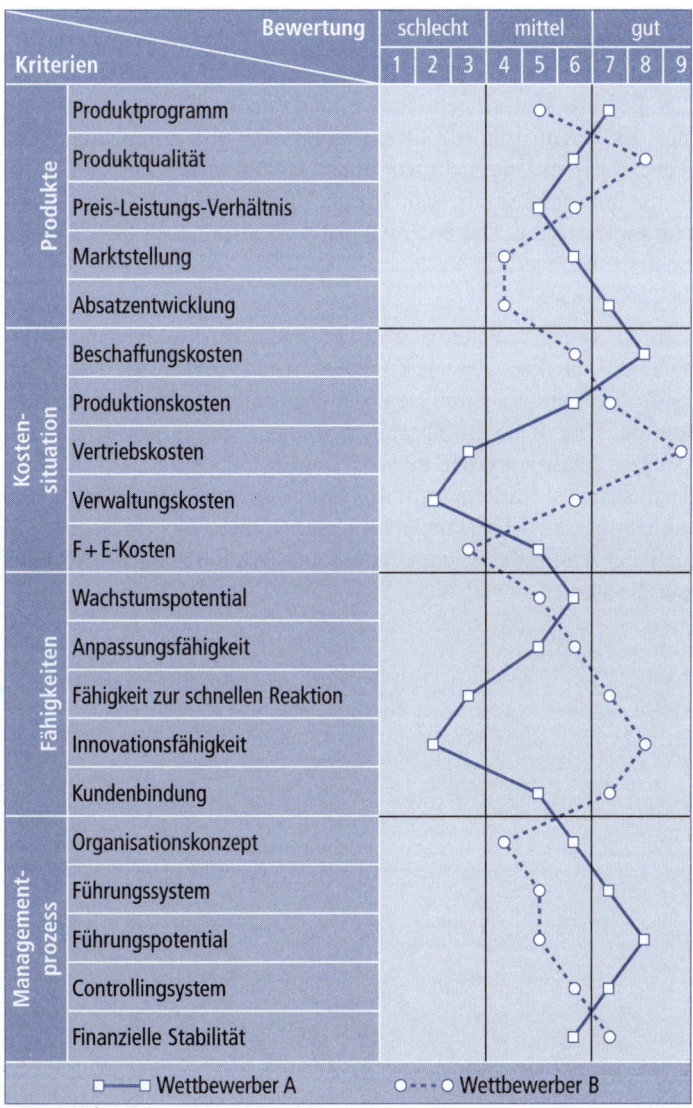

Abb. 5–3: Stärken-Schwächen-Profil

5.3.2 Potentialanalyse

Die Potentialanalyse stellt eine Variante der SOFT-Analyse dar, bei der das Potential eines Unternehmens im Vordergrund steht. Das Potential eines Unternehmens ergibt sich durch dessen Know-how, seine Innovationskraft, sein Image, die Kundentreue oder dessen Bekanntheitsgrad. Das Potential bietet Chancen, doch diese müssen auch genutzt werden; aus einem ungenutzten Potential ergeben sich keine Gewinne.

Um das genutzte Potential zu bestimmen, wird das eigene Unternehmen mit dem größten Konkurrenten verglichen. Der Vergleich basiert auf zehn Kriterien (sog. Schlüsselfaktoren), über die die Stärken des Unternehmens abgebildet werden, und die am Anfang der Analyse definiert werden müssen. Das Ergebnis der Potentialanalyse lässt sich als Stärkenprofil in Diagrammform visualisieren (vgl. Abb. 5–4). Die Schwächen eines Unternehmens bleiben bei der Potentialanalyse bewusst unberücksichtigt, um damit nicht den Blick auf die Stärken zu verbauen.

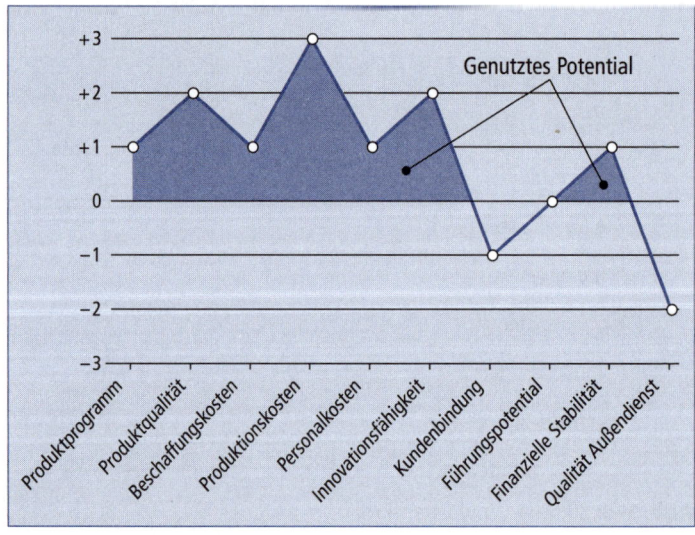

Abb. 5–4: Potentialanalyse

Die Beurteilung der zehn Kriterien erfolgt mittels einer siebenstufigen Skala (von −3 bis +3). Dabei bildet die mittlere Beurteilungsstufe „Null" jeweils die Position des Vergleichsunternehmens ab. Wird im Vergleich zu diesem Unternehmen die Position des eigenen Unternehmens besser beurteilt, ergibt sich ein positiver Skalenwert. In diesem Fall hat das eigene Unternehmen sein bestehendes Potential genutzt (dunkelblau hinterlegte Felder in Abb. 5–4). Ist der Wettbewerber hingegen besser als das eigene Unternehmen aufgestellt, ist eine negative Beurteilung anzusetzen. In Abb. 5–4 wird das eigene Unternehmen bei sieben Kriterien besser als das Konkurrenzunternehmen beurteilt; nur in zwei Fällen ist es schlechter aufgestellt: Das Unternehmen hat somit einen hohen Potentialausnutzungsgrad.

In einer zweiten Stufe kann nun das ungenutzte Potential ermittelt werden. Dazu wird für jeden der zehn Faktoren abgeschätzt, welcher Wert auf der Skala erreicht werden könnte, wenn dieser Faktor massiv gefördert würde. Die bestehenden finanziellen Grenzen bleiben bei diesem Gedankenspiel außer Acht. Damit wird deutlich, in welchen Kriterienfeldern grundsätzlich noch Potentiale bestehen, die gegebenenfalls durch gezielte Maßnahmen gefördert werden können.

5.3.3 SWOT-Analyse

Die SWOT-Analyse kombiniert eine Analyse von internen Einflussgrößen (in Form von unternehmensspezifischen Stärken und Schwächen) mit einer Analyse von externen Chancen und Risiken (Gefahren). Die Bezeichnung leitet sich aus den Anfangsbuchstaben der englischen Begriffe Strengths (Stärken), Weakness (Schwächen), Opportunities (Chancen) und Threats (Risiken) her.

Durch Überlagerung der internen und externen Einflussgrößen entsteht die in Abb. 5–5 dargestellte Vier-Felder-Matrix, in der die vier Handlungsmaximen, die sich aus der SWOT-Analyse ergeben, eingetragen sind.

Fällt ein Analysegegenstand in Feld (1) der Matrix, ist eine **Wachstumsstrategie** zu verfolgen: Die sich bietenden Entwicklungsmöglichkeiten sind unter Ausnutzung der vorhandenen Stärken des Unternehmens zu nutzen, z. B. durch den Ausbau der bestehenden Kostenführerschaft. Bei einer Positionierung in Feld (4) sind hingegen durch eine **Defensivstrategie** die Bedrohungen abzuwehren, indem z. B. durch eine Risikoverminderung die Gefahren beseitigt werden.

		Interne Einflussgrößen	
		Stärken	Schwächen
Externe Einflussgrößen	Chancen	① Einsatz der Stärken des Unternehmens zur Ausnutzung der Chancen des Umfeldes	② Überwindung der Schwächen des Unternehmens durch Ausnutzung der Chancen des Umfeldes
	Risiken	③ Einsatz der Stärken des Unternehmens zur Minimierung der Risiken des Umfeldes	④ Minimierung der Schwächen des Unternehmens und der Risiken des Umfeldes

Abb. 5–5: SWOT-Matrix

Die SWOT-Analyse lässt sich zur Strategiefindung, zur Situationsanalyse, zur Ausrichtung der Unternehmensstrukturen und zur Entwicklung neuer Geschäftsprozesse einsetzen. Ferner dient sie zur Projektanalyse und zur Erarbeitung von konkreten Verbesserungs- oder Optimierungsvorschlägen.

5.4 Benchmarking

Das Benchmarking ist ein aus den USA stammender Ansatz, durch den über einen Vergleich von Produkten, Dienstleistungen und

Prozessen mit anderen Unternehmen bestehende Unterschiede sowie deren Ursachen aufgezeigt und daraus Anregungen für Verbesserungen im eigenen Unternehmen gewonnen werden sollen. Die Verbesserungen lassen sich erzielen durch:

- Kostensenkung
- Durchlaufzeitminimierung
- Qualitätssteigerung
- Erhöhung der Kundenzufriedenheit
- Entwicklung neuer Ideen
- Aufzeigen und Umsetzen von „Best-Practice"-Beispielen

Die Kernfrage des Benchmarking lautet „Warum sind andere Unternehmen besser?" Dazu werden die eigenen Prozesse und Verfahren kritisch hinterfragt und Methoden von Unternehmen, deren Weg erfolgsversprechender erscheint, imitiert.

Erstmals eingesetzt wurde das Benchmarking 1979 durch das US-Unternehmen Xerox, nachdem der einstige Kopiergeräte-Weltmarktführer bedeutende Marktanteile an japanische Konkurrenzunternehmen verloren hatte. Im Rahmen eines Benchmarking-Prozesses wurden die Kostenstrukturen der eigenen Produktkomponenten denen des Hauptkonkurrenten gegenübergestellt. Außerdem erfolgte eine vergleichende Analyse der Beschaffungs- und Vertriebsprozesse. Dadurch gelang es Xerox, seine Kosten zu senken sowie seine internen Abläufe und seine Produkte zu verbessern, so dass verlorene Marktanteile zurückerobert werden konnten.

Das Beispiel des Unternehmens Xerox zeigt, dass durch Benchmarking-Prozesse nicht nur Produkte und Dienstleistungen, sondern auch innerbetriebliche Prozesse und Methoden miteinander verglichen werden können.

Zur Durchführung des Vergleichs muss zunächst ein Unternehmen als „Benchmarking-Partner" gefunden werden. Nach der Herkunft des Benchmarking-Partners lassen sich folgende drei **Formen des Benchmarking** unterscheiden:

- **Internes Benchmarking:** Beim unternehmens- oder konzernbezogenen Benchmarking werden Abläufe in verschiedenen Abteilungen oder Bereichen eines Unternehmens miteinander verglichen. So lassen sich Beschaffungsprozesse der einzelnen Tochterunternehmen oder an verschiedenen Standorten miteinander vergleichen. Das erleichtert die Datenbeschaffung, allerdings gelangen auch keine neuen „externen" Ideen in das Unternehmen. Dennoch ist das interne Benchmarking ein Verfahren, das insbesondere bei großen Unternehmen und Unternehmensverbünden sinnvoll einsetzbar ist.

- **Konkurrenz- oder branchenbezogenes Benchmarking:** Beim konkurrenzbezogenen Benchmarking stammen der oder die Benchmarking-Partner aus der gleichen Branche. Damit lassen sich Produkte und Prozesse unmittelbar vergleichen, die Position des eigenen Unternehmens und der Verbesserungsbedarf wird deutlich.

  Das branchenbezogene Benchmarking kann von einer unternehmensexternen Einrichtung für eine Branche durchgeführt werden, indem entweder allgemein zugängliche Daten ausgewertet werden oder die beteiligten Unternehmen relevante Daten liefern. So bilden Hochschul-Rankings eine Form des branchenbezogenen Vergleichs, der von einem neutralen Dritten aufgrund von eigenen Datenrecherchen durchgeführt wird.

  Schwieriger wird die Datenbeschaffung, wenn unmittelbare Konkurrenten betroffen sind. Dann muss auf Wege der Informationsbeschaffung zurückgegriffen werden, die in Kap. 5.1.2 (Konkurrenzanalyse) beschrieben sind.

- **Branchenübergreifendes Benchmarking:** Das branchenübergreifende Benchmarking orientiert sich nicht an Konkurrenzunternehmen, sondern greift bewusst auf Benchmarking-Partner zurück, die aus unterschiedlichen Branchen stammen. Die Informationsbeschaffung ist problemloser, da die beteiligten Unternehmen nicht in Konkurrenz zueinander stehen und dadurch eine größere Bereitschaft zu einem offenen Informationsaustausch besitzen. Zudem sind stärkere Lerneffekte zu erwarten, wenn unterschiedliche „Branchenkulturen" aufeinandertreffen und sich gegenseitig befruchten, indem völlig andere Lösungswege aus anderen Branchen auf den eigenen Bereich übertragen werden. Das

Benchmarking-Projekt konzentriert sich beim branchenübergreifenden Benchmarking auf Prozesse, die eine vergleichbare Funktion besitzen. Wenn es sich um indirekte Produktionsbereiche (z. B. Lagerhaltung, Verwaltung) handelt, die unabhängig von der Branche einen vergleichbaren Ablauf besitzen, spricht man vom „funktionalen Benchmarking". Sind die Abläufe nur grob vergleichbar, handelt es sich um ein generisches Benchmarking.

> **BEISPIELE für branchenübergreifendes Benchmarking:** Das oben erwähnte Unternehmen Xerox zog zur Analyse seiner Beschaffungs- und Vertriebsprozesse als Benchmarking-Partner einen Sportartikelversand hinzu (funktionales Benchmarking).
> Eine Fluggesellschaft optimierte ihre Frachtabfertigung, indem sie den Prozess des Be- und Entladens ihrer Flugzeuge mit den Prozessen, die bei Boxenstopps von Autorennen ablaufen, verglich (generisches Benchmarking). Dadurch konnten die Abfertigungszeiten um 50 % verkürzt werden (vgl. *Baum/Coenenberg/Günther*, Strategisches Controlling, S. 96).

Grundlage für die Beurteilung bilden sogenannte **„Benchmarks"**, die als quantitative oder als qualitative Kenngrößen einen Vergleich ermöglichen. Je nach Form des Benchmarking-Prozesses werden die Informationen entweder von den Partnern zur Verfügung gestellt oder aus frei zugänglichen Informationen gewonnen.

Zur Durchführung von Benchmarking-Prozessen stehen spezialisierte Unternehmensberatungen zur Verfügung. In Deutschland besteht in Berlin am Fraunhofer-Institut für Produktionsanlagen und Konstruktionstechnik das **„Informationszentrum Benchmarking"** (kurz: IZB), dessen Aktivitäten auf die Förderung und Unterstützung von Benchmarking-Projekten gerichtet ist. Das IZB führt Informationsveranstaltungen und Schulungen zum Thema „Benchmarking" durch und dient als Informationsplattform, die auch bei der Vermittlung von geeigneten Benchmarking-Partnern behilflich ist.

Eine Benchmarking-Analyse lässt sich in die folgenden drei **Phasen** untergliedern:

- **Vorbereitungsphase:** Festlegung der Zielsetzung des Projekts und des Untersuchungsobjekts (Benchmarking-Gegenstand). Es ist ein Benchmarking-Team zu bilden, das für die Durchführung des Projektes zuständig ist und die weiteren Schritte koordiniert. Das Team hat Vergleichsunternehmen (Benchmarking-Partner) auszuwählen und die „Benchmarks" (d. h. Kriterien zur Leistungsbeurteilung) festzusetzen. Anschließend erfolgt mit der Erhebung der Daten die Gewinnung der benötigten Informationen.

- **Analysephase:** Auswertung der Daten. Aufzeigen von Stärken, Schwächen, Defiziten (Leistungs- und Kostenlücken) und deren Ursachen. Kommunikation der Erkenntnisse im Unternehmen.

- **Umsetzungsphase:** Festlegungen von Strategien, um Verbesserungen zu erzielen und Defizite zu beseitigen. Aufstellen von Aktionsplänen und Umsetzung der Maßnahmen im Unternehmen.

Diese drei Phasen sind aber nicht nur einmal zu durchlaufen: Das Benchmarking versteht sich als dauerhaften Prozess, der kontinuierlich durchgeführt werden sollte. Das „Informationszentrum Benchmarking" spricht daher von einem „Benchmarking-Zirkel", bei dem sich an die Umsetzungsphase direkt die Vorbereitungsphase der nächsten Benchmarking-Runde anschließt.

Das Benchmarking liefert nicht nur eine Analyse, sondern bereitet zugleich die nötigen Veränderungsprozesse vor und öffnet den Blick für „Best Practice"-Beispiele anderer Unternehmen. Unter dem Motto „von den Besten lernen" zeigt das Benchmarking Leistungsstandards auf, die erfolgreiche Unternehmen erreicht haben und daher auch für das eigene Unternehmen grundsätzlich erreichbar sind. Zudem wird die Übernahme von bereits realisierten Lösungswegen, die andere Unternehmen erfolgreich beschreiten, angeregt.

Als Nachteil kann aufgeführt werden, dass der Zugriff zu den benötigten Daten oft problematisch und sehr sensibel ist. Das Finden eines geeigneten Benchmarking-Partners kann sich sehr schwierig gestalten. Zudem sind die Kosten für die Durchführung einer Benchmarking-Analyse recht hoch.

Literaturempfehlungen zu Kapitel 5:

Baum, Heinz-Georg/Coenenberg, Adolf G./Günther, Thomas: Strategisches Controlling. 5. Auflage. Stuttgart: Schäffer-Poeschel 2013.
Hungenberg, Harald: Strategisches Management in Unternehmen. 7. Auflage. Wiesbaden: Springer Gabler 2012.
Welge, Martin K./Al-Laham, Andreas: Strategisches Management: Grundlagen – Prozess – Implementierung. 6. Auflage. Wiesbaden: Springer Gabler 2012.

6. Kapitel

Prognose-Instrumente

Viele zukünftige Entwicklungen zeichnen sich frühzeitig ab und können mit einfachen Methoden registriert werden. Doch das Alltagsgeschäft und die Flut von Informationen verhindern häufig deren Wahrnehmung. Es ist für die Unternehmensleitung von großer Bedeutung, künftige Trends und Entwicklungen frühzeitig zu erkennen, um rechtzeitig reagieren zu können. Mit den in diesem Kapitel vorgestellten Verfahren wird versucht, auch weiter in der Zukunft liegende Ereignisse und Entwicklungstendenzen zu prognostizieren, damit Grundlagen für unternehmerische Entscheidungen zur Verfügung stehen.

6.1 Statistische Verfahren

Um künftige Entwicklungen vorherzusagen kann auf statistische Verfahren zurückgegriffen werden. Allen diesen Verfahren ist gemeinsam, dass sie auf Zahlenwerten aus der Vergangenheit basieren und deshalb auch als „quantitative Prognoseverfahren" bezeichnet werden. Die Daten aus der Vergangenheit werden durch die quantitativen Verfahren fortgeschrieben bzw. in die Zukunft projiziert. So können gleitende Durchschnittswerte berechnet, exponentielle Glättungen vorgenommen oder Trendschätzungen erstellt werden. Eines der Verfahren, das bereits im Zusammenhang mit der Ermittlung von linearen Kostenfunktionen in Kap. 3.1.2 vorgestellt wurde, ist die Regressionsanalyse. Aufwendiger sind mathematische bzw. ökonometrische Modelle, bei denen eine Vielzahl von Einflussgrößen berücksichtigt und in Simulationsrechnungen verarbeitet werden.

Eine Darstellung dieser Verfahren würde den Rahmen dieses Buches sprengen. Es sei auf die umfangreiche Literatur zu diesem Thema verwiesen (z. B. Mertens/Rässler, Prognoserechnung).

Aus Sicht des strategischen Controllings weisen die quantitativen Verfahren den Nachteil auf, dass sie die Zukunft nur aus Vergangenheitsdaten erschließen, so dass neuere Entwicklungstendenzen nicht oder nur unzureichend abgebildet werden. Ein weiterer Nachteil besteht darin, dass nur quantitative Größen, also in Zahlen abbildbare Informationen berücksichtigt werden. Gesellschaftliche oder technologische Trends und qualitative Einflüsse gehen nicht in die Ergebnisse ein. Deshalb sind die durchaus hilfreichen quantitativen Prognoseverfahren durch qualitative und intuitive Instrumente zu ergänzen, die in den folgenden Kapiteln vorgestellt werden.

6.2 Delphi-Methode

Die Delphi-Methode wurde in den 1950er Jahren zur Erstellung von langfristigen Prognosen und zur Vorhersage von Zukunftstrends entwickelt. Benannt ist das Verfahren nach dem griechischen Ort Delphi, in dessen Apollon-Heiligtum in der Antike ein einflussreiches Orakel seinen Sitz hatte, das für seine zweideutigen Prophezeiungen bekannt war. Die häufig sehr politischen Orakelsprüche basierten auf tiefreichenden Kenntnissen, die die Apollon-Priesterschaft durch Befragung der aus allen Teilen der antiken Welt nach Delphi strömenden Besucher und durch eigene nachrichtendienstliche Tätigkeiten gewonnen hatte. Somit bildete letztlich Expertenwissen die Grundlage für die delphischen Zukunftsprognosen.

Die „moderne" Delphi-Methode basiert auf einer strukturierten Befragung von Experten, die schriftlich, anonym und in mehreren Befragungsrunden durchgeführt wird. Die Delphi-Methode wird für komplexe Prognosen eingesetzt. Dazu zählen

- die Identifizierung des Forschungs- und Entwicklungspotentials eines Unternehmens,
- die Vorhersage von künftigen Entwicklungen der Umwelt oder des Unternehmens, die auch weit in die Zukunft reichen können, oder
- die Identifizierung von Diskontinuitäten.

Es lassen sich zwei Varianten des Verfahrens unterscheiden, die Standard-Delphi-Methode und die Breitband-Delphi-Methode. Der Unterschied zwischen den beiden Verfahren besteht darin, dass bei der Standardversion sich die beteiligen Experten nicht kennen und somit sich auch nicht untereinander abstimmen können, während bei der Breitband-Delphi-Methode die Anonymität des Expertenkreises aufgeben wird und eine Abstimmung gerade gewünscht ist.

Die **Standard-Delphi-Methode** besitzt die folgenden Ablaufschritte:

- **Projektleitung definieren:** Mit der Projektleitung können eine oder mehrere Personen beauftragt werden, die organisatorische Vorbereitungen zu treffen und das Verfahren zu koordinieren haben. Der Projektleiter wird auch als Mediator, ein Projektleitungsteam als Mediatoren- oder Monitorgruppe bezeichnet. Die Mediatoren stehen außerhalb der Expertengruppe, geben selbst also keine Prognosen ab.

- **Expertengewinnung:** Je nach Fragestellung und den zur Verfügung stehenden Ressourcen werden für eine Delphi-Studie zehn bis 100 Personen als Experten eingesetzt. Bei der Zusammensetzung der Expertenrunde ist darauf zu achten, dass alle relevanten Fachrichtungen abgedeckt sind. Die Experten kennen sich nicht gegenseitig.

Die Expertengewinnung ist das Hauptproblem des Verfahrens, denn die Qualität der Prognose ist unmittelbar von der Eignung der Experten abhängig. Geeignete Experten besitzen neben problembezogenem Fachwissen auch die Fähigkeit, dieses Fachwissen zur Lösung der Prognoseaufgabe anwenden und kommunizieren zu können. Zudem müssen sie bereit sein, an dem durchaus zeitaufwendigen Verfahren teilzunehmen.

- **Fragebogenentwicklung:** Die Befragung erfolgt schriftlich anhand eines Fragebogens. Dieser Fragebogen ist von der Projektleitung zu entwickeln und in Vortests zu optimieren.

- **Durchführung der Befragung:** Die Befragung der Experten erfolgt in mehreren (mindestens zwei) Runden mittels Fragebogen, der innerhalb von zwei bis vier Wochen schriftlich durch die Experten zu beantworten ist. Durch die geforderte schriftliche Beantwortung wird ein geregelter Rücklauf und die Abgabe einer verständlichen, konkreten Aussage gefördert. Zudem können die Experten vor Beantwortung der Fragen zusätzliche Informationen einholen, falls ihnen das erforderlich erscheint. Die Projektleitung fasst die Antworten der Experten zusammen, bereitet sie statistisch auf und leitet das anonymisierte Ergebnis allen Experten zu.

  Damit beginnt die nächste Befragungsrunde. Jeder Experte wird gebeten, seine eigene Prognose aufgrund der von den übrigen Teilnehmern gegebenen Antworten zu überprüfen und aufgrund der daraus gewonnenen Erkenntnisse eine neue Prognose anzugeben. Sollte diese Prognose stark vom Durchschnittswert der vorherigen Runde abweichen, ist eine Begründung abzugeben. Die Ergebnisse werden wiederum durch die Projektleitung gesammelt, zusammengefasst und weitergeleitet.

  Dieses Verfahren wird mehrfach wiederholt, bis sich die Ergebnisse angleichen oder eine eindeutige Mehrheitsmeinung vorliegt. In der Praxis wird die Zahl der Befragungsrunden von der Bereitschaft der Experten begrenzt, an weiteren Befragungsrunden teilzunehmen, so dass mehr als vier Befragungsrunden selten sind.

- **Nachbereitung:** Durch die Projektleitung ist ein Abschlussbericht zu erstellen und dem Auftraggeber vorzulegen.

Die Standard-Delphi-Methode nutzt die Vorteile einer Gruppenleistung durch die Einbeziehung von mehreren Experten aus; zugleich werden die negativen Auswirkungen von Gruppendiskussionen vermieden, da die Schätzungen anonym abgegeben werden, so dass die Eloquenz oder das Renommee einzelner Experten das Ergebnis nicht beeinflussen kann. Ein weiterer Vorteil der schriftlichen Befragung ist darin zu sehen, dass keine räumliche und zeitliche Abstimmung aller Experten nötig ist.

Ein Problem kann auftreten, wenn sich bei der Befragung auch nach mehreren Befragungsrunden kein einheitliches Ergebnis einstellt, sondern sich zwei polarisierende Standpunkte herausbilden. Ebenso problematisch ist es, wenn trotz der anonymen Befragung ein Konformitätsdruck einsetzt, der nicht fachlich zu begründen ist.

Bei der **Breitband-Delphi-Methode** wird die vollständige Anonymität der Experten aufgegeben, indem schriftliche Einzelschätzungen und gemeinsame Diskussionsrunden miteinander kombiniert werden. Die Experten sind untereinander von Anfang an bekannt, da bereits vor der ersten Befragungsrunde eine gemeinsame Sitzung stattfindet, um grundsätzliche Fragen bezüglich der Prognoseaufgabe abzuklären. Anschließend fertigt jeder Expert für sich eine Schätzung an, die er schriftlich an die Projektleitung weitergibt. Wie bei der Standard-Delphi-Methode bleibt die Einzelprognose anonym, damit ein Gruppenzwang vermieden und unpopuläre Ansichten nicht unterdrückt werden.

Die Projektleitung hat nun die Aufgabe, die Einzelprognosen unter Wahrung der Anonymität zusammenzufassen und eine weitere Sitzung einzuberufen, auf der die Ergebnisse und insbesondere stärkere Abweichungen diskutiert werden. Unter dem Eindruck der ausgetauschten Argumente überarbeitet nun jeder Experte für sich seine Schätzung. Es folgt wie bei der Standard-Delphi-Methode ein iterativer Prognoseprozess mit mehreren Runden, wobei zwischen jeder Runde die Ergebnisse zusammengefasst und in einer gemeinsamen Sitzung von den beteiligten Experten diskutiert werden. Die Prozedur kann fortgesetzt werden, bis die Einzelergebnisse hinreichend angenähert sind.

Durch die gemeinsamen Diskussionsrunden erfolgt ein intensiverer Gedankenaustausch, als dies im rein schriftlichen Verfahren möglich ist. Allerdings stehen diesem Vorteil des Breitband-Delphi-Verfahrens als Nachteile die problematische Terminfindung für die gemeinsamen Runden und eine mögliche Beeinflussung des Ergebnisses durch rhetorisch dominante Gruppenmitglieder gegenüber.

Die Delphi-Methode besitzt eine hohe Erfolgsquote. Ungenauigkeiten werden durch die mehreren Befragungsrunden eliminiert. Aufgrund der Anonymität der Antworten können Experten ihre Meinung ändern, ohne ihr Gesicht zu verlieren. Als Nachteile sind der hohe organisatorische Aufwand, der große Zeitbedarf für das Durchführen der Befragungen und die schwierige Expertengewinnung zu nennen. Zudem ist die Ergebnisqualität stark von den beteiligten Experten abhängig (vgl. *Pfohl/Stölzle*, Planung und Kontrolle, S. 162). Die Delphi-Methode wird aufgrund des hohen Zeit- und Kostenaufwandes nur bei großen Projekten eingesetzt. Bei stark innovativen Vorhaben ist sie aber oft die einzige sinnvolle Methode.

6.3 Diskontinuitätenbefragung

Ebenso wie bei der Delphi-Methode erfolgt bei der Diskontinuitätenbefragung eine schriftliche Befragung von Experten mittels eines Fragebogens. Anders als die Delphi-Methode ist die Diskontinuitätenbefragung jedoch auf die Beurteilung von Diskontinuitäten fokussiert. Unter Diskontinuitäten werden abrupte Veränderungen im (Unternehmens-)Umfeld verstanden, die erhebliche Auswirkungen auf ein Unternehmen haben können, wie beispielsweise der Zusammenbruch des Ostblocks 1989/90 oder die Finanzkrise 2008.

Die Experten erhalten im Rahmen der Befragung einen Fragebogen, auf dem mögliche künftige Diskontinuitäten aufgeführt sind, die für das Unternehmen relevant sein könnten. Die Experten sollen nun für jedes dieser Ereignisse die Eintrittswahrscheinlichkeit abschätzen. Unabhängig davon sollen sie den Einfluss, den dieses Ereignis für das Unternehmen besitzt, auf einer Skala von -4 (sehr ungünstig) bis +4 (sehr günstig) einordnen. Damit eine ausreichende Grundgesamtheit zur statistischen Auswertung der Antworten vorhanden ist sollten mindestens 30 Experten befragt werden. Im Rahmen der Auswertung werden Zufallsbereiche für jede Diskontinuität bestimmt, die die Streuung der Expertenmeinungen verdeutlichen.

Das Ergebnis der Befragung ermöglicht es dem Unternehmen, die bedeutsamsten Risiken zu erkennen bzw. Chancen zu ergreifen.

„Ausreißer", die vom einheitlichen Meinungsbild abweichen, sind im Rahmen der Diskontinuitätenbefragung von besonderer Bedeutung: Unter der Voraussetzung, dass die abweichenden Meinungen nicht aufgrund von fehlendem Expertenwissen oder durch eine ungenaue Problemformulierung entstanden sind, weisen sie ggf. als „schwache Signale" frühzeitig auf mögliche Diskontinuitäten hin, die von der Mehrheit der Experten noch nicht gesehen werden (vgl. *Lorson/Quick/Wurl*, Controlling, S. 38 f.).

Als Vorteil des Verfahrens wird die Berücksichtigung von Außenseitermeinungen gesehen. Schwachstellen des Verfahrens sind die große Zahl an zu befragenden Experten sowie die Eingrenzung auf die im Fragebogen genannten Diskontinuitäten; dadurch bleiben Ereignisse, die bei der Fragebogenerstellung nicht gesehen werden, von der Prognose ausgeschlossen.

6.4 Gap-Analyse

Die **Gap-Analyse** (oder **Lückenanalyse**) ist ein Instrument der strategischen Planung, mit der Differenzen zwischen der Planung und der prognostizierten Zielerreichung aufgezeigt werden können. Die entstehende Differenz wird als Ziellücke (engl. „Gap") bezeichnet, die durch das Ergreifen von Maßnahmen geschlossen werden sollte.

Die Gap-Analyse lässt sich in einem Koordinatensystem darstellen; dabei wird über der Zeitachse die Entwicklung der Zielgröße aufgetragen (vgl. Abb. 6–1). Als **Zielgröße** oder Lückenindikator können beispielsweise Umsatz, Gewinn, Rendite oder Marktanteil des Unternehmens oder einer strategischen Geschäftseinheit dienen.

In Abb. 6–1 werden Entwicklungslinie, Potentiallinie und Ziellinie unterschieden. Die **Entwicklungslinie** zeigt den Verlauf der Zielgröße, wenn die bisher geplanten Maßnahmen umgesetzt werden. Sie bildet das Basisgeschäft des Unternehmens (oder der betrachteten strategischen Geschäftseinheit) unter Berücksichtigung der vorhandenen Stärken, Chancen, Schwächen und Risiken ab.

6. KAPITEL   Prognose-Instrumente

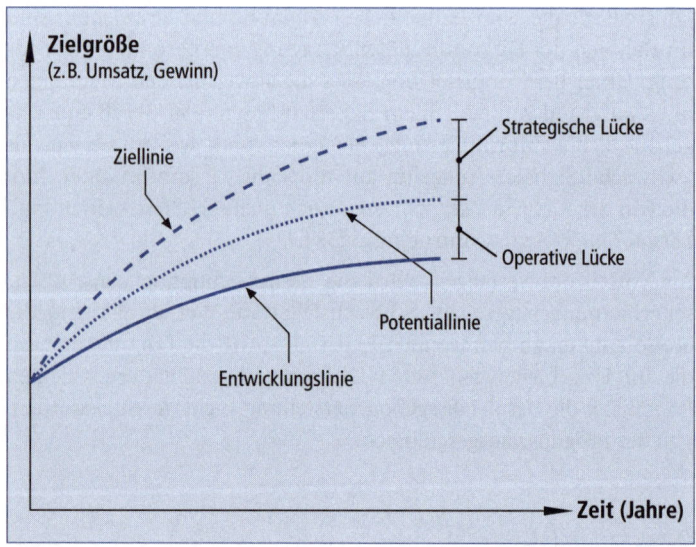

Abb. 6–1: Prinzip der Gap-Analyse

Mit dem vorhandenen Potential des Unternehmens lässt sich jedoch durch operative Maßnahmen die Zielgröße steigern, ohne dass neue Produkte entwickelt oder Märkte erschlossen werden. Diese Steigerung durch eine bestmögliche Nutzung der vorhandenen Gegebenheiten (z. B. durch eine bessere Marktdurchdringung) bildet die **Potentiallinie** ab. Eine Steigerung darüber hinaus ist nur möglich, wenn das Potential des Unternehmens erweitert wird. Diesen optimalen Verlauf der Zielgrößenkurve nach Potentialerweiterung bezeichnet man als **Ziellinie.**

Die Lücke, die sich zwischen Potential- und Entwicklungslinie ergibt, wird als **operative Lücke** bezeichnet. Diese Lücke kann durch operative Maßnahmen (z. B. Kostensenkungsprogramme, Verbesserung der Logistik, bessere Abstimmung der Produktionsprozesse, bessere Durchdringungen der bestehenden Märkte) mittelfristig verkleinert oder geschlossen werden.

Die Differenz zwischen Ziel- und Potentiallinie heißt **strategische Lücke.** Sie kann nur durch neue Projekte, eine veränderte Strategie

(z. B. Innovationen) oder eine Veränderung der seitherigen, einengenden Unternehmensstruktur geschlossen werden und zeigt den Handlungsbedarf für strategische Entscheidungen auf. In Abhängigkeit zur vorliegenden Produkt-Markt-Situation (vgl. Abb. 4–6) lassen sich als mögliche Strategien eine Steigerung der Marktdurchdringung, die Erschließung neuer Märkte mit bestehenden Produkten (Marktentwicklung), die Entwicklung neuer Produkte oder die Diversifikation unterscheiden (vgl. Kap. 4.3.2).

> **BEISPIEL zur Gap-Analyse:** Ein Unternehmen besitzt im Jahre 01 einen Umsatz von 550 Mio. €. Die Unternehmensleitung gibt als Zielvorgabe ein Umsatzwachstum auf 1,9 Mrd. € im Jahre 12 vor. Mittels einer Gap-Analyse ist eine eventuell bestehende Ziellücke aufzuzeigen.
> Abb. 6–2 zeigt das Ergebnis der Analyse. Die Entwicklungslinie steigt bis zum Jahr 12 durch Preissteigerungen und das allgemeine Marktwachstum auf 950 Mio. € an. Durch operative Maßnahmen wie die bessere Erschließung der bestehenden Märkte lässt sich der Umsatz auf ca. 1,25 Mrd. € steigern (Potentiallinie). Darüber hinaus plant das Unternehmen, neue Märkte zu erschließen und neue Produkte einzuführen. Diese strategischen Maßnahmen führen zu einer Steigerung des Umsatzes auf 1,7 Mrd. €. Abb. 6–2 verdeutlicht, dass trotz dieser Planungen bereits ab dem Jahr 03 eine strategische Lücke klafft (weißer Bereich in Abb. 6–2), die bis zum Jahr 12 auf etwa 350 Mio. € anwächst. Diese Lücke ist durch weitere strategische Maßnahmen (neue Produkte, neue Märkte) oder durch die Revidierung der Umsatzwachstumsvorgabe zu schließen.

Die Gap-Analyse ist einfach anzuwenden, zeigt Differenzen zwischen Planung und der prognostizierten Zielerreichung auf und erleichtert eine Fokussierung auf strategische Probleme. Sie ist ein grobes, quantitativ orientiertes Instrument, das durch weitere Methoden vertieft und ergänzt werden sollte. Zur optischen Verdeutlichung von Chancen und Risiken ist sie jedoch sinnvoll einsetzbar.

Neben der Funktion als Planungsinstrument lässt sich die Gap-Analyse auch für strategische **Kontrollaufgaben** einsetzen. Am Beispiel der Zielgröße „Umsatzsteigerung" verdeutlichen *Baum/Coenenberg/ Günther* (Strategisches Controlling, S. 25 ff.) die Vorgehensweise: Durch die Zuordnung der Umsatzsteigerung zu einer Ursache (z. B. generelles Branchenwachstum, Preissteigerung, Steigerung der

Marktdurchdringung, Einführung neuer Produkte) kann das Umsatzwachstum dem operativen bzw. dem strategischen Bereich zugeordnet werden. Damit lässt sich die Umsetzung der strategischen Planung kontrollieren.

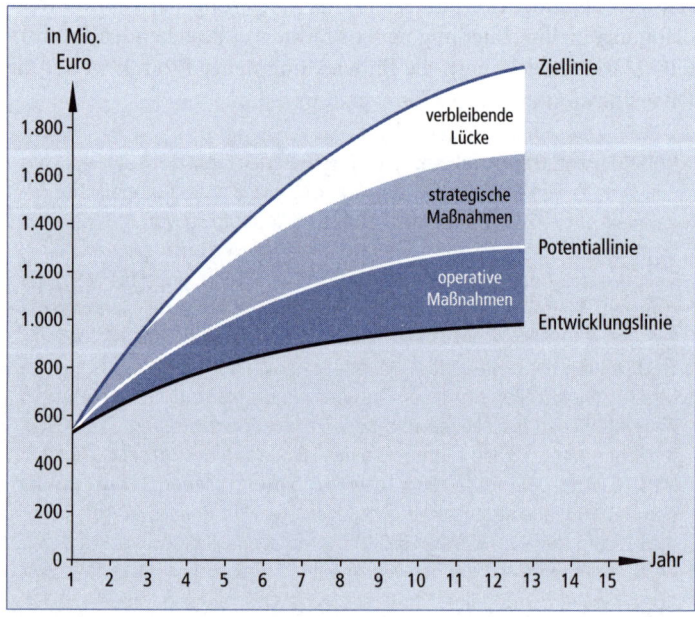

Abb. 6–2: Beispiel für eine Gap-Analyse

6.5 Szenariotechnik

Die Szenariotechnik ist ein Instrument der Zukunftsforschung, das verschiedene denkbare Wege der künftigen Entwicklung aufzeigt. Mit ihr lassen sich zum einen in Form einer globalen Betrachtungsweise Fragen wie die künftige Energieversorgung der Erde abschätzen („Globalszenarien"); zum anderen ist sie auch auf Unternehmens- oder Geschäftsbereichsebene einzusetzen. Hier dient die Szenario-Technik der Überprüfung von Leitbildern, der Strategiefindung, der Strategiebewertung sowie der Bewertung von Entscheidungsalternativen. Zudem kann die Szenario-Technik zur strategischen Frühaufklärung eingesetzt werden.

Unter einem **Szenario** wird die Darstellung einer möglichen künftigen Situation und des Weges, der zu dieser Situation führt, verstanden. Im Rahmen der Szenariotechnik werden mehrere solcher Szenarien erstellt und in Form eines Szenariotrichters grafisch dargestellt (vgl. Abb. 6–3).

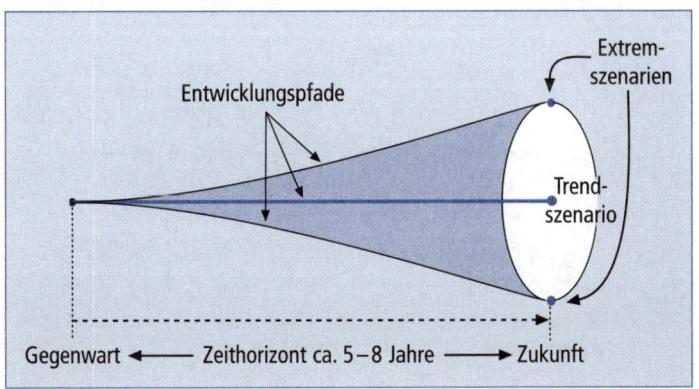

Abb. 6–3: Grundversion des Szenario-Trichters

Der **Szenariotrichter** bildet in seiner Grundversion drei verschiedene Szenarien ab: Neben den beiden **Extremszenarien,** die mit dem bestmöglichen („best case") Entwicklungspfad die obere Begrenzung und dem schlechtesten („worst case") Entwicklungspfad die untere Begrenzung des Trichters bilden, enthält der Szenariotrichter das **Trendszenario,** das die wahrscheinliche Entwicklung bei gegebenen Randbedingungen aufzeigt. Daneben können weitere Szenarien in Form von alternativen Entwicklungspfaden aufgenommen werden. Da die Erstellung eines Szenarios recht aufwendig ist, beschränkt man sich in der Praxis im Regelfall auf zwei bis drei Szenarien.

Aufgrund der Vorgehensweise lassen sich zwei Varianten der Szenario-Technik unterscheiden: Bei **explorativen Szenarien** werden unter der Leitfrage „was wäre wenn" von einer Gegenwartssituation ausgehend künftige Entwicklungswege bestimmt, so dass ein Szenariotrichter gemäß Abb. 6–3 bzw. 6–4 oben entsteht. Es ist aber auch möglich, Szenarien zu entwickeln, die auf verschiedenen Wegen zu einer konkreten zukünftigen Situation (z. B. Ausstieg aus der Kernenergietechnologie) führen. In diesem Fall spricht man von einem **„antizipativen Szenario",** das die Frage „was muss geschehen, damit ein Sachverhalt eintritt" (d. h. die Ursachenveränderung) beantwortet (vgl. Abb. 6–4 unten).

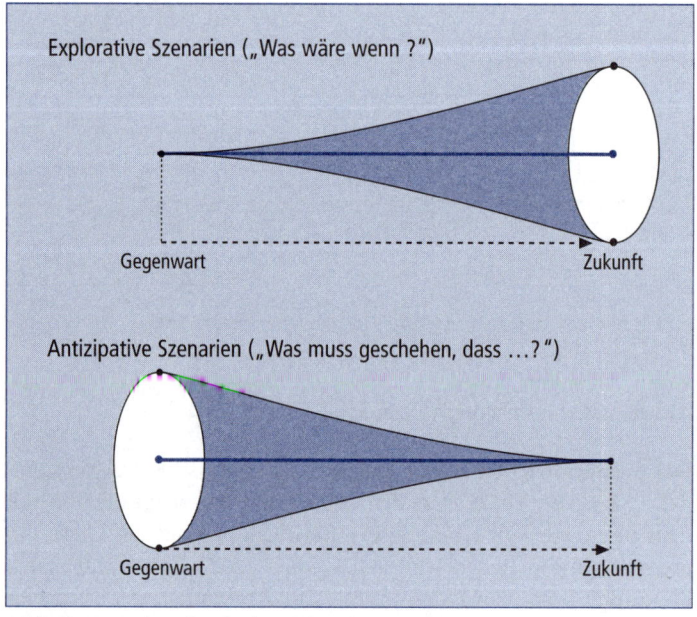

Abb. 6–4: Explorative und antizipative Szenarien

Die Szenario-Technik ist durch eine stufenweise Vorgehensweise gekennzeichnet. Es lassen sich folgende **Phasen** unterscheiden:

- **Analysephase:** Nach Klärung der Aufgabenstellung und Abgrenzung des Untersuchungsfeldes sind in Form einer groben Ist-Analyse die Merkmale, Besonderheiten und Problembereiche des Untersuchungsfeldes aufzuzeigen. Als Hilfsmittel dazu können die Verfahren der Umfeldanalyse (vgl. Kap. 5.1) eingesetzt werden.

- **Einflussfaktorenanalyse:** Für die relevanten Einflussfaktoren, die die zukünftige Entwicklung des Untersuchungsfeldes beeinflussen, sind Kenngrößen (sog. Deskriptoren) zu ermitteln. Abhängigkeiten zwischen den Faktoren werden in Form von Vernetzungsmatrizen verdeutlicht. Es lassen sich quantitative (z. B. Marktvolumen, Marktanteil) und qualitative Deskriptoren (z. B. Verbrauchereinstellung) unterscheiden. Für die Deskriptoren erfolgt eine Abschätzung der künftigen Entwicklung („Trendprojektion"). Hierzu kann auf Statistiken, aber auch auf Verfahren wie die Delphi-Methode (vgl. Kap. 6.2) zurückgegriffen werden.

- **Konsistenzanalyse:** Von besonderem Interesse sind Deskriptoren, für die sich mehrere mögliche Entwicklungswege ergeben. Bei diesen **„kritischen Deskriptoren"** ist zu überprüfen, ob die aufgezeigten Annahmen untereinander konsistent (widerspruchsfrei) sind.

> **BEISPIEL zur Konsistenz von kritischen Deskriptoren:** Deskriptor A bildet den Steuersatz der Kraftfahrzeugsteuer ab, Deskriptor B die Nutzung des öffentlichen Personennahverkehrs. Jeder Deskriptor kann eine steigende, gleichbleibende oder fallende Tendenz besitzen. Es wäre konsistent, bei einem Anstieg von A auch einen Anstieg von B zu prognostizieren (bei Verteuerung der Kraftfahrzeugnutzung nimmt die Nutzung von öffentlichen Verkehrsmitteln zu). Nicht konsistent wäre hingegen die Kombination A steigt, B nimmt ab.

Aufgrund der Konsistenzanalyse werden widerspruchsfreie, zusammenpassende Varianten zu sog. „konsistenten Bündeln" oder „Rohszenarien" zusammengefasst. Nicht konsistente Kombinationen werden ausgeschlossen.

- **Synthesephase** (Szenario-Entwicklung): Die in der vorherigen Phase ermittelten konsistenten Bündel werden nun mit den unkritischen Deskriptoren, für die eine eindeutige Zukunftsentwicklung abgeschätzt wurde, zusammengeführt. Aus dieser Zusammenführung ergeben sich als Zukunftsbilder einzelne Szenarien. Im Minimum sind die beiden Extremszenarien, die als gegensätzliche Entwicklungswege die obere und untere Randlinie des „Szenario-Trichters" (vgl. Abb. 6–3) bilden, zu erstellen. Daneben ist es üblich, mindestens ein weiteres Szenario als wahrscheinlichen Entwicklungsweg („Trendszenario") zu entwickeln. Neben der grafischen Darstellung ist es üblich, die Entwicklungspfade für die ermittelten Szenarien verbal auszuformulieren und Interpretationshilfen zu geben.

- **Störereignisanalyse:** In dieser Phase wird untersucht, welchen Einfluss Störereignisse, die außerhalb der prognostizierten Entwicklungswege liegen, auf die einzelnen Szenarien besitzen und welche Gegenmaßnahmen in diesem Fall ergriffen werden können. Durch eine Trendbruchanalyse werden Störungen durch Diskontinuitäten berücksichtigt.

Die Auswirkungen von Störereignissen lassen sich im Szenario-Trichter abbilden (vgl. Abb. 6–5).

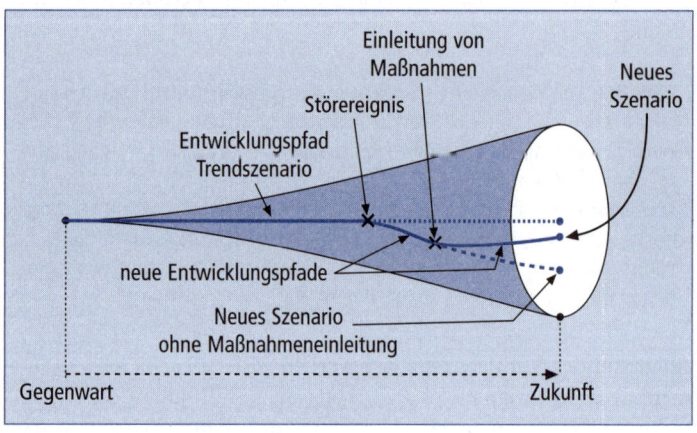

Abb. 6–5: Störereignis im Szenario-Trichter

- **Umsetzungsphase:** Abschließend werden die Ergebnisse der vorherigen Phasen in den Planungs- und Entscheidungsprozess des Unternehmens integriert. Aus den Szenarien sind strategische, aber auch operative Maßnahmen abzuleiten. Die ermittelten Szenarien sind auf aktuellem Stand zu halten.

> **BEISPIEL zur Szenario-Technik:** Die Szenario-Technik wird im Regelfall für strategische Fragestellungen eingesetzt. Im Folgenden wird zur Verdeutlichung des Instruments ein „nichtstrategisches", triviales Beispiel gewählt, das die Grundprinzipien des Verfahrens transparent macht.
> Als Analyseaufgabe soll zum Studienbeginn als Szenario die Examensnote für einen Studenten prognostiziert werden. Als Deskriptoren gelten alle Prüfungsfächer und Leistungen, deren Noten in die Examensnote eingehen. Ein konsistentes Bündel erhält man, wenn alle Deskriptoren den Wert 1,0 annehmen. Dieses Bündel bildet die obere Begrenzung des Szenario-Trichters und stellt das erreichbare Optimum dar. Die untere Begrenzung des Trichters bildet das Nichtbestehen (Note 5,0) des Studiums. Das Trendszenario bildet beispielsweise der Notendurchschnitt 2,0.
> Jede erzielte Teilnote, die ungleich 2,0 ist, bildet ein Störereignis, das eine Abweichung vom Trendszenario darstellt. Wird z. B. bei einer Teilnote lediglich eine 4,0 erzielt, hat das eine Abweichung von der Trendkurve nach unten zur Folge. Eine 1,0 als Gesamtnote ist dann nicht mehr erreichbar. Durch Maßnahmen (z. B. durch intensives Lernen) kann die Abweichung von der Trendkurve jedoch vermindert werden (vgl. Abb. 6–5), wenn dadurch bei einer nachfolgenden Prüfung z. B. eine Note von 1,3 erzielt wird.

Die Szenario-Technik ist ein Verfahren, das zur zielorientierten Entwicklung alternativer Zukunftsbilder und der zu ihnen führenden Entwicklungspfade eingesetzt wird. Sie liefert bessere Ergebnisse als eine reine Trendextrapolation, da mehrere Lösungswege und neben qualitativen auch quantitative Einflussgrößen berücksichtigt werden. Nachteilig sind der hohe organisatorische Aufwand, der zur Erstellung eines Szenarios erforderlich ist, und subjektive Einflüsse, durch die die Ergebnisqualität beeinflusst wird. Die Szenario-Technik ist erheblich von der Fach- und Methodenkompetenz der mit der Durchführung beauftragten Personen abhängig.

6.6 Früherkennungssysteme

Früherkennungssysteme dienen dazu, Chancen und Risiken für ein Unternehmen in einem sehr frühen Stadium aufzuzeigen, damit der Unternehmensführung genügend Zeit verbleibt, um Maßnahmen zur Nutzung der Chancen oder zur Abwehr von Gefahren zu ergreifen. Im Schrifttum wird in diesem Zusammenhang teilweise der Aspekt der Risikoerkennung in den Vordergrund gestellt und von **„Frühwarnsystemen"** gesprochen; daneben ist als synonyme Bezeichnung auch der Begriff **„Frühaufklärung"** üblich.

Eine Früherkennung von Chancen und Risiken kann sowohl für den kurzfristigen (operativen), als auch für den langfristigen (strategischen) Bereich vorgenommen werden. Es lassen sich gemäß Abb. 6–6 drei „Generationen" von Früherkennungssystemen unterscheiden, wobei die beiden ersten Generationen der operativen, die dritte der strategischen Früherkennung zuzurechnen sind.

3. Generation: Schwache Signale
2. Generation: Frühwarnindikatoren
1. Generation: Kennzahlen-Zeitvergleich

Abb. 6–6: Generationen von Früherkennungssystemen

Früherkennungssysteme verbessern die Informationslage eines Unternehmens erheblich, so dass Entscheidungen qualifizierter und frühzeitiger getroffen und die Steuerung des Unternehmens zielgerichteter vorgenommen werden können. Nur die vorausschauende Betrachtung von Chancen und Risiken ermöglicht eine erfolgreiche Weiterentwicklung des Unternehmens.

6.6.1 Früherkennungssysteme der ersten Generation

Die Früherkennung wird über einen Zeitvergleich von **Kennzahlen** vorgenommen (zu Kennzahlen und Kennzahlensystemen vgl.

Kap. 2.5). Aus der Unter- oder Überschreitung der vorgegebenen Sollwerte können die Auswirkungen für die bestehenden Planungen ermittelt und Maßnahmen eingeleitet werden. Durch eine Verknüpfung der Kennzahlen zu Kennzahlensystemen lässt sich die Aussagekraft steigern.

Kennzahlen lassen sich monats- oder quartalsweise ermitteln; durch Hochrechnung lässt sich die Einhaltung der Jahresplanung schon während des Geschäftsjahres abschätzen, so dass auf negative Entwicklungen im Geschäftsverlauf reagiert werden kann. Dennoch ist es für eine angemessene Reaktion häufig schon zu spät, wenn Abweichungen über Kennzahlen festgestellt werden. Deshalb wird im Schrifttum häufig der „Späterkennungscharakter" kritisiert, den die Systeme der ersten Generation aufweisen.

6.6.2 Früherkennungssysteme der zweiten Generation

Zum Aufspüren von noch nicht allgemein erkennbaren Signalen und Entwicklungen wird ein System von **Frühwarnindikatoren** aufgebaut, das frühzeitiger als herkömmliche Kennzahlen die entsprechenden Informationen liefert. Ziel ist die Schaffung eines umfassenden Systems von Frühwarnindikatoren, das alle internen und externen Entwicklungen, die für ein Unternehmen relevant sind, abbildet.

Beim Aufbau eines solchen Systems werden einzelne Beobachtungsfelder abgegrenzt und für diese Felder Indikatoren bestimmt. Als **unternehmensinterne Beobachtungsfelder** dienen das Produktionsprogramm, der Personalbereich (Mitarbeiterfluktuation, Krankenstand, Lohn- und Gehaltsentwicklung), Forschungs- und Entwicklungsaktivitäten, Absatz (Umsatz, Auftragseingänge), Produktion (Produktionsmenge, Lohnkostenanteil) sowie die Finanzlage des Unternehmens (Cashflow, Liquiditätsreserve). **Unternehmensextern** werden der wirtschaftliche (Konjunktur, Arbeits-, Beschaffungs-, Absatz- und Kapitalmarkt), der technologische (neue Verfahren und Technologien) und der politische Bereich über Indikatoren abgebildet.

Die Indikatoren sollten eindeutige Ergebnisse liefern, frühzeitig verfügbar und leicht zu ermitteln sein. Es ist darauf zu achten, dass die Indikatoren nicht wie bei klassischen Kennzahlen auf vergangenheitsbezogene Größen, sondern auf zukunftsorientierte Phänomene ausgerichtet sind. Ideal sind **„vorlaufende Indikatoren"**, die künftige Entwicklungen frühzeitig anzeigen. Abb. 6–7 zeigt ein Beispiel, bei dem der Auftragseingang einen vorlaufenden Indikator bildet, aus dem der Periodenumsatz für vier Perioden später vorgesagt werden kann. Ein derartiger Indikator kann sich auf Informationen aus dem eigenen Unternehmen gründen, aber sich auch an in der Wertschöpfungskette vorgelagerten Unternehmen orientieren: So lässt sich z. B. aus den Auftragseingängen bei Architekturbüros das voraussichtliche Bauvolumen künftiger Perioden und damit die Auslastung der Bauindustrie etwa 12 bis 18 Monaten später prognostizieren.

6.6.3 Früherkennungssysteme der dritten Generation

Die Früherkennungssysteme der ersten beiden Generationen sind dadurch charakterisiert, dass sie nur Chancen und Risiken aufzeigen können, für die eine geeignete Kennzahl oder ein geeigneter Indikator festgelegt wurde. Völlig neue Entwicklungen in Form von sog. „Strukturbrüchen", die oft eine erhebliche Bedeutung für das Unternehmen besitzen, werden hingegen nicht erfasst. Doch derartige Veränderungen in der Unternehmensumwelt kündigen sich im Regelfall durch **schwache Signale** an, die mit den Früherkennungssystemen der dritten Generation frühzeitig erkannt und aufbereitet werden sollen. Indem bereits erste Anzeichen einer Chance oder eines Risikos registriert werden soll eine frühzeitige Reaktion des Unternehmens möglich sein. Erreicht wird dies durch Verbesserungen bezüglich der Informationswahrnehmung und eine Steigerung der Flexibilität des Unternehmens.

Schwache Signale lassen sich im Regelfall nur qualitativ beschreiben. Da alle Veränderungen im politischen und im sozio-kulturellen Bereich durch Menschen verursacht werden, lassen sich durch eine Analyse von Meinungen, Pressemeldungen, Veröffentlichungen und

6.6 Früherkennungssysteme

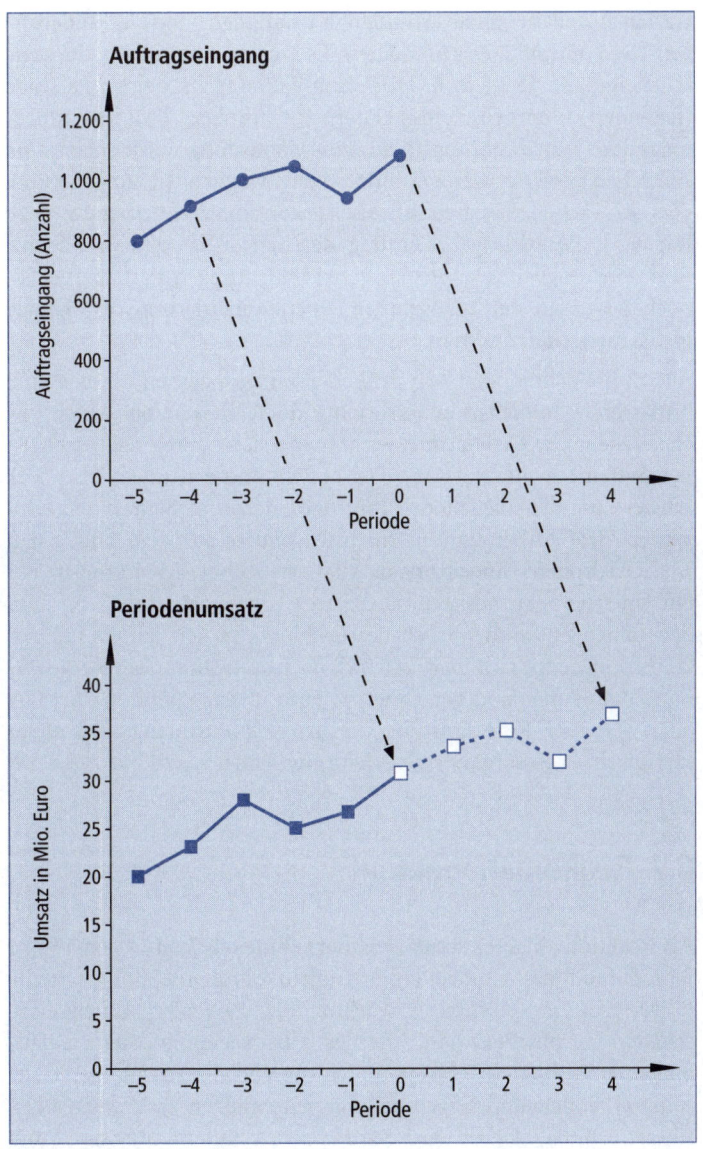

Abb. 6–7: Beispiel für einen zeitlich vorlaufenden Indikator

Gerichtsurteilen Signale ermitteln, die auf gravierende Veränderungen (Diskontinuitäten) hindeuten. Diese sind mit einem „Strategischen Radar" zu erfassen. Dies kann dadurch geschehen, dass alle (leitenden) Mitarbeiter eines Unternehmens über „Trendmeldungsformulare" Beobachtungen an das Controlling weiterleiten, die zentral ausgewertet werden. Eine weitere Möglichkeit zur Erfassung von schwachen Signalen ist die Diskontinuitätenbefragung (vgl. Kap. 6.3). Bei richtiger Deutung der Signale ist eine frühzeitige Reaktion möglich. Das Risiko von Fehldeutungen darf hierbei jedoch aufgrund der mangelnden Operationalisierung der Signale nicht unterschätzt werden.

Alle drei Generationen von Früherkennungssystemen können eine umfassende Informationsversorgung des Unternehmens nicht sicherstellen. Die Gefahr, dass wichtige Bereiche durch die bestehenden Systeme nicht erfasst werden, besteht immer. Zudem ist es sehr schwer, aus der Vielfalt der Informationen und Signale die relevanten Größen herauszufiltern. Insbesondere aus dem politischen Bereich drohen Umwälzungen, die erhebliche Auswirkungen auf ein Unternehmen besitzen, aber nicht vorhersagbar sind. So kam der völlige Zusammenbruch des Ostblocks in den Jahren 1989/90 zu diesem Zeitpunkt überraschend; noch zu Beginn des Jahres 1989 hätte damit niemand gerechnet. Ebenso überraschend setzte 2008 eine weltweite Rezession ein, die in diesem Umfang und dieser Härte kein Frühwarnsystem vorhergesagt hatte.

6.7 Risikomanagement

Als Reaktion auf **spektakuläre Unternehmenskrisen** in den 1990er Jahren fand das Controllinginstrument „Früherkennungssystem" Eingang in eine gesetzliche Regelung. Seit 1998 sind Aktiengesellschaften verpflichtet, ein internes Überwachungssystem aufzubauen, um drohende Risiken und gefährdende Entwicklungen frühzeitig erkennen und Gegenmaßnahmen einleiten zu können (§ 91 Absatz 2 AktG). Dabei wird den Bereichen „interne Revision" und „Controlling" die Zuständigkeit für Einrichtung und Pflege eines

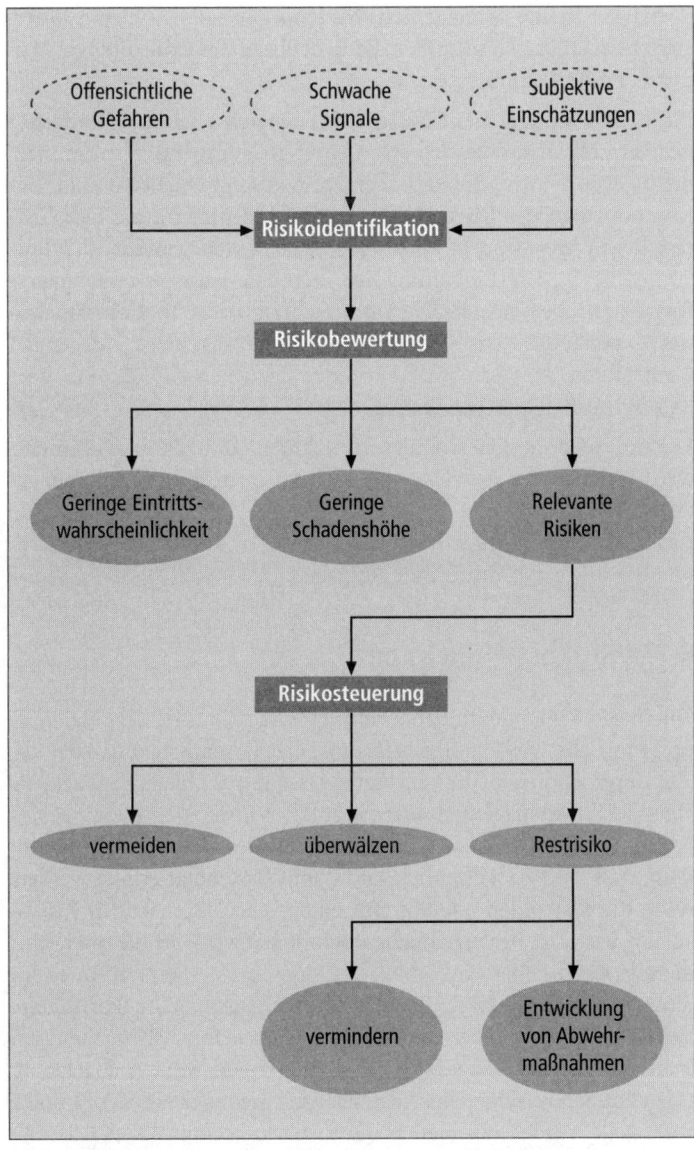

Abb. 6–8: Teilprozesse eines Risiko-Management-Systems

derartigen **Risiko-Management-Systems** zugewiesen. Damit unterstreicht auch der Gesetzgeber die Bedeutung des Controllinginstruments Früherkennungssystem.

Ein **Risiko-Management-System,** das den gesetzlichen Anforderungen gerecht wird, setzt sich aus mehreren Teilprozessen zusammen, die in Abb. 6–8 in schematischer Form zusammengefasst sind. Die Komponenten des Risiko-Management-Systems und die bestehenden Regelungen sind in Form einer Risiko-Management-Richtlinie zu definieren. Die Einhaltung der Richtlinie hat eine unabhängige Instanz zu überwachen. Die Überwachung von Funktionsfähigkeit und Qualität des Risiko-Management-Systems ist nicht Aufgabe des Controllings, sondern wird entweder der Internen Revision oder dem Wirtschaftsprüfer übertragen.

Die Aufgaben des Controllings im Rahmen des Risikomanagements werden unter der Bezeichnung **Risiko-Controlling** zusammengefasst. Dazu zählen die Bereitstellung und Weiterentwicklung von risikoorientierten Informations-, Planungs- und Kontroll-Instrumenten sowie koordinierende Aufgaben.

6.7.1 Risikoidentifikation

Durch die Risikoidentifikation erfolgt eine strukturierte, detaillierte und möglichst vollständige Erfassung aller wesentlichen Risiken, die ein Unternehmen bedrohen kann. Da alle nachfolgenden Schritte eines Risiko-Managementsystems auf der Risikoidentifikation aufbauen, ist deren Qualität von höchster Bedeutung. Um zu verhindern, dass Risiken willkürlich und damit lückenhaft erfasst werden, sollte die Risikoidentifikation auf einem checklistenartigen Risikokatalog basieren, der regelmäßig überarbeitet wird. Problembereiche, die sog. Risikofelder (vgl. Abb. 6–9), sind abzustecken und in periodischen Abständen nach Risiken zu durchleuchten. In Form einer „Risikoinventur" werden die einzelnen Unternehmensbereiche systematisch und nach vergleichbaren Kriterien auf Risiken abgeklopft. Dazu können verschiedene Analyse-Instrumente, die in Kap. 4 und 5 vorgestellt wurden, aber auch die Szenario-Technik (Kap. 6.5) und die Verfahren der Früherkennung (Kap. 6.6) eingesetzt werden.

6.7 Risikomanagement

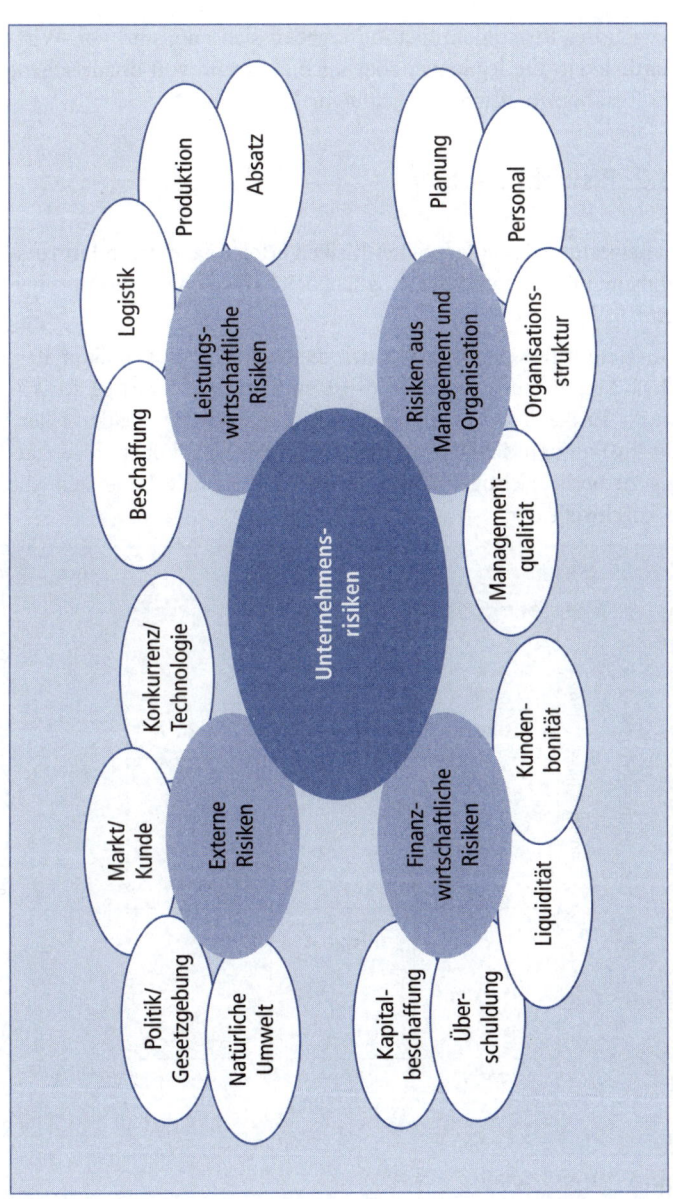

Abb. 6–9: Risikofelder eines Unternehmens (Quelle: *Reichmann*, Controlling mit Kennzahlen, S. 574)

Grenzen der Risikoidentifikation ergeben sich aufgrund von Wirtschaftlichkeitsüberlegungen, aber auch aufgrund von unzureichendem Risikobewusstsein der Verantwortlichen.

6.7.2 Risikobewertung

Die Bewertung der aufgezeigten Risiken erfolgt nach deren Eintrittswahrscheinlichkeit und der möglichen Schadenshöhe, die entstehen kann.

Gemäß ihrer Bewertung lassen sich die Risiken in eine Risikomatrix („Risk Map") eintragen. Abb. 6–10 enthält eine derartige Risikomatrix. Risiken, die in die dunkelblau hinterlegten Felder fallen, sind im Rahmen der Risikosteuerung und der Risikoberichtserstattung zu berücksichtigen. Die gestrichelte diagonale Linie stellt die Risikoschwelle dar.

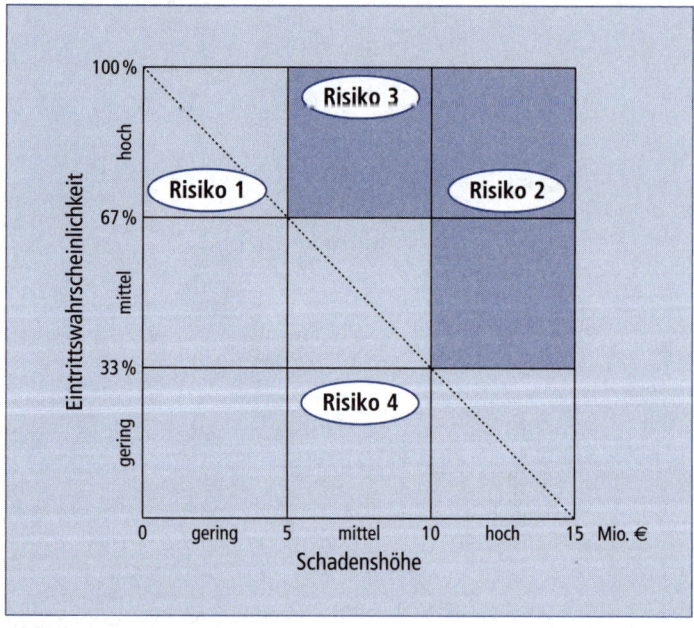

Abb. 6–10: Risikomatrix

Risiken, die eine geringe Eintrittswahrscheinlichkeit oder eine geringe Schadenshöhe besitzen und damit unterhalb der Risikoschwelle liegen können von der weiteren Betrachtung ausgenommen werden. Es muss jedoch sichergestellt sein, dass bei steigender Eintrittswahrscheinlichkeit oder Schadenshöhe eine Neubewertung dieser Risiken erfolgt.

6.7.3 Risikosteuerung

Die Risikosteuerung ist eine Aufgabe des Managements. Es hat für die identifizierten und für das Unternehmen relevant gehaltenen Risiken gezielte Maßnahmen einzuleiten. Um das aufgezeigte Gesamtrisiko zu reduzieren, sind Prozesse und Organisationsstrukturen des Unternehmens so zu gestalten, dass bestimmte Risiken völlig vermieden oder auf andere Marktteilnehmer (z. B. Lieferanten oder Kunden) sowie auf Versicherungsunternehmen abgewälzt werden.

Das nach diesen Maßnahmen verbleibende Restrisiko sollte durch zusätzliche Maßnahmen weiter vermindert werden. Zudem sind Abwehrmaßnahmen und Krisenpläne zu entwickeln, durch die im Eintrittsfall der Schaden für das Unternehmen möglichst gering gehalten werden kann. Ein anderer Weg ist die Risikoakzeptanz, also das bewusste Tragen des Risikos, wenn Abwehrmaßnahmen mit unangemessen hohen Kosten verbunden sind.

6.7.4 Risikoüberwachung

Die Risikoüberwachung dient der Kontrolle, ob die vorangegangenen Schritte des Risikomanagements ordnungsgemäß ausgeführt wurden. Außerdem stellt sie die „Risikokommunikation" sicher, indem die Ergebnisse der Risikoanalyse im Unternehmen in geeigneter Form bekannt gemacht werden. Regelmäßige Risikoberichte schaffen Transparenz bezüglich der Risikosituation des Unternehmens und informieren Führungskräfte über die identifizierten Risiken in deren Verantwortungsbereich. Schwellenwertüberschreitungen, neue Risiken oder Krisensituationen führen zu Ausnahmeberichten.

Neben diesen internen Risikomanagementaufgaben besitzt die Risikoüberwachung auch einen externen Aspekt: Gemäß § 289 Absatz 2 Nr. 2 HBG ist im Rahmen des Lageberichts eines Jahresabschlusses (vgl. Kap. 2.2.2.3) auch auf Risiken einzugehen und das Risikomanagementsystem des Unternehmens zu erläutern.

Literaturempfehlungen zu Kapitel 6:

> *Baum, Heinz-Georg/Coenenberg, Adolf G./Günther, Thomas:* Strategisches Controlling. 5. Auflage. Stuttgart: Schäffer-Poeschel 2013.
> *Reichmann, Thomas:* Controlling mit Kennzahlen. 8. Auflage. München: Vahlen 2011.
> *Welge, Martin K./Al-Laham, Andreas:* Strategisches Management: Grundlagen – Prozess –Implementierung. 6. Auflage. Wiesbaden: Springer Gabler 2012.
>
> **Speziell zu Kap. 6.6:**
> *Hahn, Dietger/Taylor, Bernhard* (Hrsg.): Strategische Unternehmensplanung – Strategische Unternehmungsführung: 9. Auflage. Berlin, Heidelberg: Springer 2006, S. 175 ff.

Literaturverzeichnis

Aufgeführt ist die zitierte sowie die im Anschluss an die einzelnen Kapitel empfohlene Literatur.

Amshoff, Bernhard: Controlling in deutschen Unternehmen. 2. Auflage. Wiesbaden: Gabler 1993.

Baum, Heinz-Georg/Coenenberg, Adolf G./Günther, Thomas: Strategisches Controlling. 5. Auflage. Stuttgart: Schäffer-Poeschel 2013.

Bullinger, Hans-Jörg/Voegele, Arno: Wirtschaftliche Grundbegriffe für den Konstrukteur. In: Verein Deutscher Ingenieure (Hrsg.): Konstrukteure senken Herstellkosten: Methoden und Hilfen. VDI-Berichte Nr. 457. Düsseldorf: VDI-Verlag 1982, S. 21–29.

Hahn, Dietger/Hungenberg, Harald: PuK: Planung und Kontrolle, Planungs- und Kontrollsysteme, Planungs- und Kontrollrechnung: Wertorientierte Controllingkonzepte. 6. Auflage. Wiesbaden: Gabler 2001.

Hahn, Dietger/Taylor, Bernhard (Hrsg.): Strategische Unternehmungsplanung – Strategische Unternehmungsführung: 9. Auflage. Berlin, Heidelberg: Springer 2006.

Hess, Thomas: IT-Basics für Controller. Was jeder Controller über Softwareunterstützung und IT-Controlling wissen muss. Stuttgart: Schäffer-Poeschel 2006.

Horváth, Péter: Controlling. 12. Auflage. München: Vahlen 2011.

Horváth & Partners: Das Controllingkonzept. 7. Auflage. München: dtv 2009.

Hungenberg, Harald: Strategisches Management in Unternehmen: Ziele, Prozesse, Verfahren. 7. Auflage. Wiesbaden: Springer Gabler 2012.

Institut der deutschen Wirtschaft (Hrsg.): Deutschland in Zahlen, Ausgabe 2014. Köln: Deutscher Institutsverlag 2014.

Kaplan, Robert S./Norton, David P.: Balanced Scorecard: Strategien erfolgreich umsetzen. Stuttgart: Schäffer-Poeschel 1997.

Koch, Rembert: Betriebliches Berichtswesen als Informations- und Steuerungsinstrument. Frankfurt/Main u. a.: Peter Lang 1992.

Literaturverzeichnis

Küpper, Hans-Ulrich, u. a.: Controlling. Konzeption, Aufgaben und Instrumente. 6. Auflage. Stuttgart: Schäffer-Poeschel 2013.

Lingnau, Volker: Geschichte des Controllings. In: Wirtschaftswissenschaftliches Studium (WiSt), 1998, S. 274–281.

Lorson, Peter/Quick, Rainer/Wurl, Hans-Jürgen: Grundlagen des Controllings. Weinheim: Wiley-VCH 2013.

Meffert, Heribert: Marketing. Grundlagen marktorientierter Unternehmensführung. 9. Auflage. Wiesbaden: Gabler 2000.

Mertens, Peter/Rässler, Susanne (Hrsg.): Prognoserechnung. 7. Auflage. Berlin, Heidelberg: Physica 2012.

Müller-Stewens, Günter/Lechner, Christoph: Strategisches Management. Wie strategische Initiativen zum Wandel führen. 4. Auflage. Stuttgart: Schäffer-Poeschel 2011.

Pepels, Werner: Expert Praxislexikon Betriebswirtschaftliche Kennzahlen. 2. Auflage. Renningen: Expert 2008.

Ottersbach, Jörg H.: Der Businessplan. Praxisbeispiele für Unternehmensgründer und Unternehmer. 2. Auflage. München: dtv 2012.

Pfohl, Hans-Christian/Stölzle, Wolfgang: Planung und Kontrolle. 2. Auflage. München: Vahlen 1997.

Porter, Michael E.: Wettbewerbsvorteile (Competitive Advantage): Spitzenleistungen erreichen und behaupten. 8. Auflage. Frankfurt/Main: Campus 2014.

Reichmann, Thomas: Controlling mit Kennzahlen. 8. Auflage. München: Vahlen 2011.

Schultz, Volker: Basiswissen Betriebswirtschaft. Management, Finanzen, Produktion, Marketing. 5. Auflage. München: dtv 2014.

Schultz, Volker: Basiswissen Rechnungswesen. Buchführung, Bilanzierung, Kostenrechnung, Controlling. 7. Auflage. München: dtv 2014.

Schultz, Volker: Projektkostenschätzung. Wiesbaden: Gabler 1995.

Schweitzer, Marcell/Küpper, Hans-Ulrich: Systeme der Kosten- und Erlösrechnung. 10. Auflage. München: Vahlen 2011.

Statistisches Bundesamt (Hrsg.): Fachserie 4, Reihe 4.3: Kostenstruktur der Unternehmen des Verarbeitenden Gewerbes sowie des Bergbaus und der Gewinnung von Steinen und Erden. Ausgabe 2011. Wiesbaden: Statistisches Bundesamt 2013.

Thommen, Jean-Paul/Achleitner, Ann-Kristin: Allgemeine Betriebswirtschaftslehre. Umfassende Einführung aus managementorientierter Sicht. 7. Auflage. Wiesbaden: Springer Gabler 2012.

Weber, Jürgen/Schäffer, Utz: Einführung in das Controlling. 14. Auflage. Stuttgart: Schäffer-Poeschel 2014.

Welge, Martin K./Al-Laham, Andreas: Strategisches Management: Grundlagen – Prozess – Implementierung. 6. Auflage. Wiesbaden: Springer Gabler 2012.

Wild, Jürgen: Grundlagen der Unternehmungsplanung. 4. Auflage. Opladen: Westdeutscher Verlag 1982.

Ziegenbein, Klaus: Controlling. 10. Auflage. Ludwigshafen: Kiehl 2012

Sachverzeichnis

A

ABC-Analyse 214
Absolute Jahresabschlusskennzahlen 65
Abweichungsanalyse 163
Abweichungsberichte 96
Abzinsungsfaktor 144
Activity-Based-Budgeting 155
Activity-Based-Costing 116
Adaptionsverfahren 109
Aktiva 37
Amortisationsrechnung 143
Analyse
   marktorientierte 178
   Rahmenbedingungen 217
   Umfeld- 217
   unternehmensinterne 171
   wertorientierte 203
Anlagendeckungsgrad 74
Anlagenintensität 67
Annuitätenmethode 147
Ansoff-Matrix 182
Arbeitsproduktivität 80
Aufgabenfelder des Controllings 3
Aufwand, neutraler 49
Ausschussquote 85

B

Balanced Scorecard 89
Barwert 144
Bedarfsbericht 96
Benchmark 235
Benchmarking 232
Berechnung Sollgrößen 110
Bereiche der Kontrolle 11
Bericht
   Gestaltungsempfehlungen 96
   tabellarischer 98
Berichtdesign 97
Berichtsarten 95
Berichtsformen 98
Berichtssysteme 101
Berichtswesen 94
Berichtszwecke 95
Beschäftigungsabweichung 164
Beschäftigungsgrad 81
Betriebsergebnis 40, 58
Better Budgeting 152
Beurteilungsverfahren 109
Beyond Budgeting 158
Bilanz 37
Bilanzierung 39
Bilanzpolitik 46
Bilanzregel, Goldene 73
Bilanzstrukturkennzahlen, horizontale 73
Blockplanung 8
Bottom-up-Budgetierung 151
Bottom-up-Planung 9
Branchenstrukturanalyse 219
Break-Even-Analyse 129

Breitband-Delphi-Methode 243
Buchführung 35
   Aufgaben 35
Budgetierung 148
   Bottom up 151
   Fortschreibung 150
   Gegenstromverfahren 152
   hierarchische 150
   klassische 149
   outputorientiert 153
   prozessorientiert 155
   Top down 150
   Zero-Base 154
Businessplan 104

C

Cash Value Added 76
Cashflow 66
COCOMO 111
Contrarotularius 15
Controllerverein 20
Controlling 1-2
   Aufgabenfelder 3
   Begriff 1
   Ebenen 21
   Einsatzbereiche 24
   historische Entwicklung 15
   Instrumentarium 26
   Kurzdefinition 2
   operativ 22
   strategisch 22
   taktisch 22
   Überblick 26
Controlling in den USA 15
Controlling in Deutschland 17
Controlling-Konzeptionsansätze 18
Controlling-Regelkreis 13
Controllingberichte 94
Controllingsystem 26
Cost Accounting 47

D

Data Warehouse 103
Deckungsbeitrag 132
   spezifischer 137
Deckungsbeitragsrechnung 131
   einstufige 132
   mehrstufige 133
Defensivstrategie 232
Delphi-Methode 240
   Breitband 243
   Standard 241
Differenzierungsstrategie 185
Direct Costing 132
Diskontinuität 244
Diskontinuitätenbefragung 244
Diversifikation 183
Divisionskalkulation 115
Duale Organisationsstruktur 179
DuPont-Kennzahlensystem 86
Dynamische Investitionsrechnung 144

E

EAP-Modell 223
Ebenen des Controllings 21
EBIT 66

EBITDA 66
Economic Profit 76
Economic Value Added 76
Eigenkapital 38
Eigenkapitalquote 69
Eigenkapitalrentabilität 72
Einflussfaktorenanalyse 251
Einkaufskennzahlen 79
Einsatzbereiche des Controllings 24
Einstufige Deckungsbeitragsrechnung 132
Entwicklungspfad 249
Environmental Scanning 217
Environmental-Assessment-Process-Modell 223
Erfahrungskurve 177
Erfahrungskurvenkonzept 176
Erfolgsfaktoren, strategische 226
Erfolgsfaktorenanalyse 226
Erfolgsrechnung, Kurzfristige 58
Ergebniskontrolle 161
Erlös 60
Erlösrechnung 60
Erlösschmälerungen 60
EVA 76
Ex-Post-Kontrolle 161
Externes Rechnungswesen 35

F

FEI-Abgrenzung 16
Financial Accounting 35
Finanzplan 105

Five Forces 220
Fixe Kosten 52
Fixkostendeckungsrechnung 133
Fluktuationsquote 77
Fortschreibungsbudgetierung 150
Fortschrittskontrolle 162
Fremdkapital 38
Fremdkapitalquote 71
Frühaufklärung 254
Früherkennungssysteme 254 f.
Frühwarnindikatoren 255
Frühwarnsysteme 254
Fünf-Kräfte-Modell 220

G

Gap-Analyse 245
Gemeinkosten 51
Gemeinkostenwertanalyse 205
Gesamtkapitalrentabilität 72
Gesamtkostenverfahren 41, 58
Geschäftsplan 104
Gewinn- und Verlustrechnung 40
Gewinnschwellenanalyse 129
Gewinnspanne 208
Gewinnvergleichsrechnung 142
Goldene Bilanzregel 73
Grenzplankostenrechnung 127
Gutschrift-Lastschrift-Verfahren 57
GuV 40

H

Herstellkosten 112
Hierarchische Budgetierung 150
Historische Entwicklung des Controllings 15
Horizontale Bilanzstrukturkennzahlen 73

I

IASC 45
IFRS 45
IGC 20
Impact Matrix 223 f.
Indikatoren, vorlaufende 256
Indikatorsysteme 255
Informationsbedarf 31
Informationsbedarfsanalyse 34
Informationsstand 32
Informationsversorgung 3
 Instrumente 31
Instrumentarium des Controllings 26
International Group of Controlling 20
Interne Zinssatz-Methode 147
Investitionsrechnung 138
 dynamische 144
 statische 139
Investitionsverhältnis 68

J

Jahresabschluss 36
 unter Controllingaspekten 46
 von Konzernen 44
Jahresabschlussanalyse 46
Jahresabschlusskennzahlen 64
 absolute 65

K

Kalkulation 111
Kalkulatorische Kosten 50
Kapazitätsauslastung 82
Kapital 37
Kapitalstrukturkennzahlen 68
Kapitalumschlagshäufigkeit 71
Kapitalwertmethode 145
Kennzahlen 62 ff., 254
 personalwirtschaftliche 77
 wertorientierte 75
Kennzahlensysteme 85
Kennzahlenverfahren 109
Klassische Budgetierung 149
Konkurrenzanalyse 222
Konsistenzanalyse 251
Kontroll-Instrumente 107
 operative 107
Kontrolle 11
 Bereiche 11
 ex post 161
 operative 159
Konzern, Jahresabschluss 44
Koordination 13
Kosten
 fixe 52
 kalkulatorische 50
 variable 52
Kostenartenrechnung 53
Kostenbegriff 49

Kostenentstehung 119
Kostenfestlegung 119
Kostenführerschaft 184
Kostenpreis 121
Kostenrechnung 47
  Stufen der 48
Kostenstelle 55
Kostenstellenrechnung 55
Kostenträger 112
Kostenträgerrechnung 58
Kostenträgerstückrechnung 58, 111
Kostenträgerzeitrechnung 58
Kostentreiber 117
Kostenvergleichsrechnung 140
Krankenquote 78
Kreativitätstechniken 204
Kurzfristige Erfolgsrechnung 58

L

Lagebericht 42
Lagerumschlagshäufigkeit 80
Lebenszykluskonzept 171
Lebenszykluskurve 173
Leistung 60
Lernkurveneffekt 176
Life-Cycle-Costing 175
Liquiditätskennzahlen 74
Logistikkette 211
Lücke
  operative 246
  strategische 246
Lückenanalyse 245

M

Management Accounting 47
Managerial Accounting 18
Marketingkennzahlen 82
Markt-Produktlebenszyklus-Portfolio 196
Marktanteil 84, 188
Marktattraktivität 193
Marktattraktivitäts-Wettbewerbspositions-Portfolio 193
Marktdurchdringung 183
Marktentwicklung 183
Marktorientierte Analyse 178
Marktpreis 121
Marktvolumen 82
Marktwachstum 82, 188
Marktwachstums-Marktanteils-Portfolio 187
Maschinenstundensatzkalkulation 114
Materialwirtschaftskennzahlen 79
Mehrstufige Deckungsbeitragsrechnung 133

N

Neutraler Aufwand 49
NOPAT 76
Normstrategie 187
Nutzwert 212
Nutzwertanalyse 211

O

Operatives Controlling 22
Operative Kontrollinstrumente 159
Operative Lücke 246
Operative oder kurzfristige Planung 7
Operative Planung 107
Opportunitätskosten 137
Organisationsstruktur, duale 179
Outputorientierte Budgetierung 153
Overhead Value Analysis 205

P

Passiva 38
Personalaufwandsquote 78
Personalwirtschaftliche Kennzahlen 77
PEST-Analyse 218
PIMS 226
PIMS-Studie 226
Plankosten 125
Plankostenrechnung 124
  auf Teilkostenbasis 127
  auf Vollkostenbasis 125
Plankostenverrechnungssatz 126
Planung 5
  operative 7
  Schritte der 6
  strategische 7
  taktische 7
Planungsinstrumente, operative 107
Portfolio-Analyse 186
Portfolio-Matrix 186
Potential 230
Potentialanalyse 230
Potentiallinie 246
Prämissenkontrolle 11, 160
Preisabweichungen 163
Preisbestimmung 120
Preise
  Kosten- 121
  Markt- 121
  Verrechnungs- 122
Preisuntergrenzenbestimmung 136
PRICE 111
Primärkostenumlage 55
Produkt-Markt-Analyse 182
Produkt Markt-Matrix 182
Produktentwicklung 183
Produktionskennzahlen 80
Produktionsplanung 136
Produktlebenszyklusanalyse 174
Produktlebenszykluskonzept 171
Produktlebenszykluskostenrechnung 175
Profitcenter-Konzept 167
Prognose-Instrumente 239
Prozesskostenrechnung 116
Prozesskostensatz 117
Prozessorientierte Budgetierung 155

Q

Qualitätskennzahlen 85

R

Radar, strategisches 258
Rechnungswesen 47
 externes 35
 internes 47
Regressionsanalyse 240
Regressionsverfahren 110
Rendite 73
Rentabilitätskennzahlen 72
Rentabilitätsrechnung 143
Return on Investment 72
Revision 12
Risiko-Controlling 260
Risiko-Management-System 260
Risikoberichte 263
Risikobewertung 262
Risikofelder 260
Risikoidentifikation 260
Risikolinie 195
Risikomanagement 258
Risikomatrix 262
Risikosteuerung 263
Risikoüberwachung 263
Risk Map 262
RL-Kennzahlensystem 88
ROCE-Kennzahlensystem 88
ROI 72
Rollierende Vorschau 157
Rolling Forecasts 157

S

Schätzung 108
Schritte der Planung 6
Schrumpfungsstruktur-Wettbewerbspositions-Portfolio 202
Schulden 38
Schwache Signale 245, 256
Scorecard 89
Scoring-Modell 211
Sekundärkostenumlage 56
Selbstkosten 112
SGE 179
SGF 181
Shareholder Value Added 76
Signale, schwache 245, 256
SOFT-Analyse 228
Sollgrößenbestimmung 108
Sollkostenfunktion 111, 125
Spezialisierungsstrategie 185
Spezifische Deckungsbeiträge 137
Standard-Delphi-Methode 241
Standardberichte 95
Stärken-Schwächen-Analyse 228
Stärken-Schwächen-Profil 228
Statische Investitionsrechnung 139
Statistische Verfahren 239
STEP-Analyse 218
Stichprobenanalyse 166
Störereignisanalyse 252
Strategic Business Unit 179
Strategisches Controlling 22
Strategische Geschäftseinheiten 179

Strategische Lücke 246
Strategische oder langfristige Planung 7
Strategische Erfolgsfaktoren 226
Strategisches Radar 258
Strategisches Geschäftsfeld 181
Stufen der Kostenrechnung 48
Supply Chain 211
SWOT-Analyse 231
SWOT-Matrix 232
Systembildende Funktion 14
Systembildung 14
Szenario-Trichter 249
Szenariotechnik 248

T

Tabellarischer Bericht 98
Taktisches Controlling 22
Taktische oder mittelfristige Planung 7
Target Costing 118
Technologie-Portfolio 198
Teilkosten 127
Teilkostenrechnung 127, 131
Top-down 150
Top-down-Planung 9
Trendschätzung 239
Trendszenario 249
Treppenverfahren 57

U

Umfeldanalyse 217
Umsatzkostenverfahren 41, 59

Umsatzrentabilität 73
Unternehmensinterne Analyse 171

V

Value Analysis 203
Value Chain 206
Value Reporting
Variable Kosten 52
Verbrauchsabweichung 163
Verhältnisverfahren 109
Vermögen 37
Vermögensstrukturkennzahlen 67
Verrechnungspreise 122
Verschuldungsgrad 69
Verursachungsprinzip 52
Vollkosten 125
Vollkostenrechnung 125
Vorlaufende Indikatoren 256
Vorratsintensität 68

W

WACC 77
Wachstumsstrategie 231
Wertanalyse 203
Wertkette 206
Wertorientierte Analysen 203
Wertorientierte Kennzahlen 75
Wertschöpfungs-Risiko-Portfolio 202
Wertschöpfungsketten-Analyse 206
Wettbewerbskräfte 220

Sachverzeichnis

Wettbewerbsposition 193
Wettbewerbsstrategien 184

Z

ZBB 154
Zeitmanagement 214
Zero-Base-Budgeting 154
Zielkostenrechnung 118
Zuschlagskalkulation 113
Zuschlagssatz 113
ZVEI-Kennzahlensystem 87

Starthilfen für Unternehmer

Bonnemeier
Praxisratgeber Existenzgründung
Erfolgreich starten und auf Kurs bleiben.
Wirtschaftsberater **Toptitel** **Neu**
4. Aufl. 2014. 706 S.
€ 19,90. dtv 50939
Neu im August 2014
Auch als **ebook** erhältlich.
Konkrete Handlungsempfehlungen für alle Phasen der Existenzgründung.

Füser
Ratgeber Existenzgründung
1000 Ideen und Checklisten zum Erfolg.
Wirtschaftsberater
2. Aufl. 2004. 490 S.
€ 13,–. dtv 50828

Schaub/Reiserer
Ich mache mich selbstständig
Hürden nehmen · Chancen nutzen.
Rechtsberater
6. Aufl. 2008. 563 S.
€ 17,–. dtv 5236
Ein Überblick über die öffentlich-rechtlichen und privatrechtlichen Rahmenbedingungen.

Hammer
Soll ich mich selbständig machen?
Der Praxisleitfaden für Ihre Entscheidung.
Wirtschaftsberater
4. Aufl. 2005. 252 S.
€ 9,50. dtv 5853
Neugründung, Geschäftsübernahme oder Beteiligung, Standortwahl, Finanzierung, Recht, Marketing und Controlling.

Weißer
Endlich selbstständig!
Ratgeber für die erfolgreiche Existenzgründung.
Rechtsberater
1. Aufl. 2010. 250 S.
€ 16,90. dtv 50701
Der Ratgeber klärt zuverlässig alle Fragen, die sich die Existenzgründer stellen und erläutert zudem, welche finanziellen Möglichkeiten und Hilfen es gibt und wie man diese optimal nutzt. Mit zahlreichen Beispielen aus der Praxis.

Wörle
Selbstständig ohne Meisterbrief
Was Handwerkskammern gern verschweigen.
Rechtsberater
1. Aufl. 2009. 298 S.
€ 16,90. dtv 50673
Alles über den Eintrag in die Handwerksrolle ohne Brief sowie legale Tätigkeitsmöglichkeiten.

Waldner/Wölfel
So gründe und führe ich eine GmbH
Vorteile nutzen · Risiken vermeiden.
Rechtsberater **Toptitel**
9. Aufl. 2009. 252 S.
€ 10,90. dtv 5278
Haftungsbeschränkung, Gründungsvoraussetzungen, Vertragsgestaltung, Geschäftsführer, Gesellschafterversammlung, Liquidation, Steuer- und Kostenrecht.

Kühn
GmbH-Geschäftsführer
Pflichten, Anstellung, Haftung, Haftungsvermeidung, Abberufung und Kündigung.
Rechtsberater **Toptitel**
2. Aufl. 2013. 229 S.
€ 16,90. dtv 50734
Auch als **ebook** erhältlich.
Das notwendige rechtliche Wissen für den Geschäftsführer vom Anstellungsvertrag über Haftungsvermeidung bis zur Abberufung. Mit vielen Beispielen, Tipps und Mustern

Waldner/Wölfel
GbR · OHG · KG
Gründen · Betreiben · Beenden.
Rechtsberater
7. Aufl. 2006. 240 S.
€ 9,50. dtv 5294
Gesellschaft des bürgerlichen Rechts, Offene Handelsgesellschaft, Kommanditgesellschaft, GmbH & Co. KG. Vertragsgestaltung, Geschäftsführung und Vertretung, Haftung, Liquidation, Steuer- und Kostenrecht.

Weisbach/Sonne-Neubacher
Unternehmensethik in der Praxis
Vorgaben und Richtlinien sinnvoll und zielführend umsetzen.
Wirtschaftsberater
1. Aufl. 2009. 221 S.
€ 14,90. dtv 50922
Ethisch orientierte Führung ist ohne wirksame Handlungsvorgaben nicht möglich. Wie es gelingt, Vorgaben und Richtlinien sinnvoll, zielführend und frei von Widersprüchen zu gestalten, zeigt der neue Wirtschaftsberater.

Sattler
Unternehmerisch denken lernen
Das Denken in Strategie, Liquidität, Erfolg und Risiko.
Wirtschaftsberater
2. Aufl. 2003. 217 S.
€ 10,–. dtv 50819

Ek/von Hoyenberg
Unternehmenskauf und -verkauf
Grundlagen · Gestaltung · Haftung · Steuer- und Arbeitsrecht · Übernahmen.
Rechtsberater
1. Aufl. 2007. 288 S.
€ 14,50. dtv 50646

Ek/von Hoyenberg
Aktiengesellschaften
Gründung · Leitung · Börsengang.
Rechtsberater
2. Aufl. 2006. 275 S.
€ 12,50. dtv 5684
Ratgeber für alle, die eine
AG gründen, sich an einer
bestehenden AG beteiligen,
als Vorstand eine AG leiten
oder ein Aufsichtsratsmandat
übernehmen möchten.

Ottersbach
Der Businessplan
Praxisbeispiele für Unternehmensgründer und Unternehmer.
Wirtschaftsberater
2. Aufl. 2012. 278 S.
€ 14,90. dtv 50875
Auch als **ebook** erhältlich.
Funktion, Inhalt und Darstellungsform eines Businessplans werden anhand zahlreicher Beispiele erläutert.

Jossé
Balanced Scorecard
Ziele und Strategien messbar umsetzen.
Wirtschaftsberater
1. Aufl. 2005. 329 S.
€ 12,50. dtv 50870
Das Konzept, das unternehmerische Vision nicht nur in Strategien transferiert, sondern auch konkrete Ziele und Maßnahmen schlüssig abzuleiten hilft.

Girlich/Maier/Steindl
Steuerwissen für Existenzgründer
Praktische Tipps zu Steuern, Recht und Sozialversicherung.
Wirtschaftsberater
5. Aufl. 2009. 349 S.
€ 19,90. dtv 50831
Die Autoren zeigen Gefahren und Tücken des komplizierten Steuerrechts auf und helfen mit verständlichen Anregungen, Beispielen und Checklisten, häufige Fehler in der Startphase zu vermeiden.

Buchhaltung, Rechnungswesen, Controlling

Herrling/Mathes
Der Buchführungsratgeber
Grundlagen und Beispiele.
Wirtschaftsberater `Toptitel`
6. Aufl. 2011. 378 S.
€ 14,90. dtv 5836
Auch als **ebook** erhältlich.
Dieser Band vermittelt die Grundlagen in anschaulicher Form, anhand konkreter Beispiele werden auch komplexe Buchungen verständlich erklärt.

Jossé
Basiswissen Kostenrechnung
Kostenarten, Kostenstellen, Kostenträger, Kostenmanagement.
Wirtschaftsberater `Toptitel`
6. Aufl. 2011. 245 S.
€ 11,90. dtv 50811
Auch als **ebook** erhältlich.
Buchhaltung, Rechnungswesen, Controlling.
Die bewährten Systeme der Kostenrechnung.

Schultz
Basiswissen Rechnungswesen
Buchführung, Bilanzierung, Kostenrechnung, Controlling.
Wirtschaftsberater Toptitel
7. Aufl. 2014. 316 S.
€ 12,90. dtv 50938
Auch als **ebook** erhältlich.
Grundlagen der Unternehmensführung. Dieser Überblick über das gesamte betriebliche Rechnungswesen zeigt mit Beispielen und Übersichten die Verzahnung von Buchführung, Bilanzierung, Kostenrechnung und Controlling.

Scheffler
Lexikon der Rechnungslegung
Buchführung, Finanzierung, Jahres- und Konzernabschluss nach HGB und IFRS.
Wirtschaftsberater Toptitel
3. Aufl. 2012. 558 S.
€ 19,90. dtv 50814
Auch als **ebook** erhältlich.
Dieses Lexikon ist Nachschlagewerk und Ratgeber für alle Fragen zur Darstellung und Beurteilung der Vermögens-, Finanz- und Ertragslage von Unternehmen und Konzernen.

Tanski
Internationale Rechnungslegungsstandards
IFRS/IAS Schritt für Schritt.
Wirtschaftsberater
3. Aufl. 2010. 399 S.
€ 19,90. dtv 50852
Viele Beispiele und grafische Übersichten machen das Verständnis der IAS (International Accounting Standards) leicht und zeigen die markanten Unterschiede zur HGB-Bilanzierung.

Scheffler
Bilanzen richtig lesen
Rechnungslegung nach HGB und IAS/IFRS.
Wirtschaftsberater Toptitel
9. Aufl. 2013. 294 S.
€ 12,90. dtv 50935
Bilanz, Bewertung, Gewinn- und Verlustrechnung, Bilanzanalyse, Bilanzpolitik.

Schneck
Rating
Wie Sie Ihre Bank überzeugen.
Wirtschaftsberater
2. Aufl. 2008. 258 S.
€ 12,50. dtv 50871
Wie läuft ein Rating ab, welche Kriterien sind maßgeblich, und wie kann man sich als Unternehmen darauf vorbereiten? Mit Beispielen, Fällen und Anwendungsberichten.

Beimler/Girlich
Ratgeber Betriebsprüfung
Wirtschaftsberater
1. Aufl. 2011. 260 S.
€ 16,90, dtv 50909
Auch als **ebook** erhältlich.
Außenprüfungen von Finanzamt und Sozialverwaltung – Tipps für die Praxis.